职业教育计算机与数码设备维修专业系列教材

信息终端检测与维护

主　编　王恒心　林晓东
副主编　张乒乒　王信约　徐彬彬　杨佳佳
参　编　刘温秋　周炜炜　项邦孟　吴　丹　胡开利

机 械 工 业 出 版 社

本书打破了基于知识点结构的课程架构，力求建立以项目为核心、以兴趣为导向的课程思路，倡导“先做后学，边做边学”的教学方式。全书通过涵盖台式计算机、笔记本计算机、智能手机等信息终端的5个项目来深化学生对信息终端的认知、拆装调试、故障诊断、日常维护等方面的技能，通过任务实施和知识提炼环节来提升专业技能和介绍基础知识，通过能力拓展环节来增强学生的运用与创新能力，为后续的学习和工作做好铺垫。

本书可用于职业教育信息技术类专业学生的专业基础课程教材，也可用于非信息技术类相关专业的信息素养选修课程教材，还可用于普通高中职业技能类选修课程教材。

图书在版编目（CIP）数据

信息终端检测与维护 / 王恒心，林晓东主编. -- 北京：机械工业出版社，2022.2（2023.9重印）

职业教育计算机与数码设备维修专业系列教材

ISBN 978-7-111-48962-7

Ⅰ.①信… Ⅱ.①王…②林… Ⅲ.①数字技术—电信设备—维修—职业教育—教材 Ⅳ.①N807

中国版本图书馆CIP数据核字（2022）第017396号

机械工业出版社（北京市百万庄大街22号 邮政编码100037）
策划编辑：李绍坤 责任编辑：李绍坤 张翠翠
责任校对：史静怡 王明欣 封面设计：鞠 杨
责任印制：单爱军
北京虎彩文化传播有限公司印刷
2023年9月第1版第2次印刷
184mm×260mm · 21印张 · 446千字
标准书号：ISBN 978-7-111-48962-7
定价：66.00元

电话服务 网络服务
客服电话：010-88361066 机 工 官 网：www.cmpbook.com
010-88379833 机 工 官 博：weibo.com/cmp1952
010-68326294 金 书 网：www.golden-book.com
封底无防伪标均为盗版 机工教育服务网：www.cmpedu.com

PREFACE 前言

笔记本计算机、智能手机等信息终端日益普及，不断改变着人们的工作和生活方式。如何认知、选购、组装和维护各类信息终端，已经成为计算机维护人员和IT支持人员必须掌握的职业技能。本书在原有的计算机组装与维护课程的基础上，增加了笔记本计算机、智能手机两种移动信息终端的检测与维护技能内容，以满足学生在新形势下的岗位需求。书中嵌入了操作视频二维码，促使纸质教材之“静”与数字资源之“动”相结合，借助信息技术手段补充、更新和延伸教学内容。

本书内容

全书共有计算机组装、计算机硬件选购、计算机系统常见故障与解决办法、笔记本计算机使用与维护、智能手机使用与维护5个项目，包含任务实施、知识提炼、能力拓展等教学环节。通过任务式的操作，学生可获得直观、贴近实际的体验与认知，并在此基础上深化基础知识与技术的学习。这一流程的设计遵循先感性后理性、先具体后抽象的认知特点，注重学习能力的培养，为后续专业发展服务。

本书特色

本书充分体现“做中学”“学中做”的理念，通过应用情境的趣味性设计来培养学生的学习兴趣，摒弃空洞的理论讲解，借助大量的操作实践来提升学生的信息终端检测与维护能力。本书以教学项目的实施为主线，注重实践性，通过在任务中穿插与之关联的知识链接来扩充学生的知识量，通过适量的数字资源来引导学生自主学习，在任务实施中强调职业素养的渗透，并通过设置能力拓展与学习模块来提升学生的技能水平和创新能力。

本书由具有丰富一线教学经验和实操能力的骨干专业教师组成的开发团队编写，保障了内容的科学性、新颖性和适用性。

课程目标

本课程目标：能够按照计算机系统安装流程完成计算机软／硬件组装；充分认知计算机各类硬件的分类、型号、特点和性能指标，培养学生需求分析和产品选型的能力；能够针对微型计算机、笔记本计算机、智能手机，运用软／硬件日常维护经验与技巧，确保信息终端系统正常、可靠运行；理解各类信息终端及功能部件的关键技术和未来发展趋势；培养学生的安全、规范意识，通过理论与实践相结合的方式培养学生分析和解决实际问题的能力。

教学建议

教学工作建议在互联网、信息终端检测与维护实训室环境下进行，尽可能地在互动环节中完成教学任务，教学参考学时数为62学时（见下表）。最终课时的安排，教师可根据教学计划的安排、教学方式的选择（集中学习或分散学习）、教学内容的增删自行调节。我们还提供本书编写团队拍摄的教学视频和拓展学习材料，以供教学使用。

项目名称	任务名称	课时
项目一　计算机组装	任务一：认识计算机硬件组成	2
	任务二：计算机硬件组装	4
	任务三：计算机外设连接	2
	任务四：BIOS与CMOS设置	2
	任务五：硬盘分区与引导	2
	任务六：系统安装	2
	任务七：系统优化与备份还原	2
项目二　计算机硬件选购	任务一：CPU选购	2
	任务二：内存选购	2
	任务三：主板选购	4
	任务四：显卡与显示器选购	2
	任务五：硬盘选购	2
	任务六：声卡与网卡选购	2
项目三　计算机系统常见故障与解决办法	任务一：常见计算机硬件故障排除	4
	任务二：驱动程序的安装与维护	2
	任务三：病毒与木马查杀	2
	任务四：注册表设置与优化	2
	任务五：组策略设置与优化	2
	任务六：浏览器故障解决	2
项目四　笔记本计算机使用与维护	任务一：笔记本计算机拆机清灰	4
	任务二：笔记本计算机硬件升级	2
	任务三：笔记本计算机屏幕故障处理	2
项目五　智能手机使用与维护	任务一：智能手机拆装	4
	任务二：智能手机电池更换	2
	任务三：智能手机屏幕更换	2
	任务四：智能手机系统安装	2

教学评价

本书全面考核学生的专业能力和关键能力，采用过程性评价和结果评价相结合、定性评价与定量评价相结合的考核方法。考核由学习与工作中的观察、口头或书面提问、专业技能考核等几部分形成，由教师结合考勤情况、学习工作表现、团队合作情况、子任务完成情况、最终项目呈现效果等，综合评定学生成绩。应注重对学生动手的能力和在实践中分析问题、解决问题能力的考核，对在学习和应用上有创新的学生给予特别鼓励。

<table>
<tr><th>内容</th><th>目标</th><th>标准</th><th>方式</th><th>权重</th><th>自评</th><th>评价</th></tr>
<tr><td>出勤与安全状况</td><td>让学生养成良好的工作习惯</td><td rowspan="6">100</td><td rowspan="6">以100分为基础，按6项的权值给分，其中，“任务完成及项目展示汇报情况”具体评价见“任务完成度评价表”</td><td>10%</td><td></td><td></td></tr>
<tr><td>学习及工作表现</td><td>学生参与工作的态度与能力</td><td>15%</td><td></td><td></td></tr>
<tr><td>回答问题的表现</td><td>学生掌握知识与技能的程度</td><td>15%</td><td></td><td></td></tr>
<tr><td>团队合作情况</td><td>小组团队合作情况</td><td>10%</td><td></td><td></td></tr>
<tr><td>任务完成及项目展示汇报情况</td><td>小组任务完成及汇报情况</td><td>40%</td><td></td><td></td></tr>
<tr><td>拓展能力情况</td><td>拓展能力提升状态，任务完成情况</td><td>10%</td><td></td><td></td></tr>
<tr><td>创造性学习（附加分）</td><td>考核学生创新意识</td><td>10</td><td>教师以10分为上限，奖励工作中有突出表现和特色做法的学生</td><td>加分项</td><td></td><td></td></tr>
<tr><td colspan="5">项目成绩＝出勤与安全状况 ×10%+ 学习及工作表现 ×15%+ 回答问题的表现 ×15%+ 团队合作情况 ×10%+ 任务完成及项目展示汇报情况 ×40%+ 拓展能力情况 ×10%+ 创造性学习</td><td></td><td></td></tr>
</table>

编者与致谢

本书由王恒心、林晓东担任主编，由王恒心统稿。其中，项目一由张乒乒、刘温秋编写，项目二由张乒乒、项邦孟编写，项目三由王信约、杨佳佳编写，项目四由林晓东、王恒心、徐彬彬编写，项目五由林晓东、周炜炜编写。吴丹、胡开利参与本书的部分材料收集和视频制作工作。本书还得到了许多行业、教育专家的大力支持和帮助，在此表示衷心的感谢。

由于编者水平有限，加上信息终端检测与维护技术的发展日新月异，书中难免存在错误或疏漏，敬请广大读者批评指正。

编　者

二维码索引

序号	名称	图形	页码	序号	名称	图形	页码
1	1.2 计算机硬件组装		25	7	5.1 智能手机拆装		289
2	1.3 计算机外设连接		37	8	5.2 智能手机电池更换		303
3	1.6 系统安装		77	9	5.3 智能手机屏幕更换		310
4	4.1 笔记本计算机拆机清灰		255	10	5.4 智能手机系统安装（安卓手机）		320
5	4.2 笔记本计算机硬件升级		268	11	5.4 智能手机系统安装（苹果手机）		324
6	4.3 笔记本计算机屏幕更换		278				

CONTENTS 目录

目录 CONTENTS

项目一 计算机组装

项目概述

随着计算机软硬件技术的飞速发展，计算机的功能越来越强大，使用的范围也越来越广泛。学习计算机组装可让人们快速、全面地了解计算机硬件的各种知识，为今后的计算机日常维护奠定基础。本项目以台式计算机为例，围绕认识计算机硬件组成、计算机硬件组装、计算机外设连接、BIOS 与 CMOS 设置、硬盘分区与引导、系统安装、系统优化与备份还原 7 个任务进行。

通过任务的实施和拓展，知识的梳理和提炼，读者能初步掌握计算机的系统安装。自己动手来组装计算机，既可以增长知识，又增添了乐趣。

任务一

认识计算机硬件组成

任务描述

小戴是一名中职生，家里的计算机已经使用了 3 年的时间。他想了解计算机硬件的情况，但对计算机的结构不是特别熟悉，有没有方法能帮助小戴了解计算机的组成？

通过本任务的学习，读者能够利用软件查看、记录和分析计算机硬件情况。在实践操作的基础上，读者能进一步了解计算机系统、主机与外设等。

任务实施

一、利用软件查看计算机硬件

查看计算机硬件，可以通过“先软件后硬件”的方式进行。软件方面有 3 种方式：查看“硬件管理器”、使用 Windows 系统自带的 DirectX 工具、使用第三方驱动助手软件，具体如图 1-1 所示。在硬件方面，可以直接拆开主机查看，但使用这种方式的前提需要做好断电、双手去静电等准备工作，具体操作会在“任务二　计算机硬件组装”中进行讲解。

现以第三方驱动助手软件“鲁大师”为例查看计算机硬件信息，步骤如下。

1）打开软件的“硬件体检”界面，如图 1-2 所示，单击“硬件体检”按钮。

2）单击左侧的“电脑概览”选项，查看计算机的硬件情况，界面如图 1-3 所示。此时可以看到计算机品牌、型号、操作系统，还可看到安装在这台计算机上的硬件，如处理器、主板、内存、主硬盘、显卡、显示器、声卡、网卡等。

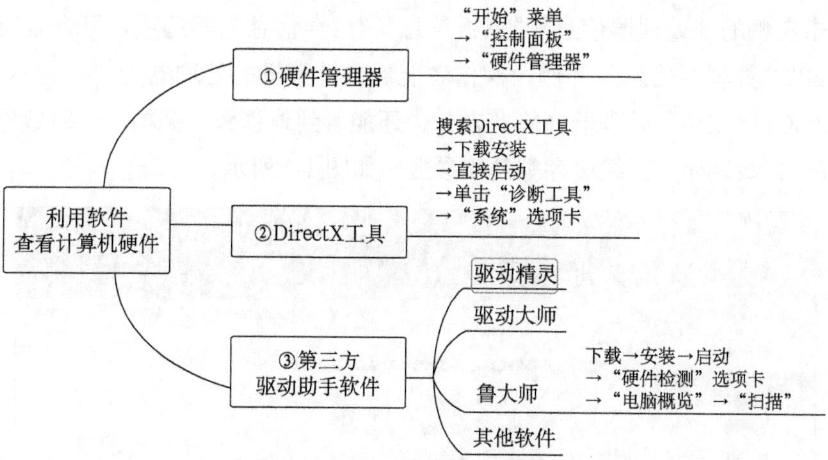

图 1-1 查看计算机硬件的软件方法

图 1-2 "鲁大师"的"硬件体检"界面

图 1-3 "鲁大师"的"电脑概览"界面

3）单击左侧的“处理器信息”“主板信息”“内存信息”等选项，可查看对应设备的具体信息。以“处理器信息”为例，操作者能看到计算机的处理器为“英特尔 Core i3-5005U@2.00GHz 双核”处理器。除此之外，还能看到线程数、插槽、一级数据缓存、一级代码缓存、二级缓存、三级缓存等具体参数，如图 1-4 所示。

图 1-4　查看处理器信息

二、记录计算机硬件情况

操作者可利用“鲁大师”等软件查询所使用计算机的硬件相关情况，然后填写表 1-1，这样有助于后期信息查询。

表 1-1　计算机的硬件情况

硬件名称	具体型号	具体参数

知识提炼

一、计算机系统

计算机系统由硬件系统和软件系统组成，结构层次如图 1-5 所示。

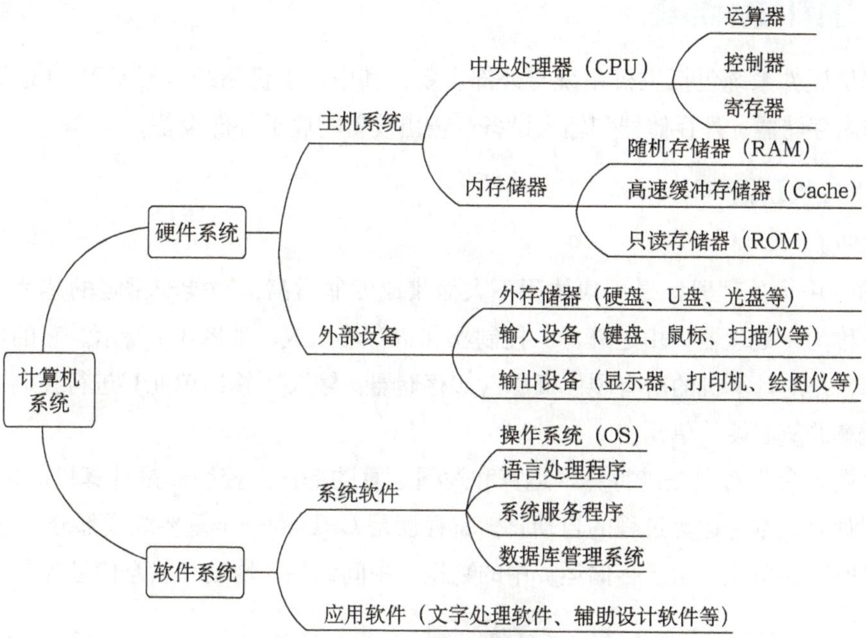

图 1-5　计算机系统组成

硬件系统包括计算机系统中的各种物理装置，它是计算机系统的基础，为计算机软件的运行提供物质基础，外观如图 1-6 所示。只有硬件系统而没有配备软件的计算机称为“裸机”。根据冯·诺依曼确立的计算机体系结构（即冯·诺依曼结构），计算机由运算器、控制器、存储器、输入设备和输出设备五大基本部件组成。

图 1-6　计算机硬件系统外观

软件系统是为运行、管理和维护计算机而编制的各种程序、数据和文档的总称。软件系统又分为系统软件和应用软件。系统软件用来管理、监控和维护计算机，包括操作系统（OS）、程序设计语言、系统检测诊断程序、编译系统和通用数据库管理系统等。应用软件包括管理软件、办公软件、数据库管理系统软件、图形图像处理软件，以及为用户需求开发及设计的软件等。

计算机硬件系统和软件系统相互配合、相辅相成，共同构成计算机系统，二者缺一不可。

二、计算机硬件系统

计算机硬件系统包括主机系统与外部设备，其中，主机系统包括 CPU（运算器和控制器）和内存储器，外存储器和输入设备、输出设备均属于外部设备。

（一）主机系统

1. CPU

CPU（中央处理器）是一块体积不大而集成度非常高、功能非常强的芯片，在微型计算机中称为微处理器，由运算器、控制器和寄存器组成，如图 1-7 所示。它的作用如同人的大脑，是对计算机的所有硬件资源（如存储器、输入／输出单元）进行控制调配、执行通用运算的核心硬件单元。

运算器是负责对数据进行算术运算和逻辑运算的部件。控制器是计算机的控制中心，用来实现计算机本身运算过程的自动化。寄存器是 CPU 的一个重要组成部分，它是 CPU 内部的临时存储单元，用于存储运算中的数据、中间结果、地址和状态信息等。

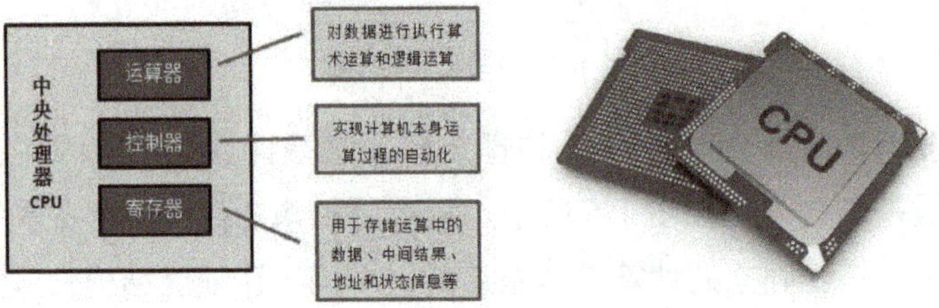

图 1-7　CPU（中央处理器）组成与外观

2. 内存储器

存储器是计算机用来存放程序和数据的记忆部件。存储器可分为内存储器（简称内存，也称主存储器）和外存储器（简称辅存或外存）两大类，其中，内存储器属于主机系统。

内存储器是外存储器与 CPU 进行沟通的桥梁，它的优点是存取速度快。计算机中所有程序的运行都是在内存储器中进行的，其作用是用于暂时存放 CPU 中的运算数据以及与硬盘等外存储器交换的数据。当人们在使用 Word 处理文稿时，通过键盘输入的字符，就被存入内存储器中，在存盘时，内存储器中的数据才会被存入硬盘。内存储器的产品形式之一——内存条如图 1-8 所示。

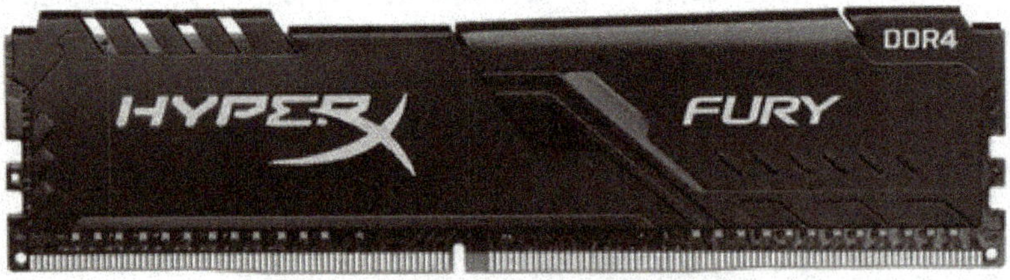

图 1-8　内存条

内存储器由随机存储器（RAM）、高速缓冲存储器（Cache）和只读存储器（ROM）组成。其中，随机存储器（RAM）和只读存储器（ROM）的比较见表 1-2。

表 1-2　RAM 和 ROM 的比较

存储器	作用	特点
随机存储器（RAM）	通常作为操作系统或其他正在运行中的程序的临时数据存储介质	①随时读和写，速度很快 ②断电后保存在上面的数据会自动消失
只读存储器（ROM）	一般用于存储计算机系统中固定的程序和数据，如主板上的基本输入／输出系统（BIOS）	①仅能写一次数据，且不可更改 ②断电后存储在里面的数据不丢失

高速缓冲存储器（Cache）也就是平常说的一级缓存（L1 Cache）、二级缓存（L2 Cache）、三级缓存（L3 Cache），它位于 CPU 与内存储器之间，是一个读／写速度比内存储器更快的存储器。当 CPU 向内存储器中写入或读出数据时，这个数据也被存储进高速缓冲存储器中。当 CPU 再次需要这些数据时，CPU 就从高速缓冲存储器读取数据，而不是访问较慢的内存储器，当然，如果需要的数据不在高速缓冲寄存器中，CPU 会去读取内存储器中的数据。

（二）计算机外部设备

1. 外存储器

外存储器也称辅助存储器，它作为主存储器的后备和补充而被广泛使用，此类存储器一般断电后仍然能保存数据。外存储器有硬盘、光盘、U 盘等。

内存储器和外存储器的比较和联系见表 1-3。

表 1-3　内存储器与外存储器的比较和联系

存储器	速度	容量	价格	CPU 是否直接访问	断电后是否具有易失性	联系
内存储器	快	小	高	是	是	两者会频繁地交换信息
外存储器	慢	大	低	否	否	

特别提醒：

CPU 运算所需要的程序代码和数据来自于内存储器，内存储器中的内容则来自于硬盘，所以 CPU 并不直接与硬盘打交道。

（1）硬盘

硬盘（Hard Disk Drive，HDD）是计算机主要的外部存储设备之一，计算机中大部分的软件都存储在硬盘上。硬盘由铝制或者玻璃制的碟片组成，这些碟片外覆盖了磁性材料。绝大多数硬盘都是固定硬盘，被永久性地密封及固定在硬盘驱动器中。图 1-9 所示为西部数据的 1TB 的机械硬盘。

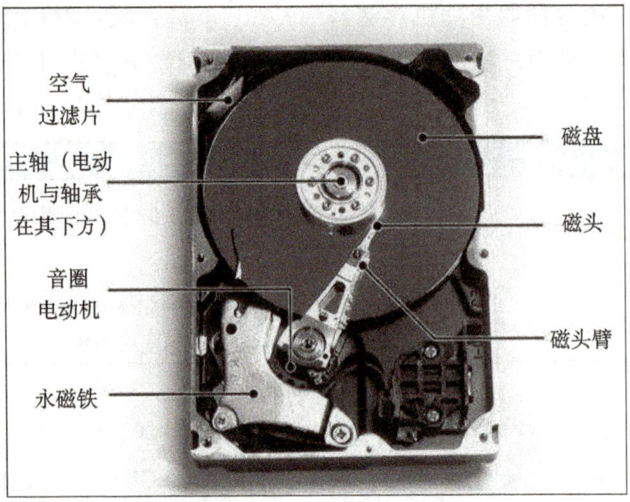

图 1-9　机械硬盘

磁盘容量与单碟容量和碟片数量有关，硬盘内部存储结构如图 1-10 所示。

磁盘容量 = 磁盘面数 × 磁道数 / 面 × 扇面书 / 磁道 × 字节数 / 扇区。

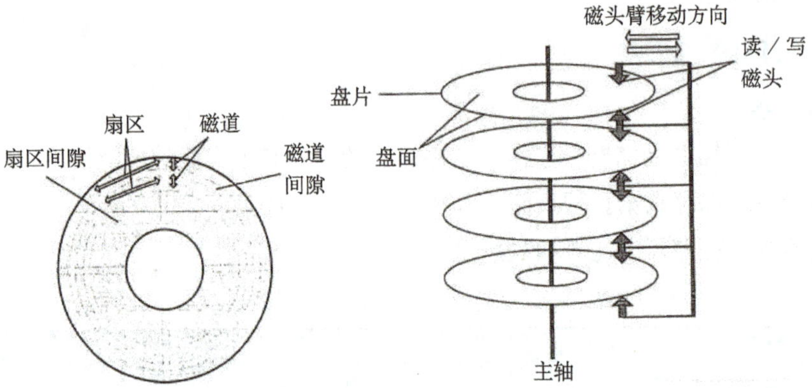

图 1-10　硬盘内部存储结构

知识链接　固态硬盘

硬盘除了机械式外，目前比较流行的还有固态硬盘（SSD），它的存储介质分为两种，一种是采用闪存（FLASH 芯片）作为存储介质，另一种是采用 DRAM 作为存储介质。与机械硬盘相比，固态硬盘的优点如下：①读写速度快，不用磁头，寻道时间几乎为 0；②防振抗摔性强，固态硬盘不存在机械部件；③低功耗；④无噪音；⑤工作温度范围大，大部分固态硬盘可在 −10～70℃工作。

(2) 光盘与 U 盘

光盘是以光信息作为存储的载体并用来存储数据的一种设备，主要分为两类：不可擦写光盘，如 CD-ROM、DVD-ROM 等；可擦写光盘，如 CD-RW、DVD-RAM 等。不同类型的光盘需要配置不同的光驱。

光驱即光盘驱动器，计算机用来读／写光碟内容的机器，光驱可分为 CD-ROM 驱动器、DVD 光驱（DVD-ROM）、康宝（COMBO）光驱、蓝光光驱（BD-ROM）和刻录机等。主要的品牌为华硕、先锋、三星、LG 等，如图 1-11 所示。

图 1-11 光盘驱动器

目前，光驱已经不是台式计算机和笔记本计算机的标配，但现在光盘仍然是非常好的数字“实体”载体——在拥有高容量的前提下，它的成本远远低于其他载体。但随着信息存储方式的改变（U 盘、云盘、硬盘），网络传输方式越来越普及，光驱的市场占有率正在逐渐减小。

U 盘也称作闪存盘。U 盘与硬盘的最大不同是，它不需物理驱动器，采用 USB 接口，即插即用，便于携带。它的数据在断电后不会消失，因此也作为外部存储器使用。

2. 输入设备

输入设备指的是向计算机输入数据和信息的设备，是计算机与用户或其他设备通信的桥梁。

键盘（Keyboard）是常用的输入设备，它由一组开关矩阵组成。每一个按键在计算机中都有它的唯一代码。当按下某个键时，键盘接口将该键的二进制代码送入计算机主机中，按键字符会显示在显示器上。当快速大量输入字符且主机来不及处理时，就先将这些字符的代码送往内存的键盘缓冲区，然后从该缓冲区中取出以进行分析处理。按其接口，键盘可分为 AT 接口（已淘汰）键盘、PS/2 接口（逐步被淘汰）键盘、USB 接口键盘和无线键盘等。

鼠标（Mouse）是一种手持式屏幕坐标定位设备，它是为了适应菜单操作的软件和图形处理环境而产生的一种输入设备。根据工作原理，鼠标分为机械式鼠标（使用滚轮，已淘汰）和光电式鼠标（通过红外线或激光检测）两种。按接口类型分为串行接口鼠标（已淘汰）、PS/2 接口鼠标（逐步被淘汰）和 USB 接口鼠标。除此之外，还有蓝牙鼠标、无线鼠标等。

3. 输出设备

输出设备是计算机硬件系统的终端设备，用于接收计算机数据的输出显示、打印、控制外围设备操作等。常见的输出设备有显示器、打印机、磁记录设备等。

其中，显示器（Display）又称监视器，是实现人机对话的主要工具。它既可以显示键盘输入的命令或数据，也可以显示计算机数据处理的结果。显示器通过光栅来显示输出内容，光栅的密度越高，即单位面积的像素越高，分辨率越高，显示出来的字符或图形就越清晰。按照显示器件的不同，显示器可分为阴极射线显像管（CRT）显示器、等离子显示器（PDP）和液晶显示器（LCD）3 种类型。

输入 / 输出设备通常也称为 I/O（Input/Output）设备。

（三）计算机体系结构五大部件之间的关系

冯 · 诺依曼结构包括运算器、控制器、存储器、输入设备和输出设备 5 个计算机基本部件，它们之间的关系如图 1-12 所示。

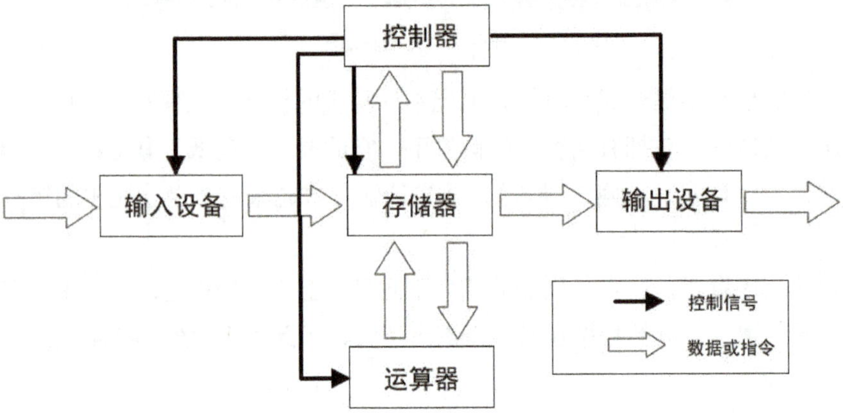

图 1-12　计算机 5 个基本部件之间的关系

数据或指令通过输入设备输入计算机，存储在存储器中。在运行过程中，数据从存储器读入运算器以进行运算，中间结果也存入存储器中，最终将结果经输出设备输出。人们用机器自身所具有的指令编排的指令序列，即程序，以数据的形式由存储器送入控制器，再由控制器向机器的各个部分发出相应的控制信号。另一种信息是控制信息，它由控制器发出，用来控制机器的各部件执行指令规定的操作。

（四）认知计算机主板

主板（Motherboard 或 Mainboard，Mobo），又称主机板、系统板、母板等，是计算机的“躯干”，几乎所有的计算机部件都直接或者间接地连接在主板上。主板一般为矩形电路板，上面安装了组成计算机的主要电路系统，一般有 BIOS 芯片、I/O 控制芯片、键盘和面板控制开关接口、指示灯插接件、扩充插槽、主板及插卡的直流电源供电接插件等元件。主板上的主要插槽及芯片如图 1-13 所示。

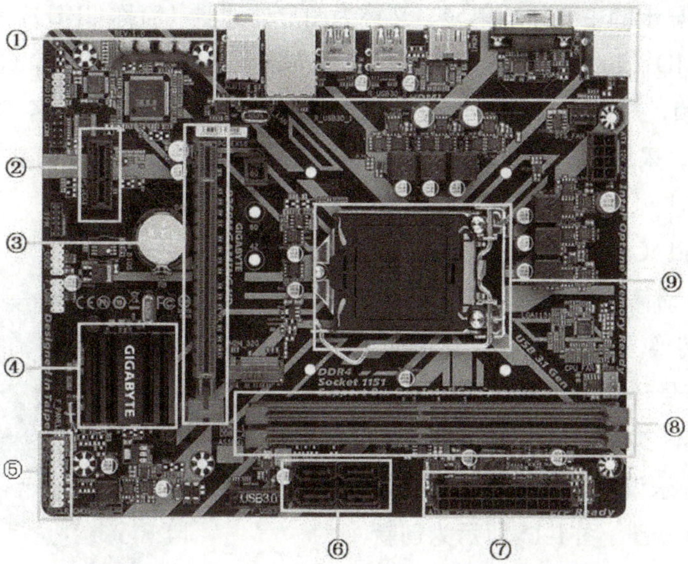

① 对外接口 ② PCI-EX1 插槽 ③ PCI-EX16 插槽 ④ 南桥芯片
⑤ 跳线接口 ⑥ SATA 插口 ⑦ 电源插槽 ⑧ 内存插槽 ⑨ CPU 插口

图 1-13 计算机主板上的主要插槽及芯片

主板上最重要的构成组件是芯片组（Chipset)。而芯片组通常由北桥芯片和南桥芯片组成，其中，北桥芯片起着主导性的作用，也称为主桥（Host Bridge)。

想一想:

图 1-13 所示的主板为何只有一个南桥芯片，北桥芯片在哪里?

（五）认知显卡、声卡、网卡

1. 显卡

显卡也称显示接口卡、显示适配器，显卡是主机与显示器的接口电路，作用是把主机要显示的字符、图形、图像等信息经过显卡电路的转换送显示器显示。对于喜欢玩游戏和从事专业图形设计的人来说，显卡非常重要。图 1-14 为技嘉的独立显卡。

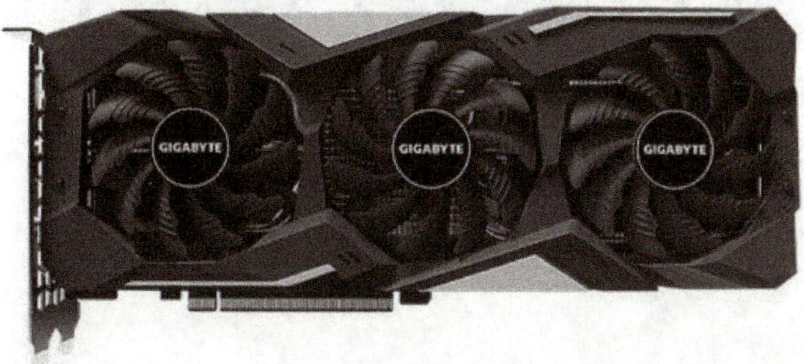

图 1-14 技嘉的独立显卡

显示芯片是显卡的主要处理单元，又称为图形处理器（简称 GPU），主要由 NVIDIA（英伟达）和 AMD（超微半导体）两大厂商制造。当处理 3D 图形时，GPU 使显卡减少了对 CPU 的依赖，并完成部分原本属于 CPU 的工作。显卡所支持的各种 3D 特效由显示芯片的性能决定，采用什么样的显示芯片大致决定了这块显卡的档次和基本性能。

2. 声卡

声卡（Sound Card）也叫音频卡，基本功能是把来自话筒、磁带、光盘的原始声音信号加以转换，并以文件形式存盘，还可以将数字信号还原成为真实声音输出到耳机、扬声器、扩音机、录音机等音响设备，或通过音乐设备数字接口（MIDI）发出合成乐器的声音。图 1-15 所示为创新科技的 PCI 声卡。

图 1-15　创新科技的 PCI 声卡

3. 网卡

网卡是计算机在计算机网络上进行通信的计算机硬件。它主要分为集成网卡和独立网卡。目前大部分网卡芯片都集成在计算机主板上，无须额外购买，而且集成网卡也一直在升级换代中，不管是速率还是稳定性都在不断提升。

独立网卡如今已经成为极其小众的产品，主要受众是电竞玩家等。对于网络电竞游戏玩家来说，优秀的独立网卡芯片能做到更低的延迟和更少的数据丢包，使网络游戏运行起来更加流畅。对于普通用户来说，无线网卡更受欢迎，如果家里暂时没有网络，那么可以连接 WiFi 热点，而且价格也不贵，当然，与有线网络相比，其网络延迟会高一些。图 1-16 为 TP-LINK 的独立网卡。

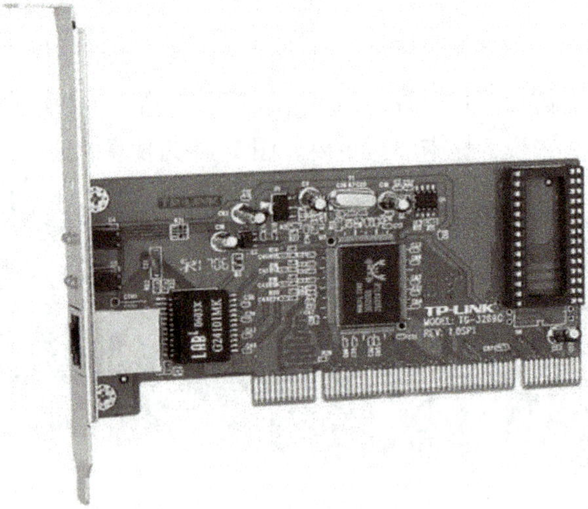

图 1-16　TP-LINK 的独立网卡

（六）认知主机箱和供电系统

主机箱用于固定和保护主板、电源、硬盘、光驱等设备，同时还起到隔音、屏蔽电磁辐射的重要作用。

主机箱一般包括外壳、支架、面板上的各种开关、指示灯等。各个类型的机箱只能安装其支持类型的主板，一般是不能混用的，而且电源也有所差别。图 1-17 所示为惠普的主机箱，展示了各个接口。

前面板接口：① 预留光驱位（不可用） ② 电源开关 ③ 耳麦接口 ④ 读卡器 ⑤ USB×2

背面板接口：⑥ 音频输出 ⑦ 麦克风输入 ⑧ 音频输入 ⑨ RJ-45 网线接口 ⑩ USB 2.0

⑪ USB 3.0 ⑫ USB 2.0 ⑬ VGA 接口 ⑭ DP 接口 ⑮ 电源接口

图 1-17 惠普的主机箱

计算机电源是将交流电变换为 5V、−5V、12V、−12V、3.3V 等不同电压的稳定可靠的直流电，供给主机箱内的主板、各种适配器和扩展卡、硬盘驱动器、光盘驱动器等系统部件，以及键盘和鼠标使用。图 1-18 所示为航嘉的电源。

图 1-18 航嘉的电源

任务二

计算机硬件组装

任务描述

小戴计划采购一台新的计算机，他利用空余时间通过互联网学习了相关的计算机硬件知识，并通过购物网站购买了计算机硬件，准备自己组装。组装计算机硬件，第一步该从何处入手？组装过程中有哪些特别值得注意的地方？

通过本任务的学习，读者能够在做好计算机组装准备的基础上，按照顺序完成 CPU、内存条、主板、电源、硬盘、显卡等硬件设备的组装，并在组装后进行有效的测试。在实践操作的基础上，进一步了解计算机和微型计算机的发展，以及计算机的分类。

任务实施

一、组装前准备

计算机硬件组装需要一个平稳、整洁的工作台，如图 1-19 所示。准备好十字螺钉旋具、螺钉、导热硅脂、防静电手套、防静电手环等工具和材料，如图 1-20 所示。

图 1-19 平稳、整洁的工作台

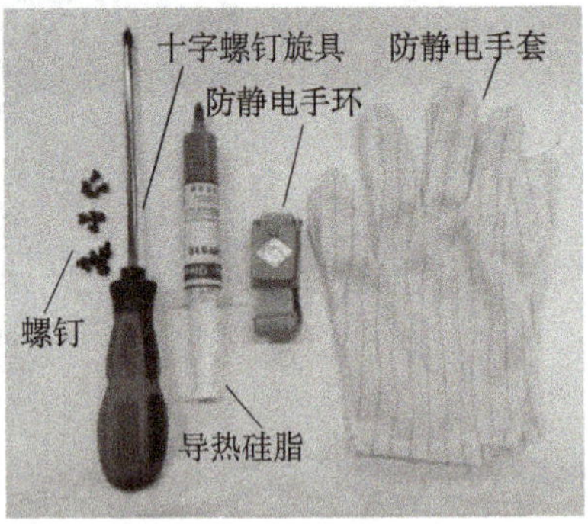

图 1-20 组装工具与材料

> **小提示：**
> 在装机前必须消除人体所带的静电，要佩戴防静电手套或防静电手环。如果条件不允许，那么可以用流动的自来水洗手，双手触摸自来水管、暖气管等接地的金属物以释放静电。

检查待组装的计算机硬件是否齐全，将 CPU、CPU 散热风扇、内存条、主板、电源、硬盘、显卡等硬件设备排列整理，如图 1-21 所示。

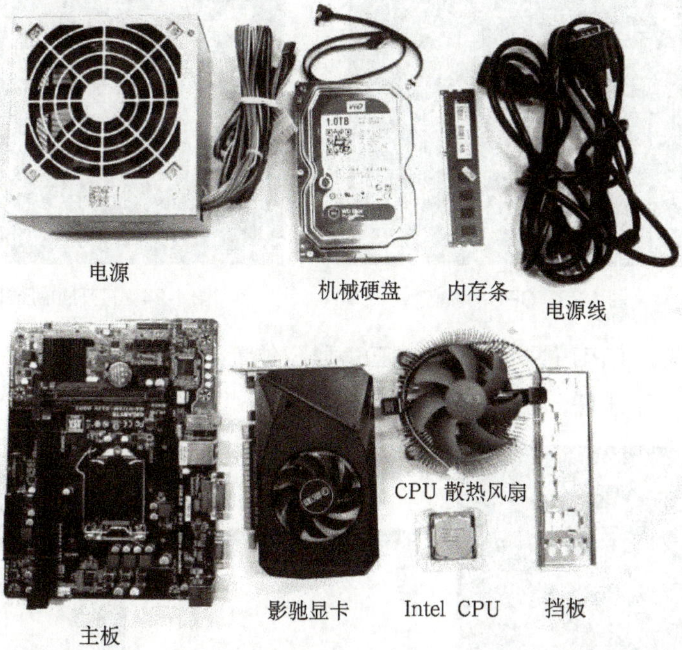

图 1-21 计算机组装硬件

准备好固定主板、电源、硬盘、显卡等部件需要的螺钉，螺钉类型如图 1-22 所示。其中，主板螺钉与铜柱匹配使用。

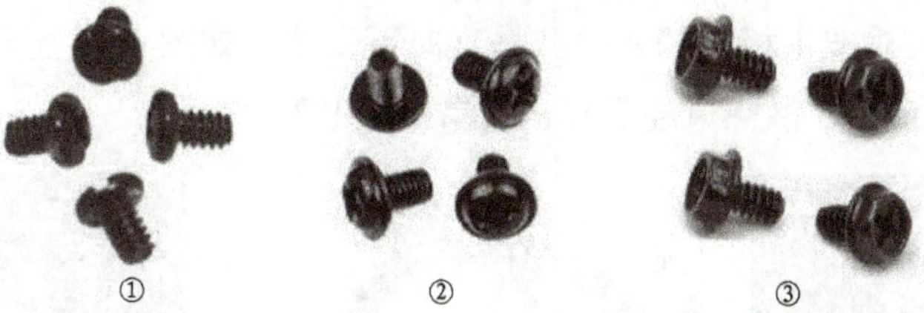

①**硬盘螺钉**：圆头形 ②**主板螺钉**：圆头带垫形 ③**电源 / 显卡螺钉**：外六角形

图 1-22 螺钉类型

二、硬件组装

按照顺序完成 CPU、内存条、主板、电源、硬盘、显卡等硬件设备的组装。

（一）安装 CPU 及散热风扇

步骤一： 确认 CPU 插槽类型。由保护盖和右上角的“LGA 1151”可知为 Intel CPU 插槽，用手指轻轻撬起 CPU 保护盖，如图 1-23 所示。按照先向右再向上的方向打开 CPU 插槽压杆，如图 1-24 所示。

图 1-23　CPU 保护盖

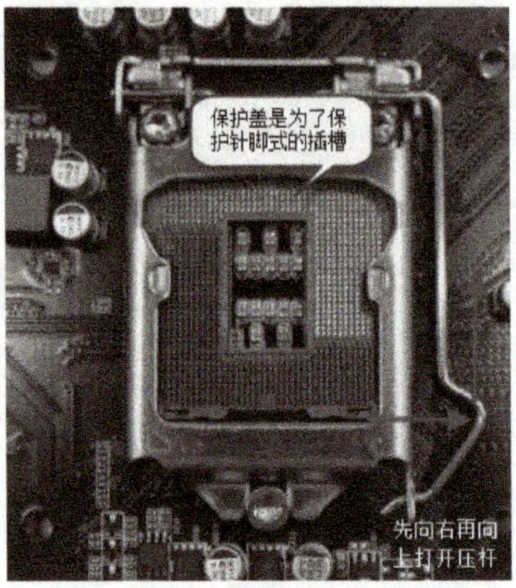

图 1-24　打开插槽压杆

步骤二： 确认 CPU 缺口位置及“三角形”位置，如图 1-25 所示。将两者位置对齐，放置 CPU，并压下压杆，效果如图 1-26 所示。

图 1-25　CPU 缺口位置和“三角形”位置

图 1-26　CPU 安装效果

步骤三： 将支架对准主板上的 4 个孔垂直向下安装，如图 1-27 所示。用固定钉进行固定，在主板上安装 CPU 散热风扇支架，效果如图 1-28 所示。

图 1-27　支架、固定孔位置和固定钉

图 1-28　支架安装效果

步骤四：在 CPU 上均匀涂抹导热硅脂，如图 1-29 所示。将散热风扇的一端先固定住，再将另一端的卡扣下压至内扣进行固定，效果如图 1-30 所示。

图 1-29 涂抹导热硅脂

图 1-30 固定散热风扇效果

步骤五：在 CPU 插槽周边找到“CPU FAN”，即散热风扇电源插座，如图 1-31 所示。插上风扇电源线，完成安装过程，效果如图 1-32 所示。

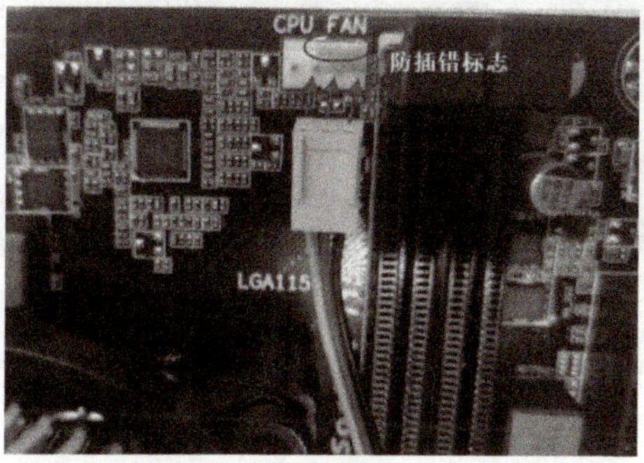

图 1-31 散热风扇电源插座

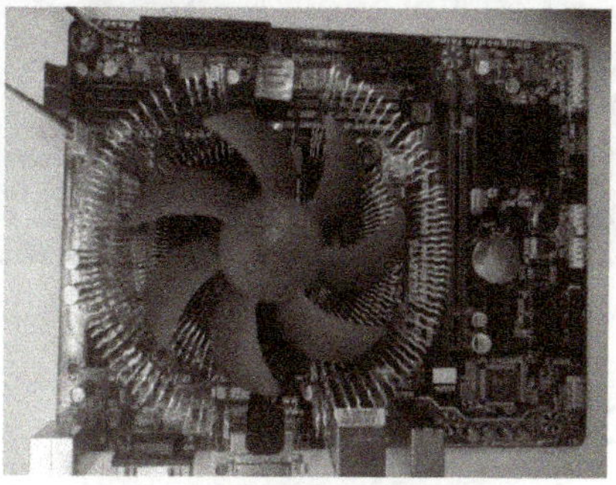
图 1-32 散热风扇安装效果

知识链接 Intel 和 AMD 的 CPU 接口

CPU 经过这么多年的发展，采用的接口方式有引脚式、卡式、触点式等。现在个人计算机主要的 CPU 插槽有 Socket、LGA 这两种。CPU 接口类型不同，其插孔数、体积、形状都会有变化，所以不能互相接插。Intel CPU 基本采用 LGA 接口，AMD CPU 基本采用 Socket 接口，它们的接口如图 1-33 所示。

图 1-33 Intel 和 AMD 的 CPU 的接口

（二）安装内存条

将主板上的内存插槽卡扣向两边扳开，如图 1-34 所示。观察内存条，对照图 1-35 确认缺口位置。

图 1-34　内存插槽卡扣

图 1-35　内存插槽缺口位置

将内存条对准插槽，两只手的大拇指同时竖直按压，直至听到“咔”的声音，即将内存条插入插槽，如图 1-36 所示。可以轻轻向外拉动内存条，再次检查卡扣是否扣紧，固定效果如图 1-37 所示。

图 1-36　插入内存条

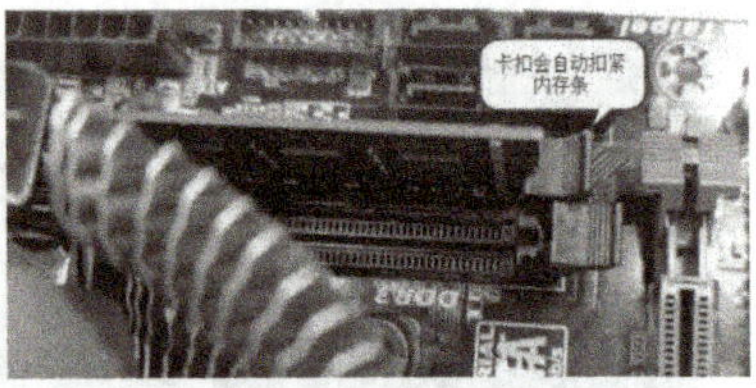

图 1-37　内存条固定效果

（三）安装主板

步骤一： 打开机箱，从里往外固定安装挡板，如图 1-38 所示。注意，挡板的方向应和主板的外部接口一致。

步骤二： 观察机箱前面板，上面有开机键、重启键、硬盘灯、电源灯、音频插口、USB 插口，它们的连接线都需要插在主板上，机箱跳线如图 1-39 所示。

图 1-38　挡板

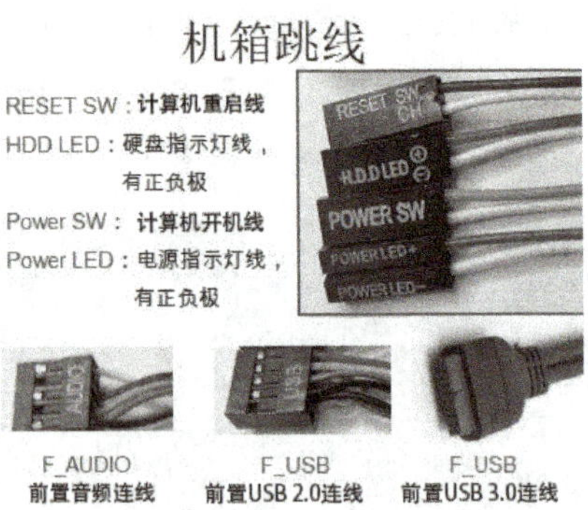

图 1-39　机箱跳线

在主板上找到“F_AUDIO”和“F_USB”接口，并通过接口上的缺口位来确认插口方向，如图 1-40 所示，完成音频跳线和 USB 2.0 跳线的连接。在主板上找到“F_USB 3.0”接口，注意缺口位置，如图 1-41 所示，将 USB 3.0 连线接入。

图 1-40 “F_AUDIO”和“F_USB”接口位置

图 1-41 “F_USB 3.0”接口位置

在主板上找到“F_PANEL”接口，连接“F_PANEL”跳线，如图 1-42 所示。连接跳线时需注意，“POWER LED”和“H.D.D LED”有正负极之分，同时连线上有字母的一端朝外，以方便后续查错，如图 1-43 所示。

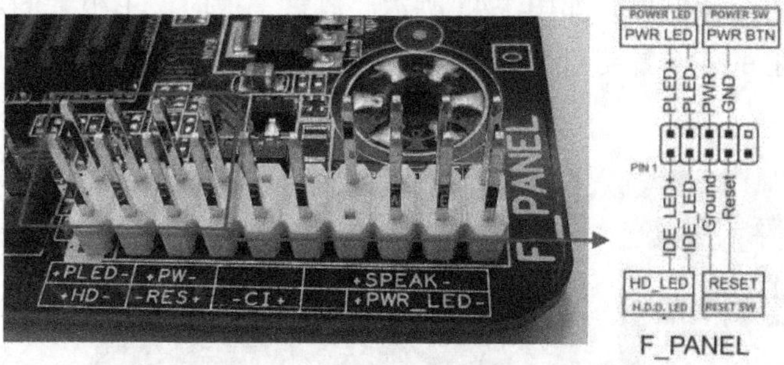

图 1-42 “F_PANEL”接口位置和功能

图 1-43 “POWER LED”和“H.D.D LED”接口正负极

在主板上找到“SPEAKER”接口，连接喇叭，如图 1-44 所示。连接正常后，喇叭会在开机自检时发出“嘀”的声音。

图 1-44 连接喇叭

知识链接 USB 接口

USB（Universal Serial Bus，通用串行总线）是一种串口总线标准，也是一种输入 / 输出接口的技术规范，在 1994 年底由英特尔、康柏、IBM、Microsoft 等多家公司联合提出。目前已替代并口和串口，被广泛地应用于个人计算机和移动设备等信息通信产品，并扩展至摄影器材、数字电视（机顶盒）、游戏机等其他相关领域。

从 1994 年 11 月 11 日发布 USB V0.7 版本以后，USB 版本经历多年发展，到现在主流的是 3.0 版本。USB 接口的主要优点有传输速度快（USB 1.1 是 12Mbit/s，USB 2.0 是 480Mbit/s，USB 3.0 是 5Gbit/s），使用方便，支持热插拔，连接灵活，独立供电，可连接多个设备（最多 127 个设备）。

小提示：

主板连接跳线时，可以将主板放置在机箱上面，需要在主板和机箱中间垫一张纸，以避免造成主板背面引脚短路或磨损。

步骤三： 确认机箱内主板的安装位置，如图 1-45 所示。放置主板时，主板上的对外接口与挡板缺口相对应，主板上的 4 个螺钉孔位置与机箱上的铜柱对应，效果如图 1-46 所示。

图 1-45　主板安装位置

图 1-46　主板放置效果

主板放置完成后，从外侧看时的对外接口如图 1-47 所示；使用匹配的螺钉，以对角固定的方式固定主板，如图 1-48 所示。

（四）安装电源

确认电源安装位置，如图 1-49 所示。使用匹配的螺钉以对角固定的方式固定电源，如图 1-50 所示。

图 1-47　从外侧看时的对外接口

图 1-48　主板固定

图 1-49　电源安装位置

图 1-50　电源固定

确认并观察电源上的连接线和接口，包括主板电源、SATA 型硬盘电源、IDE 型硬盘电源、CPU 电源等的连接线与接口，如图 1-51 所示。

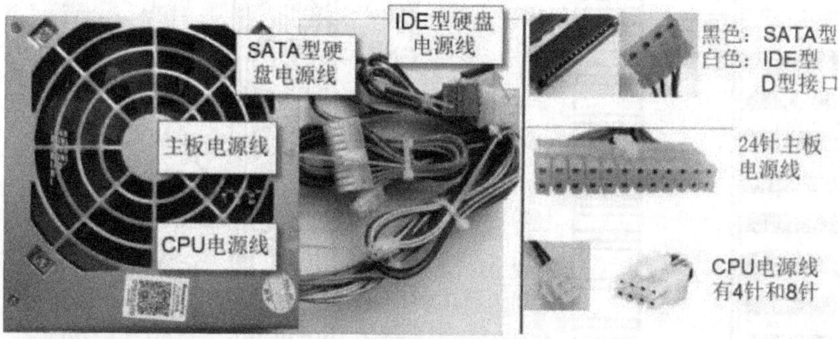

图 1-51　电源连接线与接口

确认主板上的电源插口，连接主板电源线和 CPU 电源线，分别如图 1-52、图 1-53 所示。

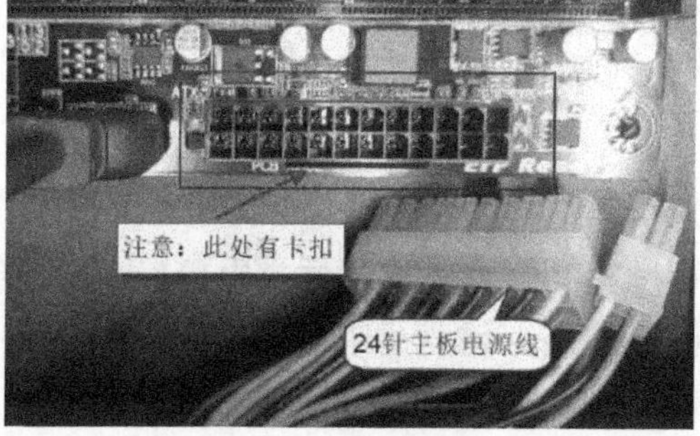

图 1-52　连接主板电源线

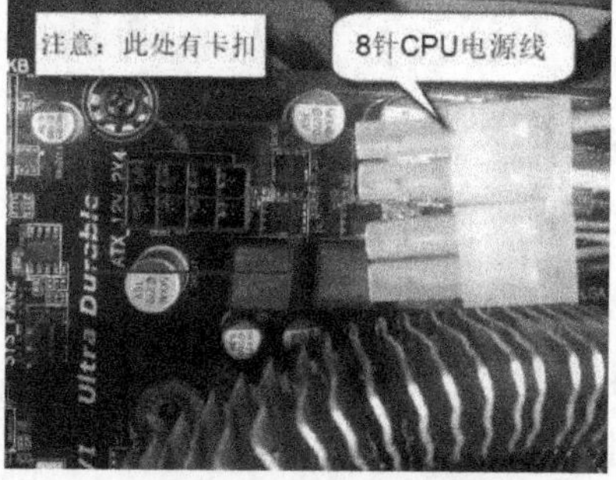

图 1-53　连接 CPU 电源线

知识链接 24pin 主板电源线

按照 Intel 所定义的电源规范，所有电源厂商使用的线材需统一，各电源线颜色与用途如下。

红色：+5V，为主板电路、内存模块供电，以及为光驱、硬盘等设备的信号供电。

黄色：+12V，为 CPU、显卡供电，以及为标准的驱动电路供电，如光驱、硬盘的电动机。

橙色：+3.3V，为现在多用于 SATA 硬盘的供电，以后会有其他用途。

紫色：+5V（USB），为 USB 设备供电，支持 USB 键盘和鼠标的开机功能（关机后依然供电）。

黑色：地线（0V），电源供电回路的必要组成部分。

绿色：PS−ON，开机信号线（当其与地线短接时会启动电源）。

灰色：Power Good 监测线，连接主板与电源，起到信号反馈作用。

蓝色：−12V 老式串行口。

白色：−5V ISA 总线。

24pin 主板电源线接口如图 1-54 所示。

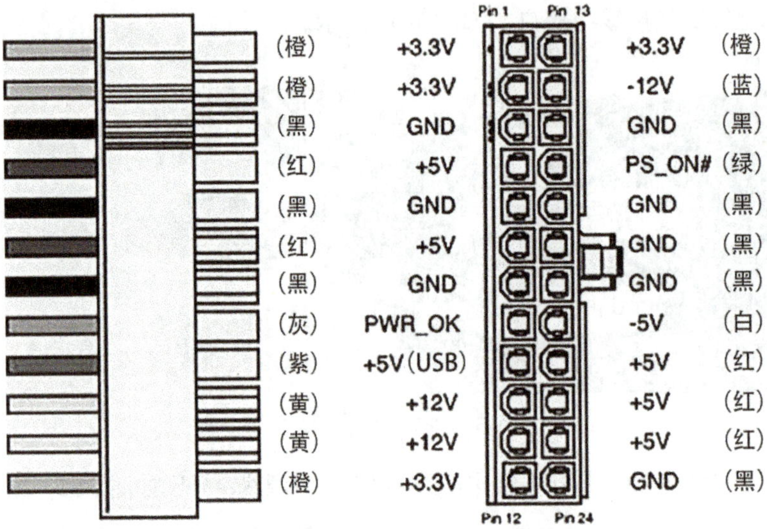

图 1-54 24pin 主板电源线接口

（五）安装硬盘

观察和确认机箱中硬盘的安装位置，使用匹配的螺钉固定硬盘，如图 1-55 所示。注意：机箱另外一面同样也要用螺钉固定。如图 1-56 所示，完成硬盘电源线、数据线的连接。由于电源线和数据线接口都为“L”型，因此务必注意插口方向。如图 1-57 所示，硬盘数据线连接主板 SATA3 插口。主板上的硬盘接口是有优先级别的，数字越小，优先级越高，因此从图中的“0”号接口开始连接。

图 1-55 确认硬盘安装位置并固定

图 1-56 硬盘电源线、数据线连接

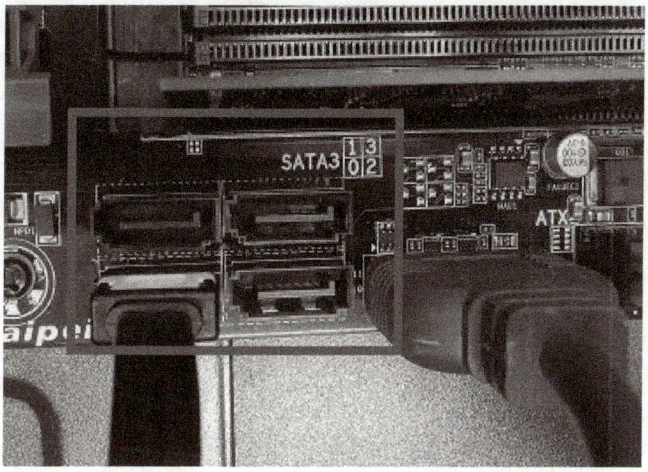

图 1-57 硬盘数据线连接

（六）安装显卡

拆除显卡挡板，如图 1-58 所示。向后左侧扳开显卡插槽（PCI–E X16）卡扣，如图 1-59 所示。将显卡垂直向下用力插入显卡插槽，直至听到“咔”的声音，卡扣自动扣紧，效果如图 1-60 所示。用螺钉固定显卡，再将显卡挡板固定，如图 1-61 所示。

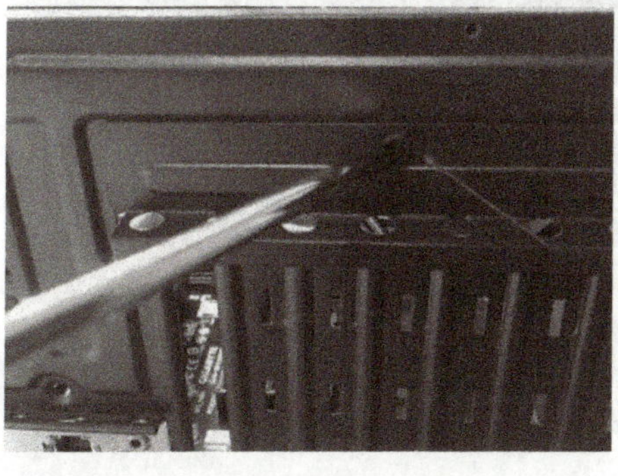

图 1-58 拆除显卡挡板

图 1-59 扳开显卡插槽卡扣

图 1-60　显卡安装效果

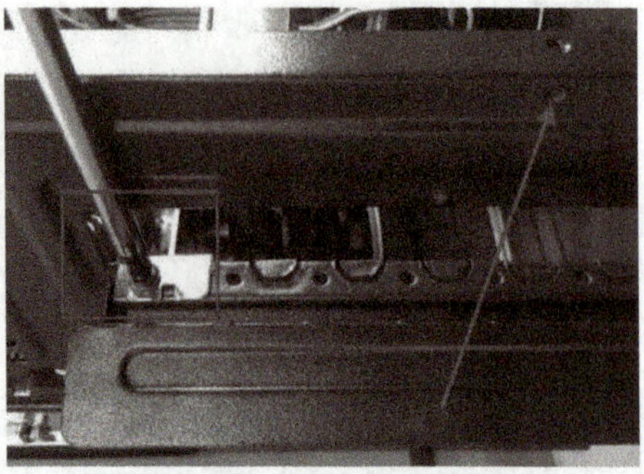

图 1-61　固定显卡挡板

小提示：

现在的独立显卡都需要单独供电，因此要有配备电源上所需的 PCI-E（6+2）pin 电源线，在固定好显卡后需要将电源线插在显卡上。

三、组装后测试与整理

计算机硬件安装完成后，连接显示器，准备测试。

插上计算机总电源线，如图 1-62 所示。按下主机电源键，如图 1-63 所示，此时喇叭会发出“嘀”的声音，同时主板上的指示灯亮起，CPU 风扇和显卡风扇开启，证明硬件安装无误。长按电源键关机，拔除电源线。

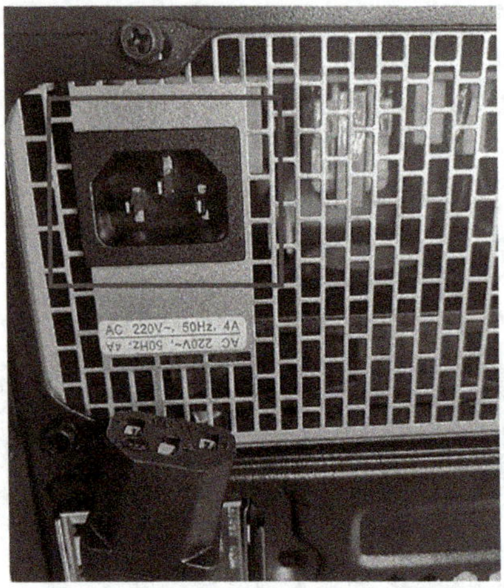

图 1-62　插上计算机总电源线

图 1-63　按下主机电源键

测试正常后，可以使用扎带将机箱内的连接线进行整理并捆扎，如图 1-64 所示。盖上盖板，用螺钉旋紧固定。机箱盖板一面带孔（如图 1-65 所示），一面全封闭，带孔的一面方便风扇对外扇风，促进散热，因而在摆放机箱时要注意背面不要紧贴墙壁。

图 1-64 捆扎及整理连接线

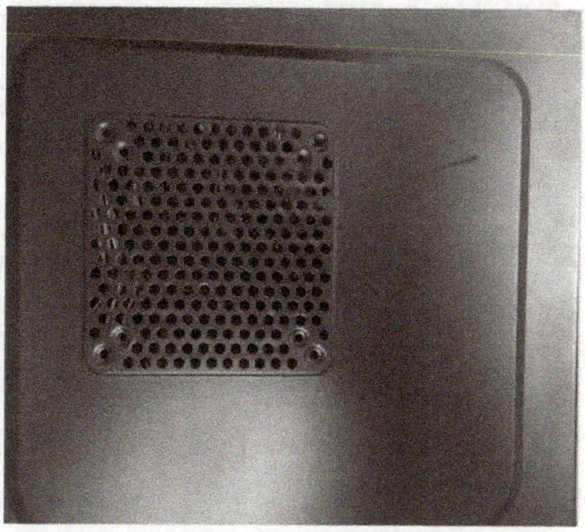

图 1-65 机箱盖板

可使用移动终端扫一扫二维码播放视频来学习计算机硬件组装操作	

知识提炼

一、计算机的发展

世界上第一台数字式计算机诞生于 1946 年 2 月，是由美国宾夕法尼亚大学物理学家莫克利（J.Mauchly）和工程师埃克特（J.P.Eckert）等人共同开发的“电子数值积分器和计算机”（Electronic Numerical Integrator And Computer,ENIAC)，中文名译为“埃尼阿克”，如图 1-66 所示。

图 1-66 埃尼阿克（ENIAC）

根据计算机采用的物理器件的发展，一般将计算机的发展分成如下 4 个阶段。

1. 第一代电子管计算机（1946—1957 年）

第一代计算机采用电子管作为主要器件，输入／输出都在穿孔的纸带卡片上进行。由于当时技术的限制，每秒运算为几千次至几万次，内存容量仅为几 KB。软件处于初始阶段，程序设计使用机器语言和汇编语言。此时的计算机体积庞大，功耗大，运算速度低，可靠性差且维护困难，造价很高，主要用于科学计算。

2. 第二代晶体管计算机（1957—1964 年）

第二代计算机采用晶体管作为主要器件。运算速度每秒达几十万次。与电子管计算机相比，它具有体积小、速度快、功耗低、性能更稳定等特点。计算机软件也有了较大的发展，出现了 FORTRAN、COBOL 和 ALGOL 等高级语言。此时的计算机除了用于科学计算外，它还被用于数据处理、事务处理以及工业控制等方面。

3. 第三代集成电路计算机（1964—1970 年）

第三代计算机采用中小规模集成电路作为主要器件。集成电路工艺可以在几平方毫米的单晶硅上集成几十个甚至上百个电子元件组成的逻辑电路，运算速度达到了每秒几十万次到几百万次。存储器的体积变得更小。在软件方面，操作系统逐步完善，使得计算机在中心程序的控制及协调下可以同时运行许多不同的程序。高级程序设计语言有了很大的发展。计算机同时向标准化、多样化、通用化、机型系统化方向发展。此时的计算机兼容性更好，成本更低，开始广泛应用在各个领域。

4. 第四代大规模和超大规模集成电路计算机（1970 年至今）

第四代计算机采用大规模集成电路和超大规模集成电路作为主要器件。计算机运算速度达到每秒上千万次到十万亿次。在系统结构方面发展了并行处理技术、分布式计算机系统和计算机网络等。在软件方面发展了数据库系统、软件工程标准化系统等，应用软件已成为当代工业的一部分。第四代计算机的应用领域得到了普及，已进入各行各业，并且走进千家万户。人们现在使用的计算机就属于第四代电子计算机。

目前，包括我国在内的世界上多个国家也正在积极研制第五代智能化计算机。第五代计算机将把信息采集、存储、处理、通信和人工智能结合在一起，突破当前计算机的结构模式，更注重逻辑推理与模拟人的思维，即具有对知识进行处理的模拟能力，同时朝巨型化、微型化、网络化、智能化和多媒体化等方向发展。

二、微型计算机的发展

1. 微处理器的发展

美国 Intel（英特尔）公司是全球最大半导体芯片制造商，它成立于 1968 年，引领着微处理器产品创新和市场的变革。从 1971 年英特尔推出了全球第一个微处理器 4004 以来，微处理器发展至今已具有 50 多年的历史。按照微处理器处理信息的字长，其发展经历了 8 位、16 位、32 位及 64 位微处理器等阶段。工艺尺寸的缩小和体系结构的发展促进了微处理器性能的不断提升。随着半导体工艺水平的飞速发展，单芯片可以集成更多的晶体管，为芯片设计提供了广阔的空间。多核结构具有良好的性能潜力和实现优势，因此，多核结构为微型计算机发展开辟了空间。生产微处理器的主要公司除 Intel 外，还有 AMD 公司（美国超微设备公司）。

在 CPU 研制中，我国自主研制了龙芯、方舟、威盛等系列处理器芯片。

2. 微型计算机的发展

1981 年，第一台 IBM PC 采用了主频为 8MHz 的 Intel 8088，操作系统是 Microsoft 提供的 MS–DOS。IBM 将其命名为“个人计算机”(Personal Computer)，不久“个人计算机”的缩写“PC”成为所有个人计算机的代名词。微处理器的快速发展推动了微型计算机的发展。微型计算机发展过程中，“286 计算机”“386 计算机”“486 计算机”“奔腾计算机”“酷睿计算机”等名称均与微处理器产品相关联。

三、计算机的分类

计算机的分类有多种方法，一般可以从以下几个方面来划分。

1）按综合性能指标，可分为巨型机、大型机、中型机、小型机和微型机 5 类。

2）按信息处理方式，可分为数字计算机、模拟计算机和混合计算机 3 类。

3）按用途，可分为通用计算机和专用计算机。

4）按字长，可分为 8 位、16 位、32 位和 64 位计算机。

任务三

计算机外设连接

任务描述

小戴完成了计算机硬件的组装后，他所购买的打印机、投影仪等常用办公设备到货了。如何尽快将这些计算机外部设备与计算机连接好呢？一根 USB 数据线连上计算机就可以操作了吗？让我们一起尝试去完成吧。

通过本任务的学习，读者能够认识计算机外部设备的接口类型，会结合实际情况连接键盘、鼠标、打印机、投影仪等常用的计算机外部设备。在实践操作的基础上，进一步了解键盘、鼠标、打印机、投影仪等设备相关知识。

任务实施

一、连接前准备

计算机外设连接需要一个平稳、整洁的工作台，如图 1-67 所示。检查显示器、键盘、鼠标、投影仪和打印机等外部设备，熟悉主机背面的各个接口，如图 1-68 所示。

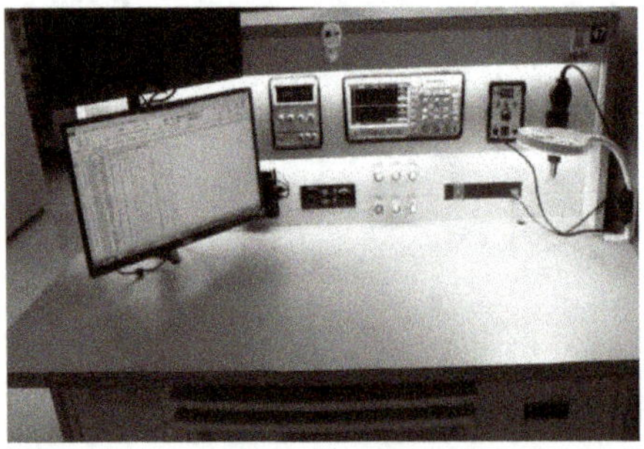

图 1-67　平稳、整洁的工作台

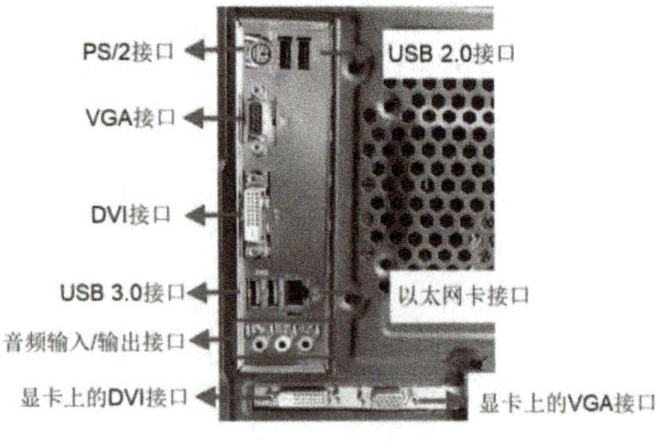

图 1-68　主机背面的接口

二、外设连接

计算机硬件组装完成后，先将计算机最基本的输入／输出设备（即显示器、键盘、鼠标）进行连接，再连接投影仪、打印机等常用的外部设备。

（一）显示器连接

确认显示器接口类型，如图 1-69 所示。将显示器连接线的一头接在显示器上并拧紧两端的螺钉，防止接触不良，如图 1-70 所示。将显示器连接线的另一端插入主机箱背面显卡的输入接口，拧紧两端的螺钉，如图 1-71 所示。将显示器接上电源，如图 1-72 所示。

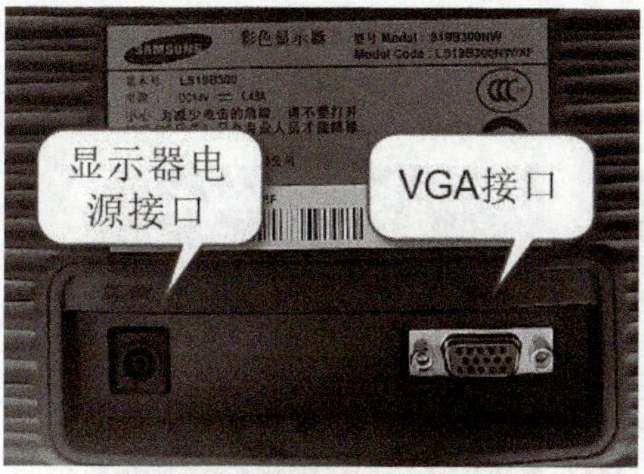

图 1-69　显示器接口类型

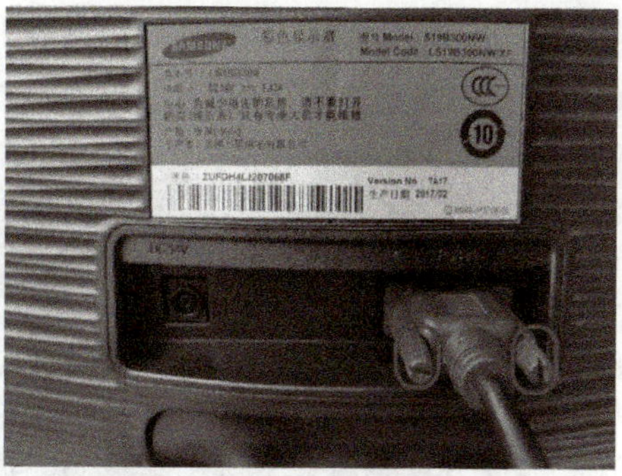

图 1-70　连接线接入显示器

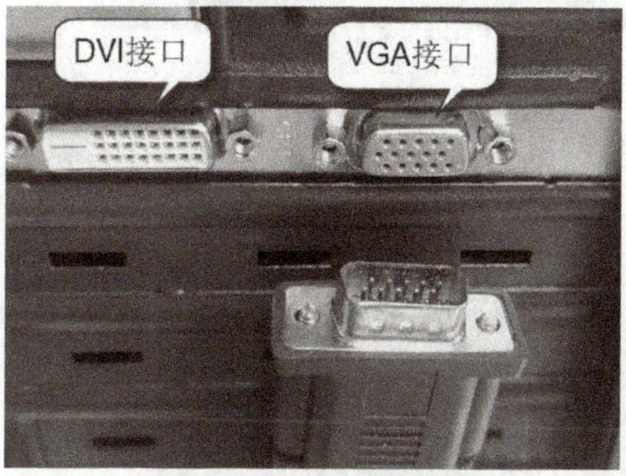

图 1-71　连接线插入显卡接口

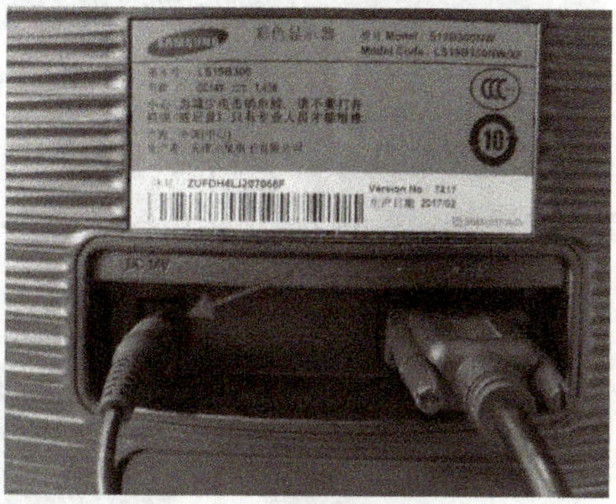

图 1-72　显示器连接电源

知识链接　4 类常用的视频接口

目前常见的视频接口有 DP、HDMI、VGA、DVI 这 4 种类型，如图 1-73 所示。

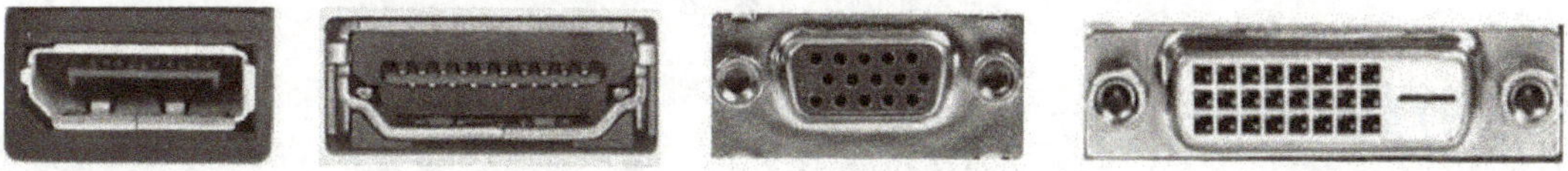

DP　HDMI　VGA 接口　DVI 接口

图 1-73　视频接口类型

DP（Display Port）是一个标准化的数字式视频接口。该接口免认证、免授权金，主要用于视频源与显示器等设备的连接，并且支持携带音频的数据、USB 数据和其他形式的数据。

HDMI（High Definition Multimedia Interface），即高清多媒体接口，它是一种全数字化视频和声音发送接口，可以发送未压缩的音频及视频信号。

VGA（Video Graphics Array）接口，即视频图形阵列接口，为 15 针 D 型接口，也称 D-Sub 接口，是 IBM 于 1987 年提出的一个使用模拟信号的计算机显示标准。

DVI（Digital Visual Interface），即数字视频接口，是一种视频接口标准，设计的目的是用来传输未经压缩的数字化视频。

（二）键盘、鼠标连接

步骤一： 确认键盘连接线接口类型，这里的键盘接口类型为 USB 2.0，将键盘 USB 接线接入主机箱背后的 USB 接口，如图 1-74 所示。

图 1-74　键盘连接

步骤二： 确认鼠标连接线接口类型，这里的鼠标接口类型为 USB 2.0，将鼠标 USB 接线接入主机箱背后的 USB 接口，如图 1-75 所示。

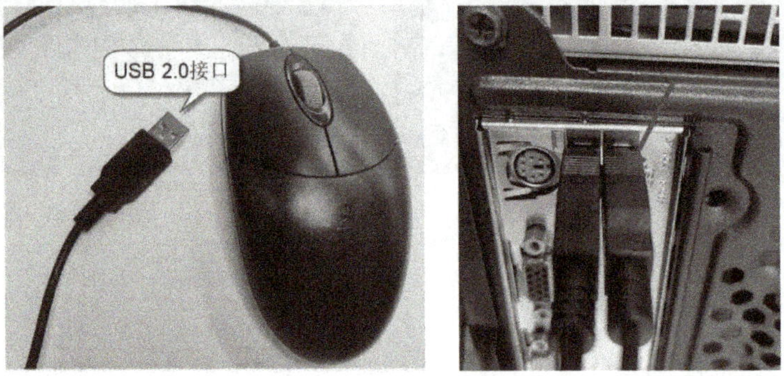

图 1-75　鼠标连接

（三）投影仪连接

投影仪连接操作以爱普生（Epson）CB-1780W 投影仪为例，如图 1-76 所示，它的背面接口如图 1-77 所示。

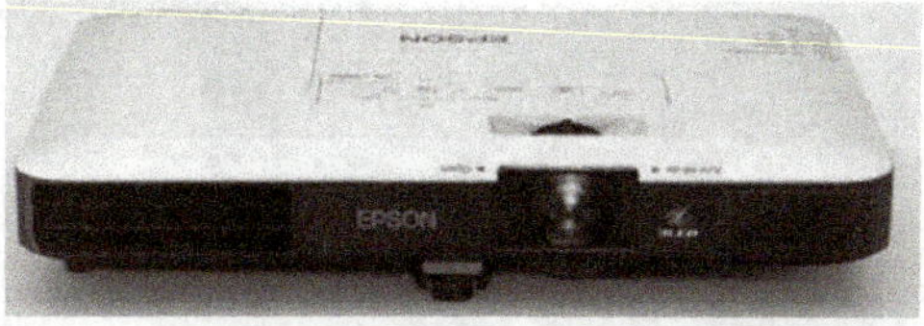

图 1-76　爱普生 CB-1780W 投影仪

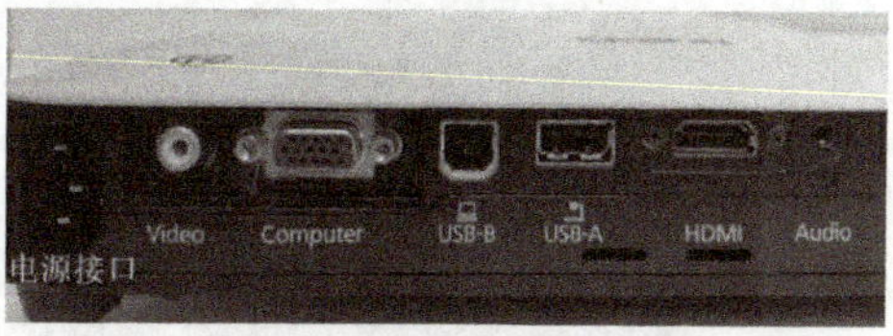

图 1-77　投影仪背面接口

步骤一：设备连接。将 VGA 连接线的一端接入投影仪接口，并拧紧两端的螺钉，如图 1-78 所示；连接线的另一端接入主机的 VGA 接口，如图 1-79 所示。投影仪连接电源线，如图 1-80 所示。根据实际需求连接投影仪的 Audio 音频接口与计算机主机的音频接口，如图 1-81 所示。

图 1-78　VGA 连接线连接投影仪

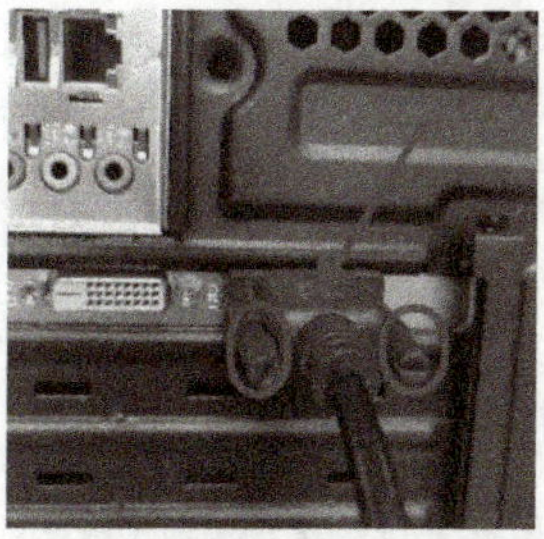

图 1-79　VGA 连接线连接主机

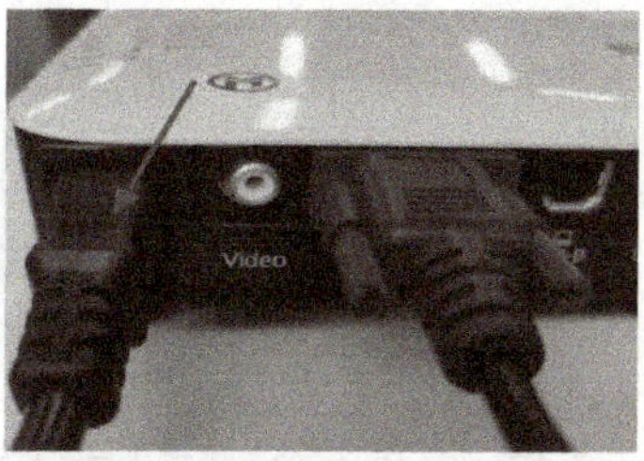

图 1-80　电源线连接

图 1-81　音频线连接

步骤二：投影仪测试。将电源插入插座，电源指示灯亮起，如图 1-82 所示。打开投影仪上的镜头盖，按下控制面板上的电源按钮，如图 1-83 所示。按下计算机主机按钮，如图 1-84 所示。等待开机，开机后的投影仪投影效果如图 1-85 所示。

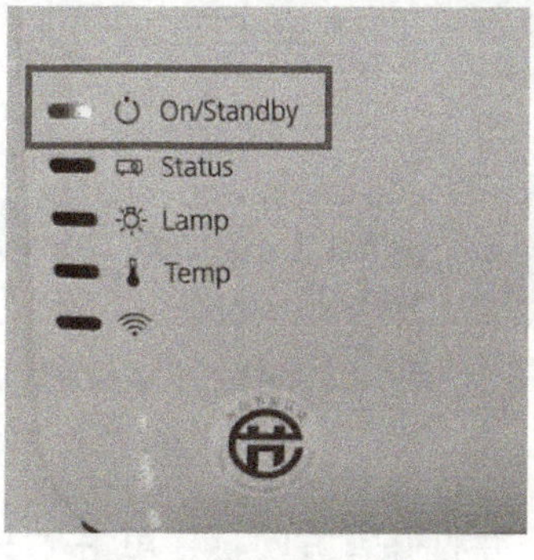

图 1-82　电源指示灯亮起

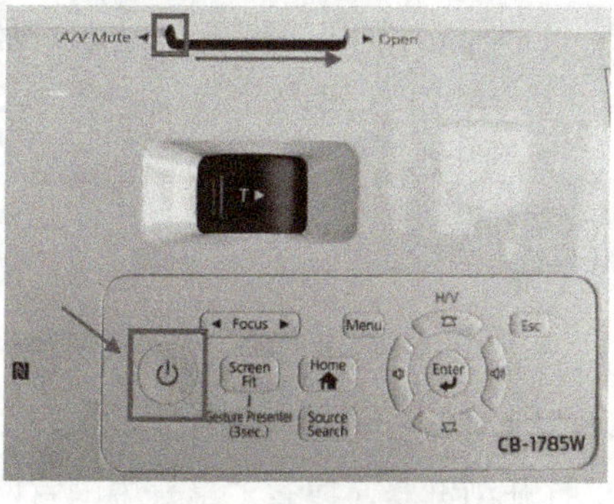

图 1-83　按下电源按钮

图 1-84　按下计算机主机按钮

图 1-85　投影仪投影效果

想一想：

计算机通过 HDMI 与投影仪相连时，需要连接音频接口吗？

（四）打印机连接

打印机连接操作以惠普（HP）激光打印机为例，如图 1-86 所示。打印机的连接操作包括设备连接、安装驱动程序、打印机设置 3 个步骤。

图 1-86　惠普（HP）激光打印机

（1）打印机设备连接

查看打印机，并确认打印机数据传输接口、电源接口和开关，这里的打印机数据传输接口为 USB 接口，如图 1-87 所示。将数据线和电源线接入打印机接口，效果如图 1-88 所示；将打印机数据线接口的另一端接入计算机主机的 USB 接口，并插上外设电源，打开电源开关。

图 1-87　打印机背面接口

图 1-88　背面接口连线效果

（2）打印机驱动程序安装

步骤一：打开浏览器，搜索“惠普中国官网”并打开官方网页，单击“支持”→“软件与驱动程序”选项，如图 1-89 所示。

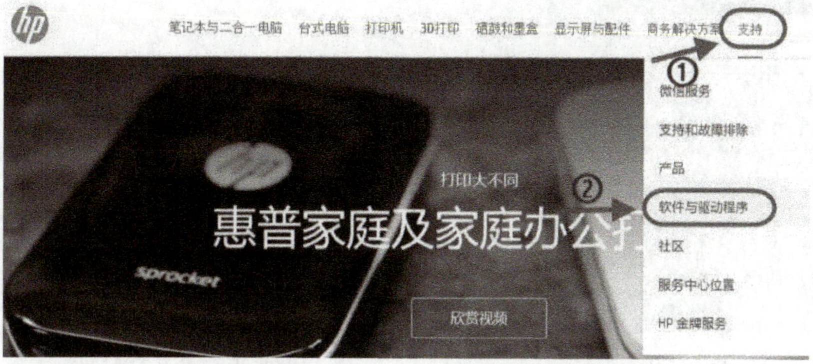

图 1-89 单击“支持”→“软件与驱动程序”选项

步骤二： 在弹出的界面中单击“打印机”按钮，如图 1-90 所示。在“识别您的打印机”界面的输入框中输入打印机的型号，并单击“提交”按钮，如图 1-91 所示。

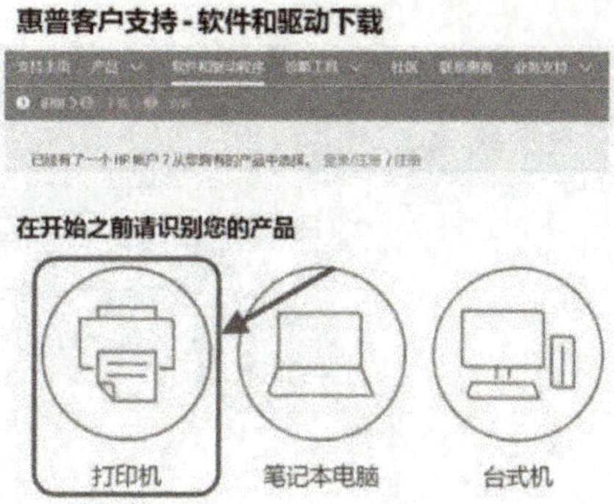

图 1-90 单击“打印机”按钮

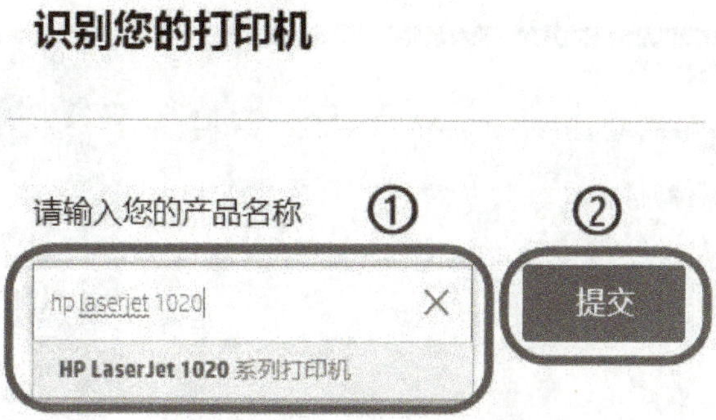

图 1-91 输入打印机型号并提交

步骤三： 提交打印机型号后，“打开文件—安全警告”对话框弹出，单击“运行”按钮，如图 1-92 所示。安装驱动程序的提示对话框弹出，单击“安装”按钮，如图 1-93 所示。

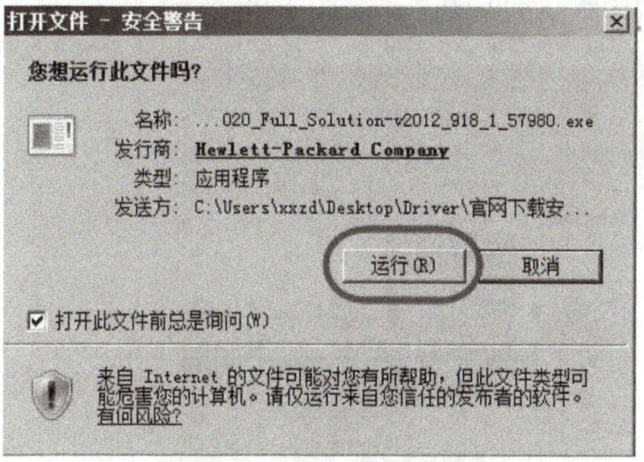

图 1-92 单击“运行”按钮

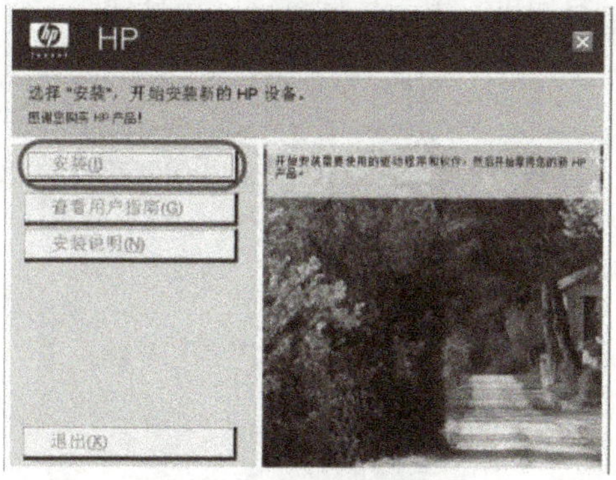

图 1-93 单击“安装”按钮

步骤四： 勾选“我接受许可协议的条款”复选框，单击“下一步”按钮继续进行程序安装，如图 1-94 所示。等待程序安装完成，正在安装界面如图 1-95 所示。

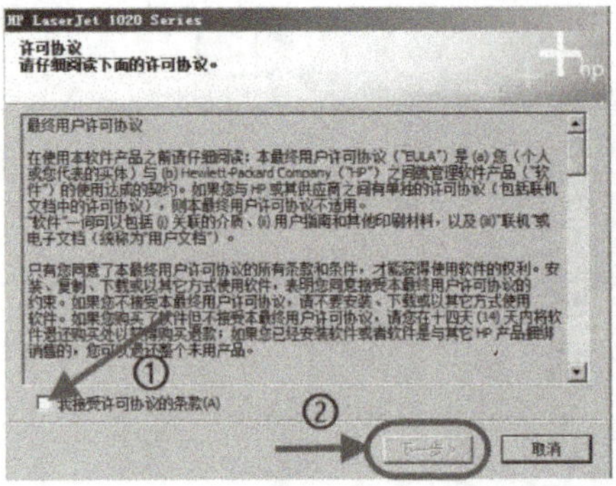

图 1-94　接受许可协议

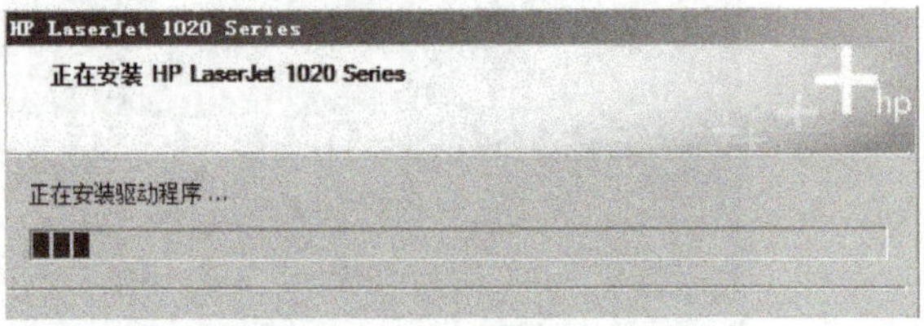

图 1-95　正在安装界面

步骤五： 根据实际需求勾选“打印测试页”或“注册产品”复选框，并单击“完成”按钮，如图 1-96 所示，打印机安装驱动程序完成。可进行测试页打印，测试打印机安装是否完成，如图 1-97 所示。

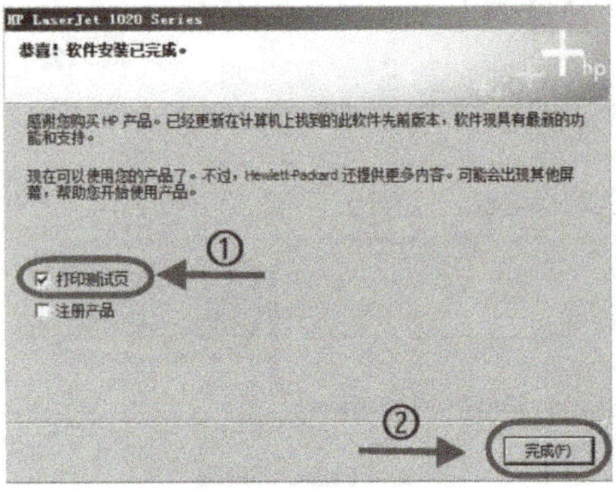

图 1-96　软件安装完成对话框

图 1-97　进行测试页打印

（3）打印机设置

默认打印机设置：单击“开始”菜单，选择“设备和打印机”选项，找到安装完成的 HP 打印机，单击鼠标右键，选择命令“设置为默认打印机”，如图 1-98 所示。

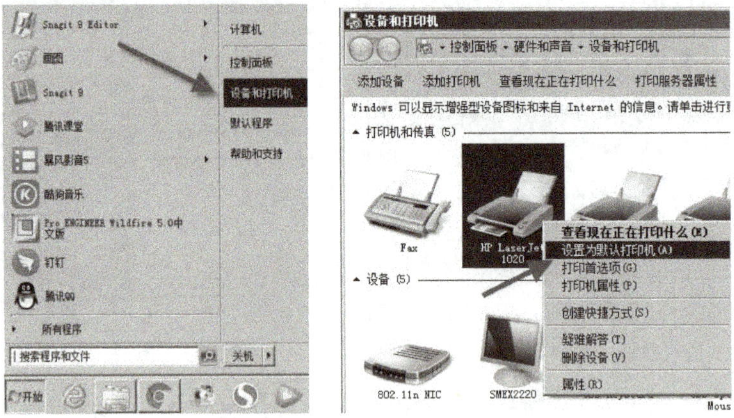

图 1-98　默认打印机设置

共享打印机设置：在打印机图标上单击鼠标右键，选择“打印机属性”命令，在弹出的对话框中选择“共享”选项卡，勾选“共享这台打印机”复选框，确认“共享名”，输入框内出现打印机型号，单击“确定”按钮，如图 1-99 所示。

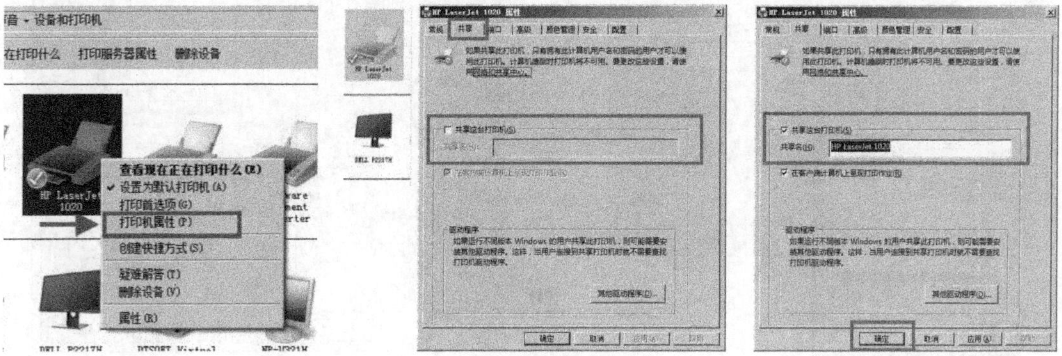

图 1-99 共享打印机设置

打印机常规设置：在打印机图标上单击鼠标右键，单击“属性”命令，在弹出的打印机属性对话框中选择“常规”选项卡，单击“首选项”按钮，如图 1-100 所示。在弹出的打印首选项对话框中选择“纸张／质量”选项卡，可以根据实际需求对纸张尺寸、类型等进行设置，如图 1-101、图 1-102 所示。在打印首选项对话框中选择“效果”选项卡，可以根据需求对适合页面、水印等进行设置，如图 1-103 所示。在对话框中选择“完成”选项卡，可以根据需求对文档选项、打印页数等进行设置，如图 1-104 所示。在对话框中选择“基本”选项卡，可以根据需求对份数、方向等进行设置，如图 1-105 所示。

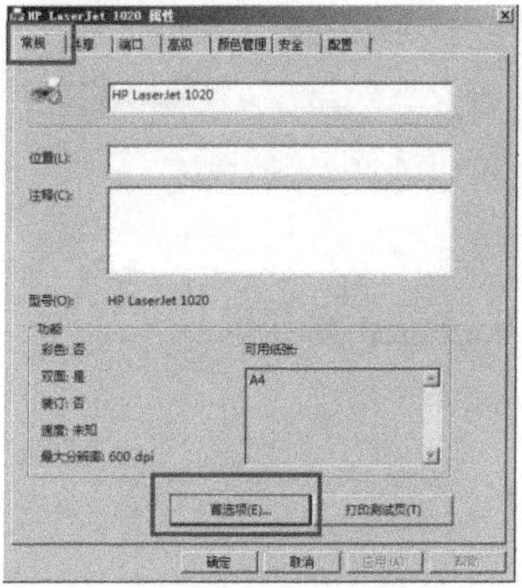

图 1-100 单击“首选项”按钮

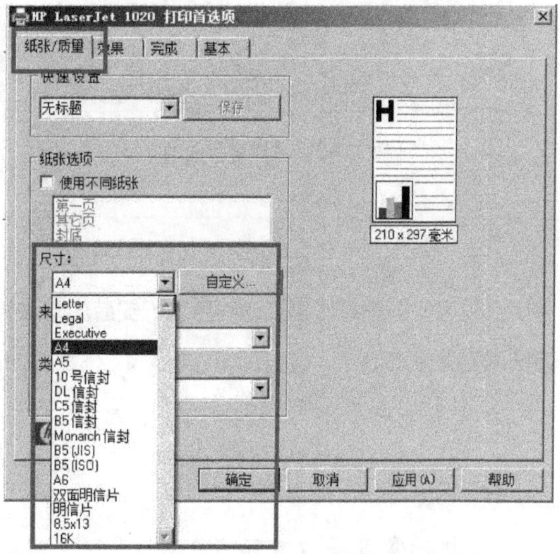

图 1-101 纸张尺寸设置

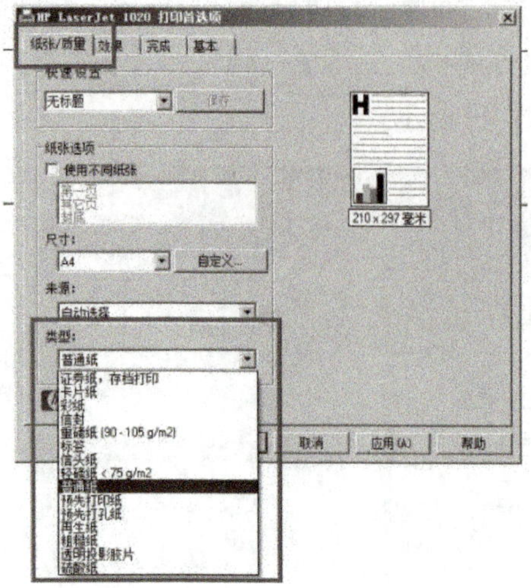

图 1-102　纸张类型设置

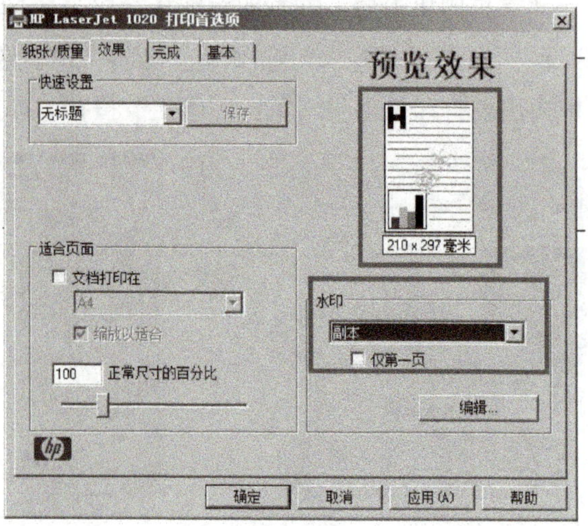

图 1-103　“效果”选项卡

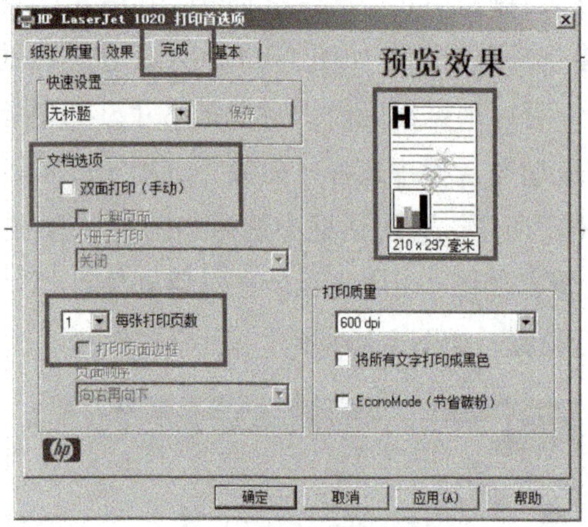

图 1-104　“完成”选项卡

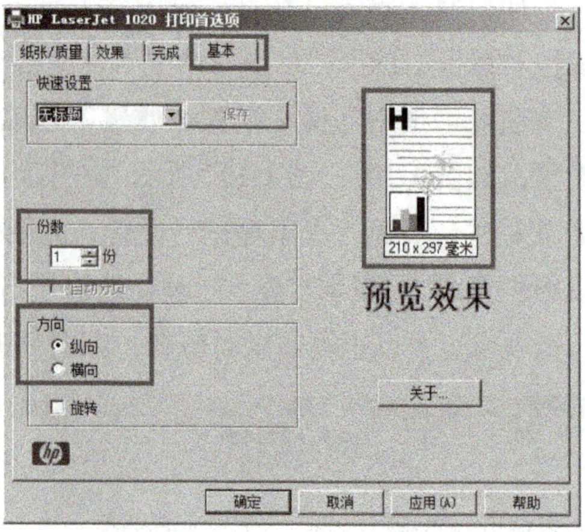

图 1-105　“基本”选项卡

试一试：

除了通过官网下载打印机驱动程序进行安装的方法外，还有其他安装驱动程序的方法吗？请尝试。

知识链接　打印机接口

打印机的常见接口有如下 3 种。

1）串行通信接口（通常指 COM 接口），是采用串行通信方式的扩展接口。

2）并行接口，指采用并行传输方式来传输数据的打印接口。这种接口容易损坏，而且传输速度慢。

3）USB 接口，一般一端是 USB 接口，连接计算机，另一端是 pin5 接口，连接打印机。其传输速度快，支持热插拔，打印机连接好后需要安装驱动才可使用。

打印机接口及连接线如图 1-106 所示。

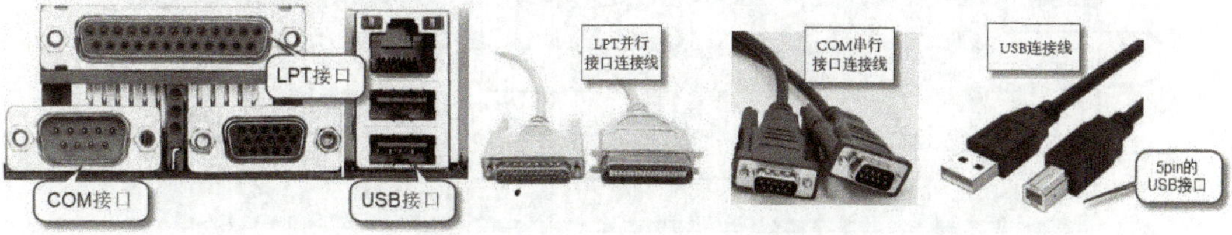

图 1-106　打印机的接口及连接线

可使用移动终端扫一扫二维码播放视频 来学习计算机外设连接操作	

知识提炼

一、键盘相关知识

键盘是计算机系统的基本输入设备，可以将英文字母、数字、标点符号等向主机输入，从而向计算机发出命令。

按键数分类，键盘可分为 101 键盘、104 键盘、107 键盘等；按连接方式分类，键盘可分为有线键盘、无线键盘；根据物理结构组成分类，键盘可分为机械式键盘、电容式键盘和薄膜式键盘；根据使用的接口分类，键盘可分为老式的 AT 接口键盘、PS/2 接口键盘和 USB 接口键盘，如图 1-107 所示；根据应用分类，键盘可分为台式机键盘、笔记本计算机键盘、手机键盘、工控机键盘、速录机键盘、双控键盘、超薄键盘 7 类。

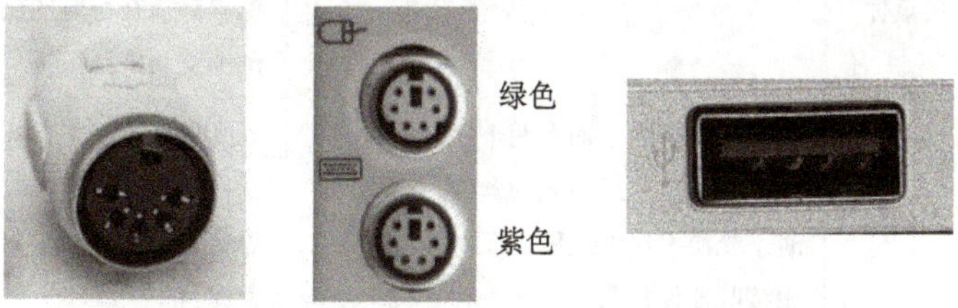

AT 接口　　PS/2 接口　　USB 接口

图 1-107　键盘的不同接口

常用的 104 键盘如图 1-108 所示，一般分为 5 个区：标准打字机键盘区、功能键区（最上行的 <F1>~<F12> 键）、小键盘区、光标控制区、信号灯状态显示区。

功能区各按键的作用由软件定义。小键盘区具备两个功能，由 <Numlock> 键决定，该键灯亮具有数字输入功能，灯灭具有上下左右方向键、翻页等使用功能。

图 1-108　104 键盘分区

二、鼠标相关知识

鼠标是计算机的一种基本输入设备，也是计算机显示系统纵横坐标定位的指示器，因为形似老鼠而被称为“鼠标”。鼠标可以在很多方面代替键盘烦琐的指令操作，因而使计算机的操作更加简便。

根据鼠标的工作原理，鼠标可分为机械鼠标、光电鼠标两类，其工作原理和优缺点见表 1-4。

表 1-4　鼠标类别、工作原理和优缺点

类别		工作原理	优缺点
机械鼠标		机械鼠标由滚球、锟柱、光栅信号传感器组成；当移动时，滚球可以通过摩擦带动锟柱转动，锟柱边上的光栅信号传感器采集光栅信号，将滚轮移动的距离转换为电信号，来使屏幕上的光标移动	定位精度低，容易磨损，寿命也较短
光电鼠标	第一代鼠标	光电鼠标的下面有两个平行放置的小光源及接收反射光的器件；当移动时，光源发出的光线经反射板反射后由接收器件接收，再送入计算机，使屏幕上的光标随之移动	定位精度高，防尘性能好；早期的光电鼠标需在特定的反射板上使用，移动范围受到限制
	第二代鼠标		既保留了光电鼠标的高精度、无机械结构等优点，又具有高可靠性和耐用性等特点，并能在除镜面以外的其他表面上使用
	激光鼠标		用激光代替了普通的 LED 光，提高了分辨率和精准度，降低了使用反射板的要求，只要有反射点就可以使用，甚至可以在玻璃上使用

根据按键数不同，鼠标可分为两键鼠标、三键鼠标和多键鼠标。鼠标上各个键的功能可以由软件重新定义。根据与微机的连接方式，鼠标可分为无线鼠标和有线鼠标。其中，无线鼠标主要有红外线鼠标和蓝牙鼠标两种，有线鼠标接口又分为串行（COM）接口、PS/2 接口、USB 接口。

三、打印机相关知识

打印机是计算机的输出设备之一，用于将计算机处理结果打印在相关介质上。

按照数据传输方式，可分为串行打印机和并行打印机两类；按照打印方式，可分为击打式打印机和非击打式打印机两类。下面介绍击打式打印机和非击打式打印机。

击打式打印机一般是指针式打印机，即利用打印钢针在纸上打印出由点阵组成的字符或图形，因此也被称为点阵打印机。针式打印机由打印头、字车、输纸机构、色带及控制电路组成，通常所说的 9 针、16 针和 24 针打印机指的是打印头内打印钢针的数目，而色带是其使用的耗材，针式打印机和耗材如图 1-109 所示。针式打印机的优点是耗材成本低，既能单页打印，也能在复写纸、多联票据上打印，目前应用于银行等涉及票单打印的地方。但由于其打印质量很低、工作噪声很大，因此无法适应高质量、高速度的商用打印需求。

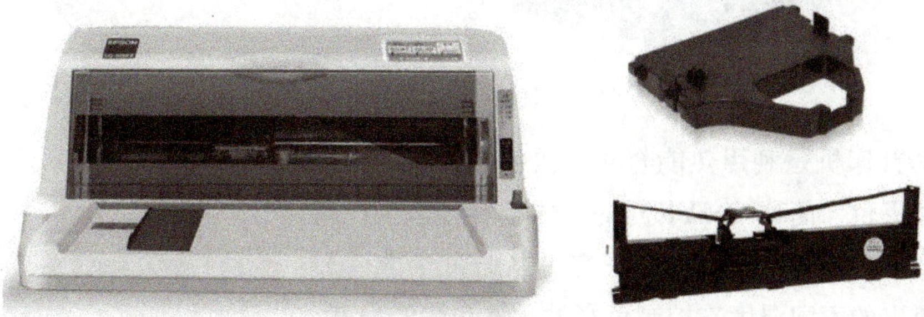

图 1-109　针式打印机和耗材

非击打式打印机有喷墨打印机、激光打印机、热升华打印机等。

喷墨打印机是借助内装墨水的喷嘴，在打印信号的驱动下，向打印介质喷射墨水实现字符和图形的打印。根据墨水喷射的驱动方式不同，喷墨打印机分为压电式打印机和热气泡式打印机两种。因为喷墨打印机有着良好的打印效果和较低的价位，因此占领了中低端市场。它具有更为灵活的纸张处理能力，既可以打印信封、信纸等普通介质，也可以打印各种胶片、照片纸、转印纸等特殊介质。目前，喷墨打印机使用的耗材是墨水、墨盒，喷墨打印机和耗材如图 1-110 所示。喷墨打印机的优点是噪声小、价格低、体积小、重量轻。

激光打印机是将激光扫描技术和电子照相技术相结合的打印输出设备。它把要打印的字符在硒鼓上形成静电潜象，然后转成磁信号，使炭粉吸附在纸上，经定影后输出。激光打印机除了具有高质量的文字及图形、图像打印效果外，其打印速度还非常快。其使用的耗材是炭粉、硒鼓，激光打印机和耗材如图 1-111 所示。

图 1-110　喷墨打印机和耗材

图 1-111　激光打印机和耗材

热升华打印机是利用热能将 4 种颜色（青色、品红色、黄色和黑色，简称 CMYK）的固体颜料转印至打印介质上的仪器，如图 1-112 所示。它可以通过半导体加热元件调节出的不同温度来控制色彩的比例和浓淡程度，每一个打印色彩点都可呈现出 256 色阶浓度的变化。热升华打印机使用的耗材是热升华墨水和热转印纸。其输出效果好，常用于打印彩色数码照片。缺点是打印速度很慢，对打印介质和使用环境的要求很高，打印成本高，不适合打印文字、表格等。

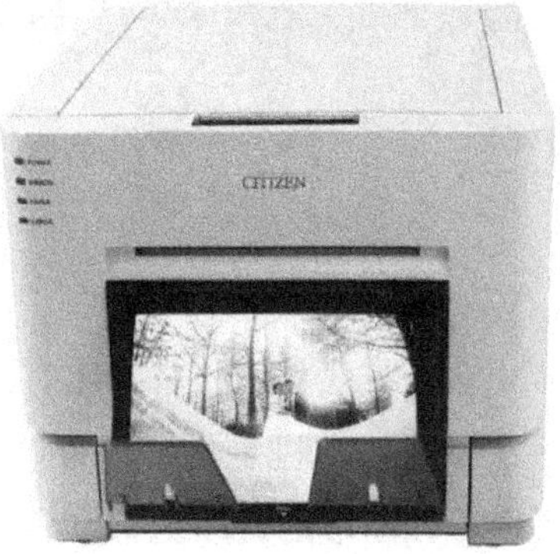

图 1-112　热升华打印机

打印机主要的性能指标有分辨率、色彩饱和度、打印速度、打印幅面等。

1）分辨率。是指打印机在打印输出时，横向和纵向上每英寸最多能够打印的点数，通常用 dpi（每英寸可打印点数）表示。打印分辨率是衡量打印机输出质量的重要参考指标。同类型的打印机，分辨率值越大，打印输出的效果就越好。

一般，针式打印机的打印分辨率为 180dpi，最高达 360dpi；喷墨打印机的打印分辨率有 720dpi、1440dpi、2880dpi、4800dpi 等；激光打印机的打印分辨率有 300dpi、600dpi、1200dpi、2400dpi 等。

2）色彩饱和度。是指打印机打印输出一个点（Dot）内彩色的充满程度。该指标直接影响打印输出时的色彩质量。色彩饱和度不仅与打印机的设计结构密切相关，而且还与所使用的打印介质（纸张等）的质量有一定关系。

3）打印速度。是指打印机每分钟可输出多少内容。针式打印机以 CPI（每英寸打印西文字符个数）为单位，喷墨打印机、激光打印机以 PPM（每分钟输出的纸张数）为单位。打印机的打印速度不是固定不变的，会受到不同打印对象、数据传输方式、打印机内存大小和计算机性能等的影响。

4）打印幅面。是指打印机最大能够支持打印纸张的规格。目前，打印机可以处理的打印纸张规格有 A4 普通幅面、A3 中等幅面和 A2 及以上的大幅面三种，不同打印机关于幅面的划分又有不同。

四、投影仪相关知识

投影仪又称投影机，是一种可以将图像或视频投射到幕布上的设备，可以通过不同的接口同计算机、DVD、DV 等设备相连，播放视频信号。目前，投影仪广泛应用于家庭、办公室、学校和娱乐场所。根据投影技术的不同，可以将投影仪分为 CRT、LCD、DLP、DLV 这 4 种类型。

（1）CRT 投影仪

它的工作原理与 CRT 显示器类似，是由阴极射线电子束扫描并击射在成像面上，使成像面上的荧光粉发光形成图像，再传输到投影面上。因此，CRT 投影仪具有 CRT 技术中成像的所有优点：分辨率高，对比度好，色彩饱和度佳，信号的兼容较强，技术十分成熟。但它的缺点是亮度低，操作复杂，体积庞大，对安装环境要求较高。目前市面上已经很少能够看到采用 CRT 的投影仪了，只有在航空航天、遥控监控等高端行业还有它的身影。

（2）LCD 投影仪

它是液晶技术、照明科技以及集成电路的发展带来的高科技产物。它利用了液晶的电光效应，通过电路控制液晶单元的透射率及反射率，从而产生不同灰度层次及多达 1670 万种色彩的亮丽图像。LCD 投影仪的主要成像器件是液晶板，按内部液晶板的片数可分为单片式和三片式两种。后者比前者具有更高的图像质量和更高的亮度。LCD 投影仪的光源是专用大功率灯泡，发光能量远远高于利用荧光发光的 CRT 投影仪，因而亮度和色彩饱和度都高于 CRT 投影仪。LCD 投影仪体积较小，重量较轻，制造工艺较简单，亮度和对比度较高，分析率适中，目前在市场上占有相当高的市场份额。

（3）DLP 投影仪

它也称为数码光处理投影仪，是以数字微镜装置 DMD 芯片作为成像器件，通过调节成千上万个微小的镜片反射光线来实现投射图像的一种投影技术。从技术角度来看，DMD 芯片采用的是半导体结构和机械式工作方式，镜片的移动可控性和稳定性好，因而具有原生对比度高、光路采用封闭方式的特点。又因 DLP 投影仪采用的是反射式原理，实现高开口率更为简单，所以对于相同配置的产品，DLP 光路系统更小，呈现出机器小型化的特点。日益流行的LED微型投影仪中，也大多采用DLP技术。但在中低端产品中，单芯片DLP投影系统在图像颜色的还原上比采用三原色混合LCD投影仪稍逊一筹，色彩不够鲜艳生动。

（4）DLV投影仪

它是一种将CRT透射式投影技术与DLP反射式投影技术结合在一起的新技术。该技术的核心是将小管径CRT作为投影仪的成像面，并采用氙灯作为光源，将成像面上的图像射向投影面。因此，DLV投影仪在充分利用CRT投影仪的高分辨率和可调性特点的同时，还利用氙灯光源具有的高亮度和色彩还原好的特点，成为一款不仅分辨率、对比度、色彩饱和度高而且亮度也高的投影仪，非常适合在光线较强、观众较多的场合中使用，如超大规模指挥中心、会议中心及大型娱乐场所等。当然，目前这类投影仪的价格较高，体积较大，而且光阀不易维修，销量有限。

任务四 BIOS与CMOS设置

任务描述

小戴组装了一台新的计算机，准备给计算机安装操作系统。在网上查询时却发现安装系统还需要进入 BIOS 程序。他有很多疑问，BIOS 该如何设置呢?

通过本任务的学习，读者能够进入不同计算机的 BIOS 程序，并在 BIOS 程序中完成时间设置、开机启动顺序设置、BIOS 管理员密码设置等相关操作。在实践操作的基础上，进一步了解 BIOS 的基本概念和主要功能，理解 BIOS 和 CMOS 的关系。

任务实施

一、进入 BIOS 程序

一般在这些情况下需要进入 BIOS 设置：①新计算机进行基础配置；②系统优化；③ CMOS 数据意外丢失（如电池耗尽）；④系统不能进入，发生故障等情况。

计算机开机过程中，当屏幕出现图 1-113 所示的自检信息画面时，可根据屏幕提示立刻按下 <Delete> 键或 <F2> 键，进入 BIOS 设置简易模式（EZ Mode），如图 1-114 所示。在简易模式下，可以设置系统时间、语言、系统性能、开机启动顺序等，还可以查看 CPU、内存、风扇的一些基本信息。

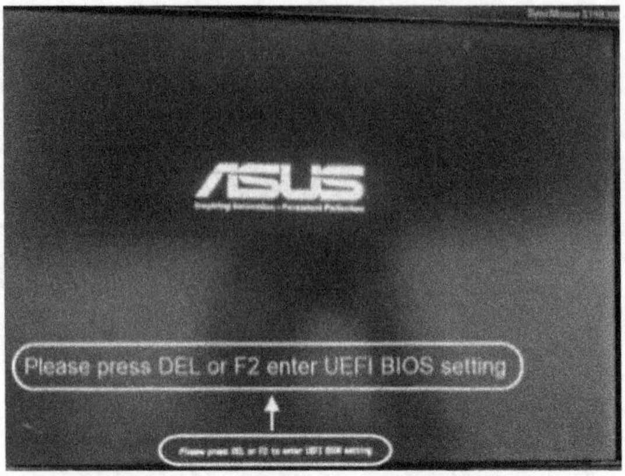

图 1-113　计算机自检信息画面

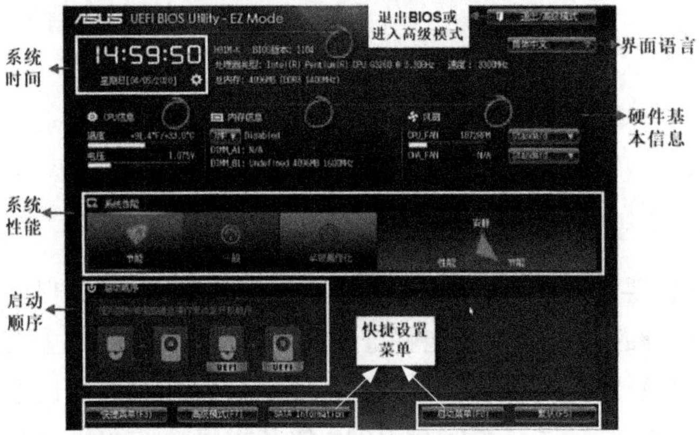

图 1-114　BIOS 设置简易模式

根据界面提示，单击右上角的“退出 / 高级模式”按钮或按下 <F7> 键，进入 BIOS 设置高级模式（Advanced Mode），如图 1-115 所示。在高级模式下，除了上述的设置功能外，还可以进行 BIOS 的管理员密码设定、CPU 设置、PCH 设置、SATA 设置、USB 设置、高级电源管理，并对硬件电压和温度进行实时监控。

图 1-115　BIOS 设置高级模式

当需要从高级模式回到简易模式时，单击右上角的“退出”按钮，在弹出的对话框中单击“华硕 EZ 模式”按钮即可，如图 1-116 所示。

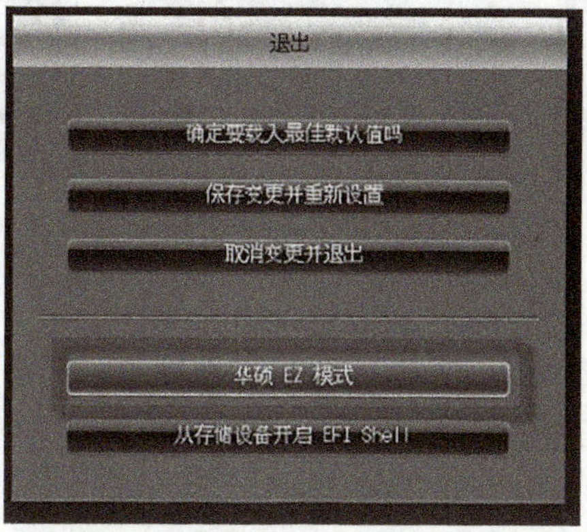

图 1-116　模式切换

小提示：

进入简易模式后，如果界面显示全部是英文，可通过右上角的语言设置栏进行设置，选择“简体中文”即可，如图 1-117 所示。

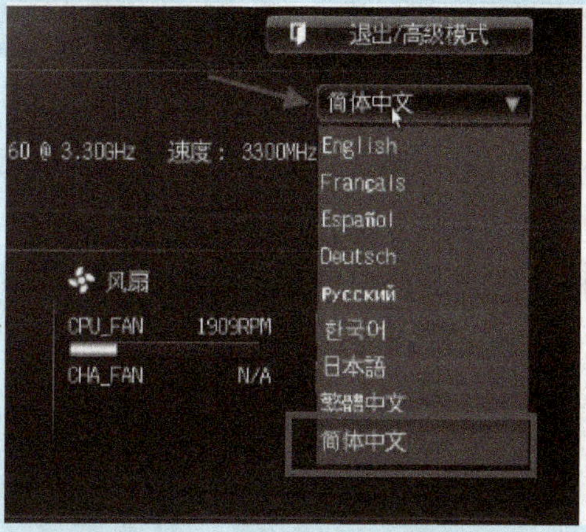

图 1-117　界面语言设置

二、设置 BIOS

由于主板的品牌多样，不同品牌的主板，BIOS 安装也会不同，常见的 BIOS 芯片有三种：AMI BIOS、Award BIOS 和 Phoenix BIOS（其中 Award BIOS 与 Phoenix BIOS 已合并），如图 1-118 所示。不同类型的 BIOS 芯片对应的 BIOS 设置的方法不同，下面以华硕主板为例介绍 BIOS 设置的基本方法。

常见的 BIOS 设置包括时间、开机启动顺序、BIOS 管理员密码、USB 端口等设置。注意：BIOS 设置不当会直接损坏计算机的硬件，甚至烧毁主板，建议不熟悉者慎重修改设置。

图 1-118　BIOS 芯片

1. 时间设置

步骤一：在图 1-114 中单击时间区域中的齿轮标志（如图 1-119 所示），在弹出的对话框中根据实际时间单击三角形调整年、月、日、时、分、秒，单击“Save”按钮保存设置，如图 1-120 所示。

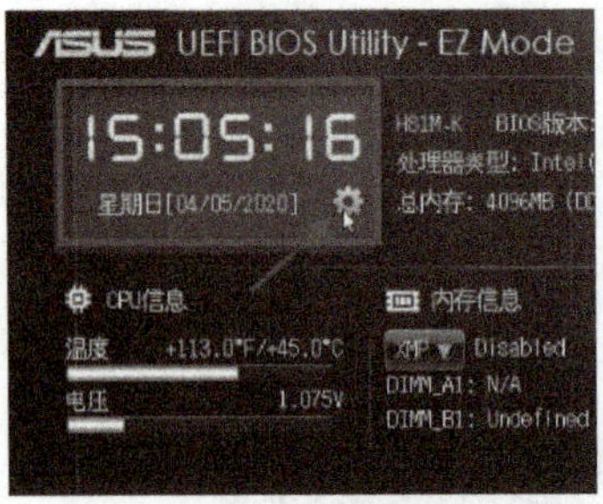

图 1-119　单击齿轮标志

图 1-120　时间设置

步骤二：设置全部结束后，单击界面右上角的“退出 / 高级模式”按钮，在弹出的对话框中单击“保存变更并重新设置”按钮，如图 1-121 所示；在弹出的对话框中单击“Save Charges & Exit”按钮退出 BIOS 设置，如图 1-122 所示，计算机会自动重启，进入操作系统。

图 1-121　单击“保存变更并重新设置”按钮

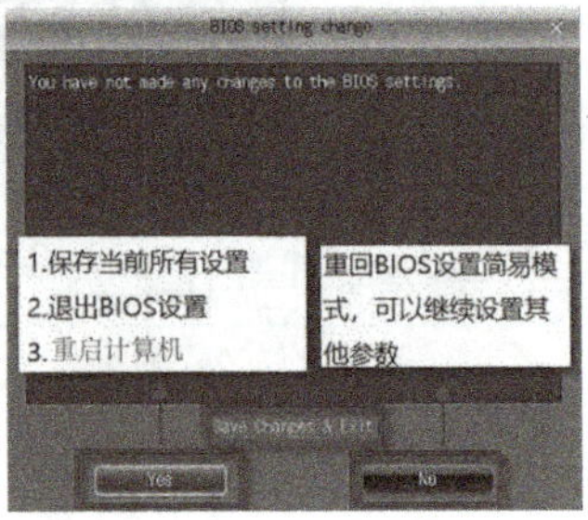

图 1-122　保存并退出

2. 开机启动顺序设置

当使用 U 盘 PE 工具安装系统时，就需要设置计算机的开机启动顺序，即需设置从 U 盘优先启动，将 U 盘 UEFI 放置第一位。在 BIOS 设置中有多种方法可以设置启动顺序。

方法一：在图 1-114 所示的简易模式界面下，找到启动顺序区域，确认 U 盘 UEFI（此 U 盘品牌为 SanDisk），如图 1-123 所示，将其拖动至第一位，效果如图 1-124 所示。

设置全部结束后保存并退出 BIOS 设置。

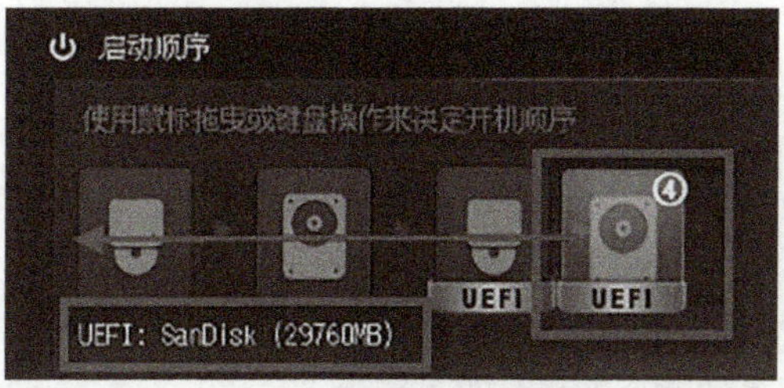

图 1-123　确认 U 盘

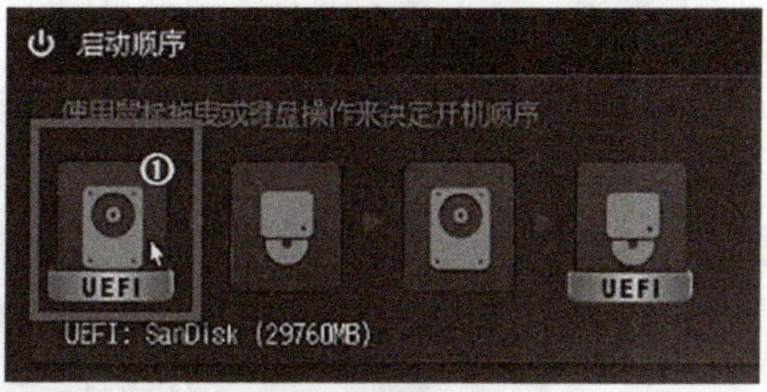

图 1-124　启动顺序设置

方法二：在简易模式界面下的快捷设置菜单中，单击“启动菜单”按钮，如图 1-125 所示，或按下 <F8> 键，在弹出的“启动菜单”中选择“UEFI：SanDisk（29760MB）”选项，如图 1-126 所示。此时计算机会直接重启，并优先从 U 盘启动。

图 1-125　单击“启动菜单”按钮

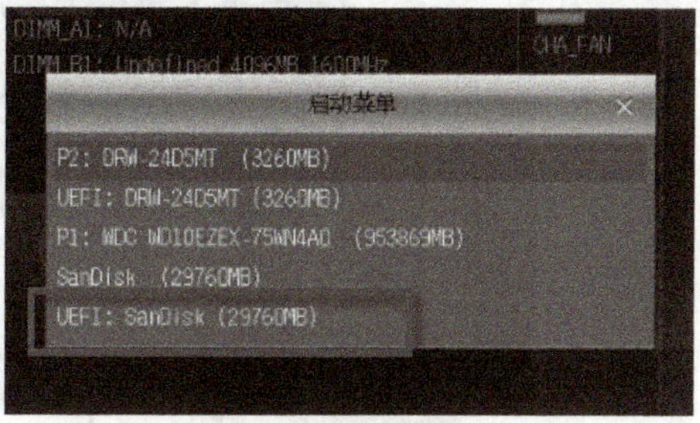

图 1-126　启动菜单设置

试一试：

启动顺序设置的第三种方法：进入 BIOS 高级模式界面，单击“启动菜单”→“启动选项属性”选项。

知识链接 UEFI

UEFI（Unified Extensible Firmware Interface，统一可扩展固件接口）是一种详细描述类型接口的标准。这种接口可使操作系统自动从预启动的操作环境加载到另一种操作系统上，旨在代替 BIOS，从而使开机程序化繁为简，节约时间，提高开机后操作系统的启动速度。

3. BIOS 管理员密码设置

如果计算机处在一个开放的环境或长期被别人使用，可以设置 BIOS 管理员密码，防止他人随意进入 BIOS 设置后对计算机的基本设置进行更改。BIOS 密码相当于一个硬件底层的开机密码，只有输入密码以后，才能继续启动系统，可以很好地保护计算机系统资料。

步骤一： 进入 BIOS 设置的高级模式。在“概要”界面中单击“安全性”选项，如图 1-127 所示。单击“管理员密码”选项，按下 <Enter> 键进入，如图 1-128 所示。

图 1-127　单击“安全性”选项

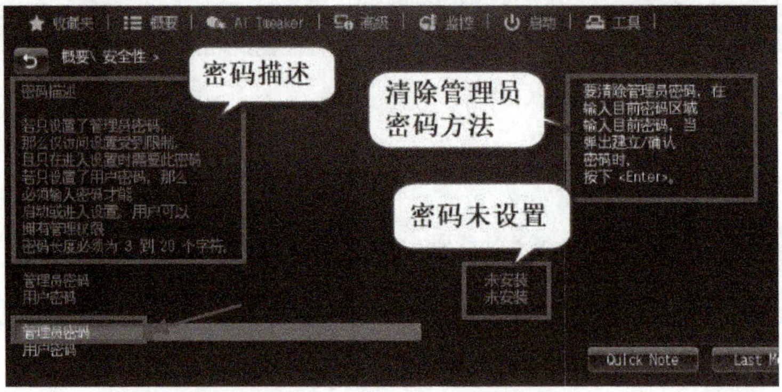

图 1-128　单击“管理员密码”选项后按 <Enter> 键

步骤二： 在弹出的“创建新密码”对话框中输入新密码，密码为 3~20 个字符，按 <Enter> 键保存，如图 1-129 所示。在弹出的“确认新密码”对话框中输入密码以确认，按 <Enter> 键保存，如图 1-130 所示，完成设置后的效果如图 1-131 所示。

图 1-129　创建新密码

图 1-130　确认新密码

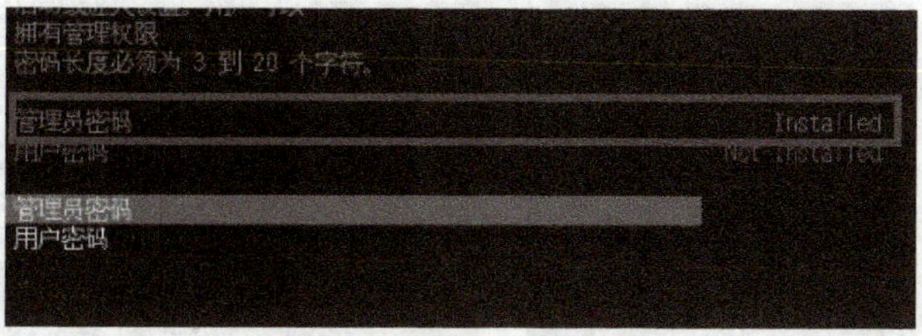

图 1-131　新密码设置完成的效果

步骤三： 设置全部结束后，重新进入 BIOS 设置，进行管理员密码测试。在 BIOS 设置高级模式界面单击右上角的“退出”按钮，根据提示保存并退出。计算机重新启动，根据自检信息画面的提示按 <Delete> 键或 <F2> 键进入 BIOS 设置，出现“输入密码”对话框，如图 1-132 所示。输入任意密码，此时的密码错误提示为“密码无效”，如图 1-133 所示。

图 1-132　“输入密码”对话框

图 1-133　密码错误提示

试一试：

请尝试消除 BIOS 管理员密码；设置用户密码并开机测试。

想一想：

BIOS 管理员密码和用户密码有什么区别?

4. USB 端口设置

比较常见的 USB 端口设置是禁止计算机使用 USB 设备，使 U 盘插到计算机上后，计算机不会被识别。但这种方法有它的局限性，不仅禁用了 U 盘，而且也禁用了其他的 USB 设备。

进入 BIOS 设置的高级模式，在“高级”界面中单击“USB 设置”选项，选择“USB 每端口控制”，如图 1-134 所示。在弹出的界面中选择需要禁止的 USB 端口，单击“开启”按钮，如图 1-135 所示。在弹出的下拉列表中选择“关闭”选项，如图 1-136 所示，设置完成后的效果如图 1-137 所示。设置完成后单击右上角的“退出”按钮，根据提示退出 BIOS 设置。

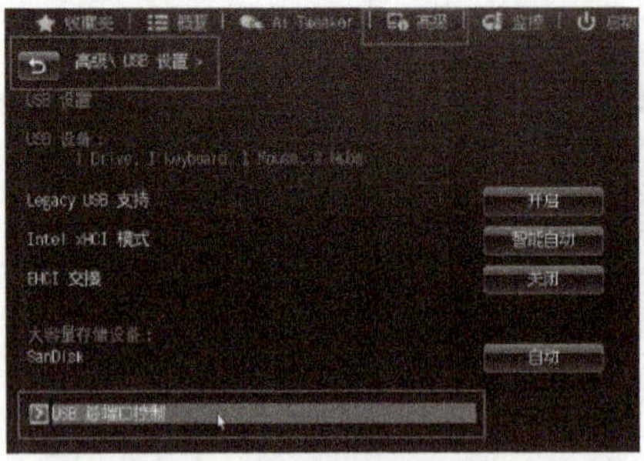

图 1-134　单击“USB 每端口控制”选项

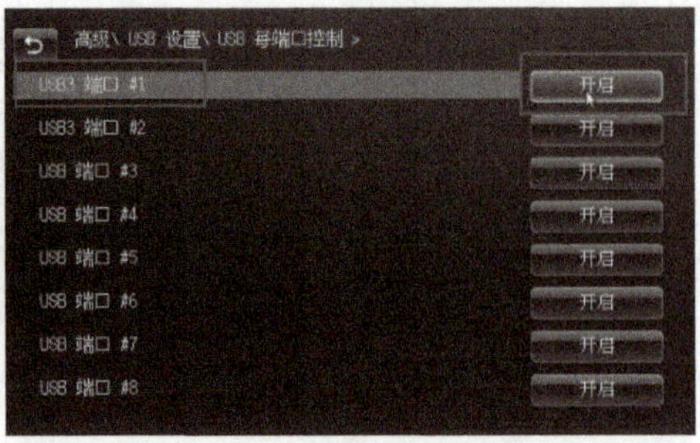

图 1-135　确认对应端口

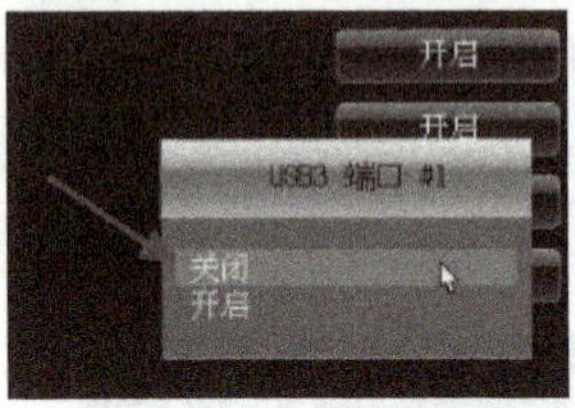

图 1-136　关闭 USB 端口

图 1-137　USB 端口设置完成后的效果

知识提炼

一、BIOS 基本概念

BIOS（Basic Input–Output System），即微机的基本输入／输出系统，它是一组固化在计算机主板上的一个 ROM 芯片上的程序。该 ROM 芯片保存着计算机系统非常重要的基本输入／输出程序（BIOS）、系统信息设置、开机上电自检程序和系统启动自举程序等，为计算机提供最底层的、最直接的硬件设置和控制。由于保存在 ROM 中，因此断电后 BIOS 程序也不会丢失。

二、BIOS 的主要功能

当计算机启动后，BIOS 会运行自检程序以初始化硬件并完成对计算机硬件的检测。若发现错误便会中断检测并给出错误提示；若没有错误则继续。在自检程序完成系统硬件的初始化和检测后，BIOS 便会根据所设置引导设备的先后顺序依次寻找引导信息，当找到引导设备后，便将引导权交给操作系统，由操作系统接管对硬件的控制。

1. 自检及初始化

（1）自检

自检就是计算机刚接通电源时检测硬件部分是否良好，也称为加电自检（Power On Self Test，POST）。一般，完整的加电自检将对 CPU、基本内存、1MB 以上的扩展内存、ROM、主板、CMOS、串／并口、显卡、软／硬盘子系统及键盘进行测试。若自检中发现非严重故障，那么系统将给出提示信息或声音报警信号，等待用户处理；若发现严重故障

（致命性故障）则停机，此时由于各种初始化操作还没完成，因此不能给出任何提示或信号。

（2）初始化

初始化包括创建中断向量，设置寄存器，对一些外部设备进行检测等，其中包括非常重要的 BIOS 设置。当计算机启动时会读取硬件设置的参数，并和实际硬件设置进行比较，如果不符合，则会影响系统的启动。

（3）引导程序

引导程序就是引导 DOS 或其他操作系统的程序。BIOS 先从硬盘的开始扇区读取引导记录。如果没有找到，则会在显示器上显示没有引导设备；如果找到引导记录，就会把计算机的控制权转给引导记录，由引导记录把操作系统装入计算机。在计算机启动成功后，BIOS 的这部分任务就完成了。

2. 程序服务处理

程序服务处理程序主要是为应用程序和操作系统服务的，这些服务主要与输入／输出设备有关，如读取磁盘、将文件输出到打印机等。为了完成这些操作，BIOS 会直接与计算机的输入／输出（I/O）设备打交道。它通过端口发出命令，与各种外部设备交换数据，使程序能够脱离具体的硬件操作。

3. 硬件中断处理

硬件中断处理可根据计算机硬件发出的中断信号优先执行中断服务子函数。BIOS 的服务功能是通过调用中断服务程序来实现的，这些服务分为很多组，每组都有一个专门的中断。例如，视频服务，中断号为 10H；屏幕打印，中断号为 05H；磁盘及串行口服务，中断号为 14H 等。当应用程序需要使用外设或进行操作时，只需要在程序中说明相应的指令即可。

三、BIOS 与 CMOS

CMOS（互补金属氧化物半导体存储器）是计算机主板上的一块可读／写的 RAM 芯片，CMOS 是系统参数存放的区域，而 BIOS 中的系统设置程序是完成参数设置的手段，准确地说是通过 BIOS 设置程序对 CMOS 参数进行设置的。平时所说的 CMOS 设置与 BIOS 设置都是简化说法。BIOS 与 CMOS 基本情况见表 1-5。

表 1-5　BIOS 与 CMOS 基本情况

	中文名称	实质	具体内容	供电来源	断电后
BIOS	基本输入／输出系统	一段程序（固化在 ROM 芯片上）	一段系统信息和设置参数的设置程序	系统电源	信息保存
CMOS	互补金属氧化物半导体存储器	RAM 芯片	存储系统的时钟信息和硬件配置信息	主板上的纽扣电池	信息丢失

任务五

硬盘分区与引导

任务描述

小董组装好了一台计算机，并且设置好了 BIOS，准备着手安装计算机的操作系统，好朋友却在一旁提醒他说："你是不是忘记了新买的硬盘必须经过分区才能使用呀？"小董这才如梦初醒，通过本任务，和小董一起来学习硬盘的分区和引导吧！

通过该任务学习，读者能够使用快速分区和手动分区的方法创建硬盘分区，并在此基础上学会调整分区大小、合并分区、查看和格式化分区等操作。在实践操作的基础上，进一步了解什么是硬盘分区，理解硬盘分区的种类和常见的分区格式。

任务实施

用户在使用装机工具时，有些装机工具附带硬盘分区的功能，下面以大白菜启动盘的硬盘分区工具为例介绍如何在装机前进行硬盘分区。

一、快速分区

快速分区的操作步骤如下。

步骤一： 准备好 U 盘启动盘，进入计算机 BIOS 系统，设置以 U 盘为第一启动项，保存设置并重启计算机。

步骤二： U 盘启动后，进入"大白菜"的主页，快速按<↓>键，选中"【05】Disk Genius 硬盘分区工具"，如图 1-138 所示，按 <Enter> 键进入硬盘分区界面。

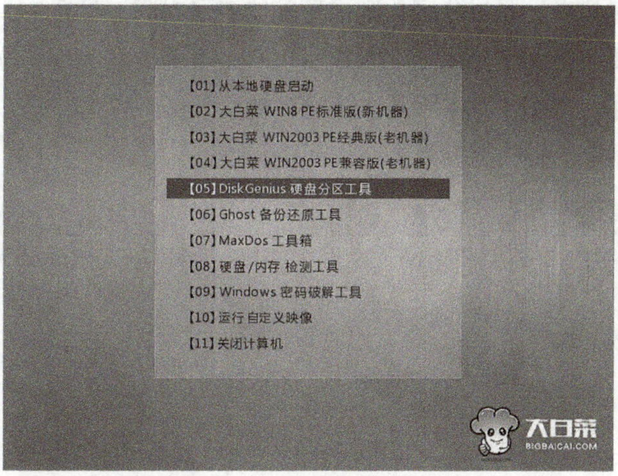

图 1-138 “大白菜”的主页

步骤三： 进入硬盘分区主界面后，单击“快速分区”选项，如图 1-139 所示。

图 1-139 硬盘分区主界面

在弹出的“快速分区”对话框中，设置分区表类型为“MBR”，分区数目不宜过多，建议设置 3~4 个分区即可。在“高级设置”选项组中设置分区类型为“NTFS”、设置分区容量、设置卷标，为了避免系统出现冲突，设置一个分区为主分区，如图 1-140 所示。设置完成后单击“确定”按钮。

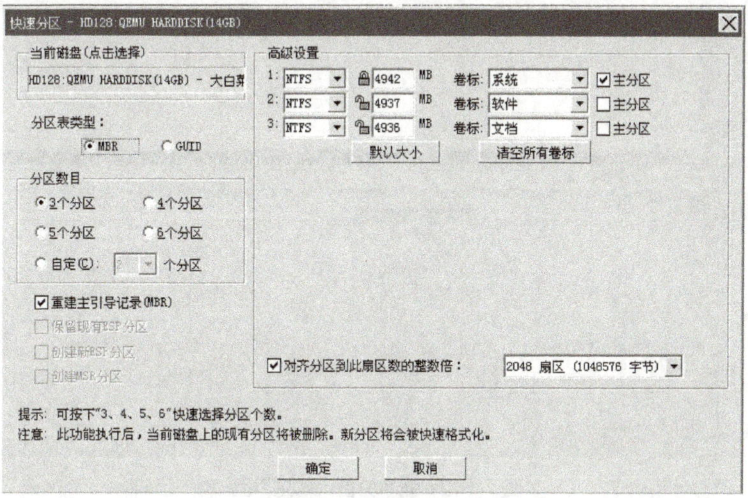

图 1-140 快速分区

步骤四： 若硬盘从未设置过分区，则需要等待一段时间。设置完成后，主界面将显示设置好的分区。若硬盘已存在分区，则会提示用户是否需要删除现有分区并对磁盘进行快速分区及格式化操作，如图 1-141 所示。若需要重新分区则单击“是”按钮，注意：这种分区方法会清空硬盘中原有的数据资料，请谨慎操作。

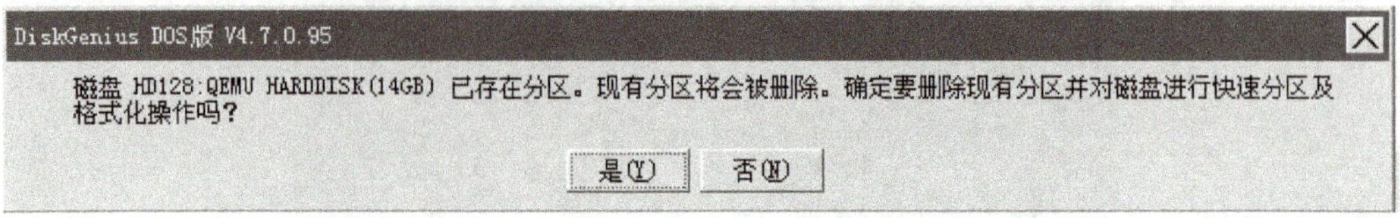

图 1-141　分区提示

二、手动分区

用户可以使用硬盘分区软件对硬盘进行分区和格式化操作，常用的软件有 DM、魔术分区大师（PQ）、诺顿分区大师（PM）等。这些软件能进行常规的硬盘分区，还能在不损失硬盘中已有数据的前提下实现对硬盘的重新分区、格式化分区、复制分区、移动分区和转移分区。

下面以魔术分区大师的操作为例实施硬盘手动分区。

1. 创建主分区

启动魔术分区大师程序，进入主界面后，右键单击未分配的磁盘，单击“创建分区”命令，如图 1-142 所示。

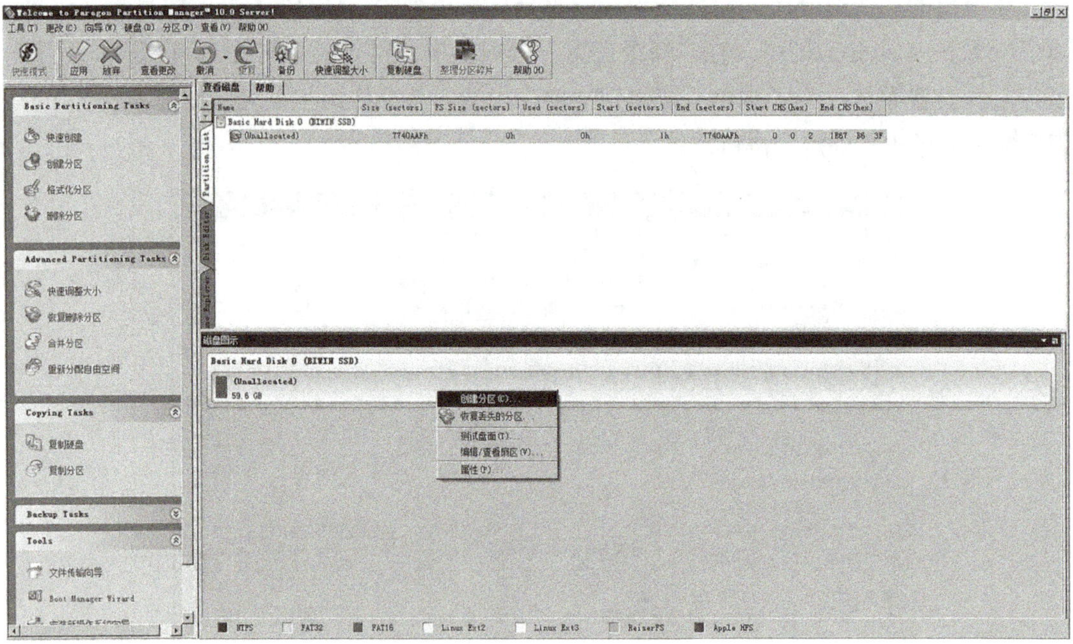

图 1-142　魔术分区大师主界面

在弹出的创建分区对话框中，在“创建新分区为”下拉列表框中选择“主分区”选项，在“请指定新分区大小”选项中设置大小，主分区的大小可以是整个硬盘的30%~35%。将分区的文件系统类型设置为“NTFS”，设置新卷标的名字，指定盘符，一般设置为“C:”。若是删除分区后重新创建主分区，则盘符默认为上一次硬盘分区后还未使用的第一个盘符，如图 1-143 所示。单击“是”按钮完成主分区的创建。

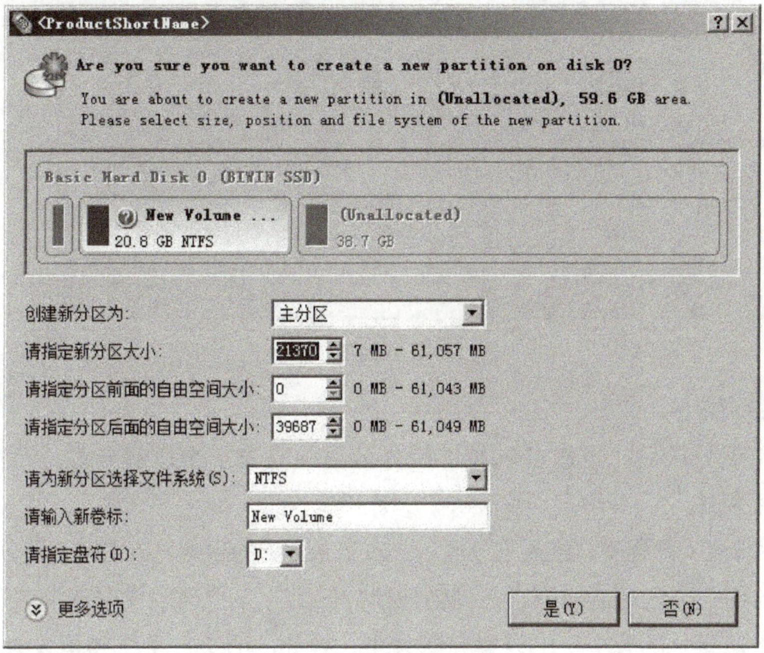

图 1-143　主分区的创建

2. 建立扩展分区

完成主分区的创建后，即可创建扩展分区。

启动魔术分区大师程序，进入主界面后，右键单击未分配的磁盘，单击“创建分区”命令，如图 1-144 所示。

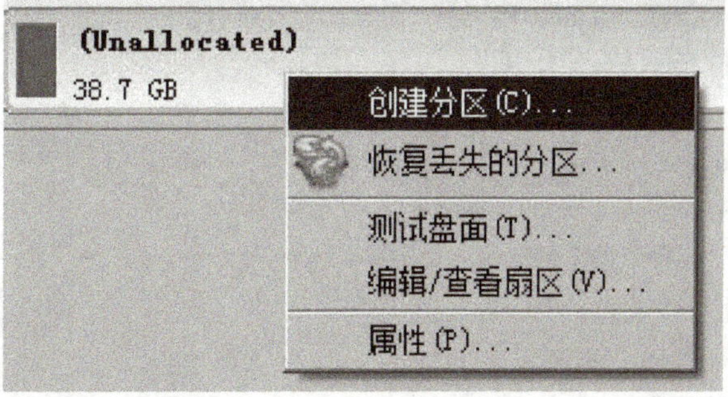

图 1-144　单击“创建分区”命令

在弹出的创建分区对话框中，在“创建新分区为”下拉列表框中选择“扩展分区”，然后设置参数即可，如图 1-145 所示。

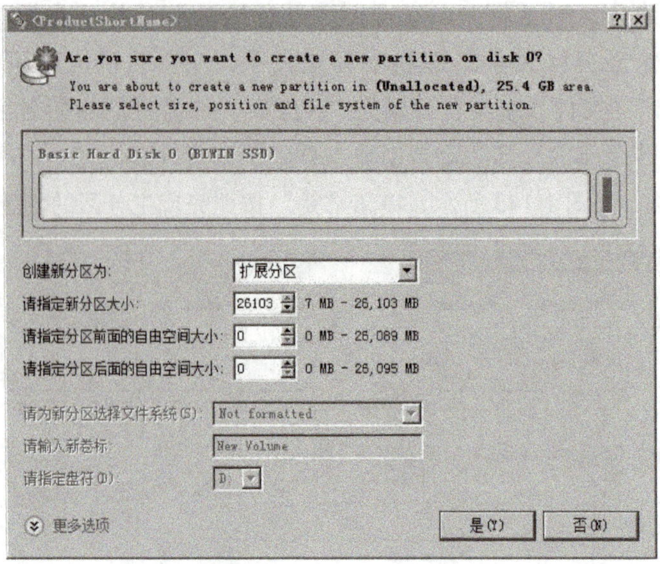

图 1-145　创建扩展分区

3. 创建逻辑分区

建立了扩展分区后，用户可以在扩展分区里建立若干个逻辑分区。下面以建立“D盘”逻辑分区为例。

启动魔术分区大师程序，进入主界面后，右击未分配的磁盘，单击“创建分区”命令。

在弹出的创建分区对话框中，在“创建新分区为”下拉列表框中选择“逻辑磁盘”选项，在“请指定新分区大小”中设置分区大小。将分区的文件系统类型设置为“NTFS”，设置新卷标的名字，在“请指定盘符”下拉列表框中选中“D:”，如图 1-146 所示。设置完成后，单击“是”按钮可创建分区。

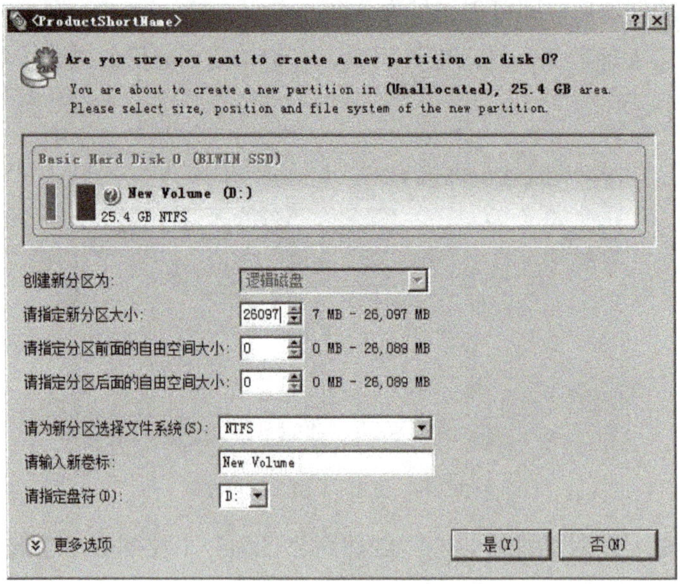

图 1-146　创建逻辑分区

4. 激活主分区

创建硬盘分区后，用户需要激活主分区才能正常引导硬盘。

启动魔术分区大师程序，进入主界面后，右击主分区磁盘，单击“标记分区为活动”命令，如图 1-147 所示。

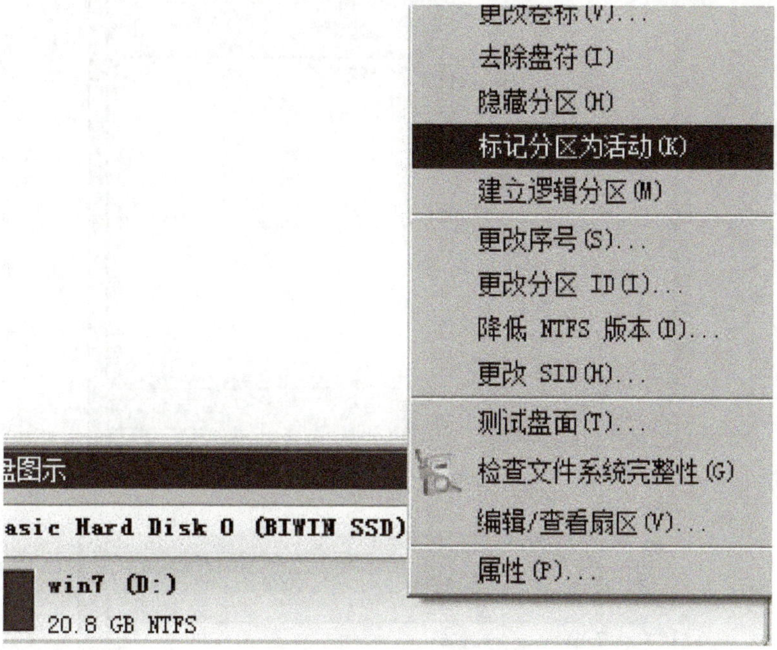

图 1-147 激活主分区

在弹出的“是否想要更改活动分区”对话框中单击“是”按钮。

5. 应用更改

在建立好逻辑分区后，在主界面中单击“应用”按钮，如图 1-148 所示。此时弹出应用更改对话框，单击“是”按钮。

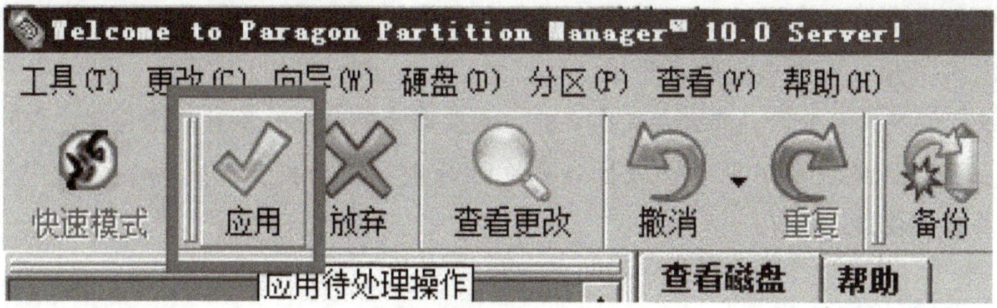

图 1-148 应用更改界面

在弹出的过程对话框中显示当前作业的进展，如图 1-149 所示。操作完成后，在“操作细节”选项卡中提示所有操作已经完成，如图 1-150 所示。单击“关闭”按钮即可。

图 1-149　过程对话框

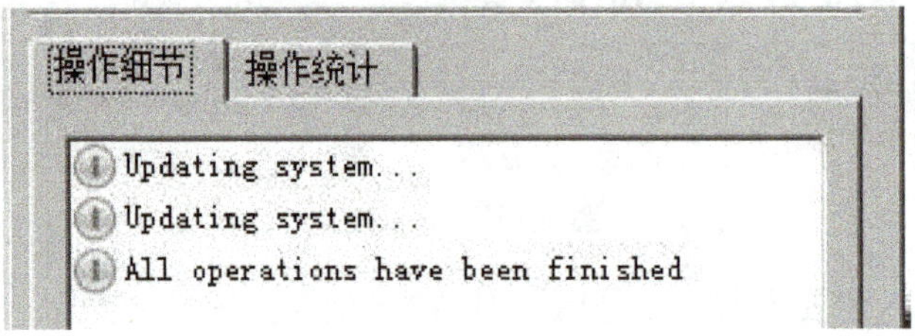

图 1-150　操作完成

知识链接　硬盘分区操作顺序

在新硬盘上建立分区时一般遵循的顺序为：建立主分区→建立扩展分区→建立逻辑分区→激活主分区→格式化所有分区。

如果已经建立了分区，那么在新建之前，需要删除硬盘中的原有分区再创建新的分区。

建立分区时遵循实用性、合理性和安全性原则，从而提高硬盘的使用效率和寿命，方便进行数据管理。

三、调整分区大小

如果对当前的分区大小不满意，那么可以使用魔术分区大师（PQ）来调整分区大小。下面介绍将 F 盘的空间容量划出一部分到 E 盘，操作步骤如下。

步骤一：启动魔术分区大师程序，进入主界面后，右击 F 盘，单击“移动 / 调整分区大小”命令，如图 1-151 所示。

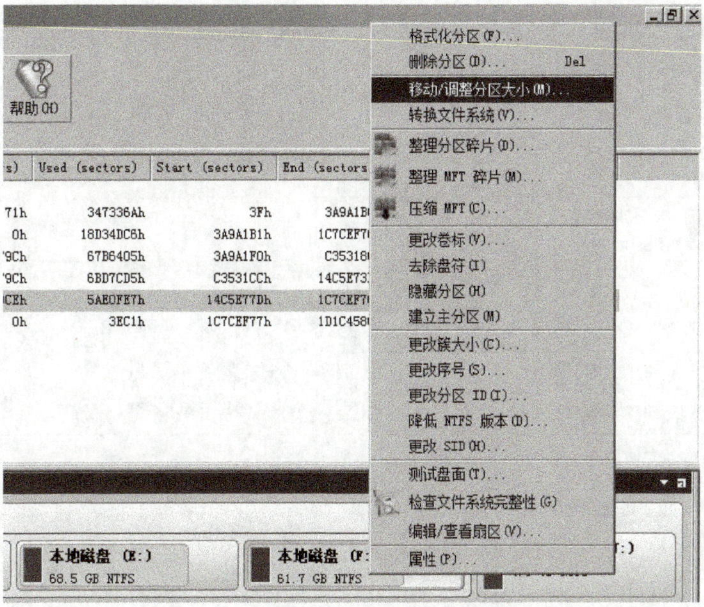

图 1-151　单击“移动 / 调整分区大小”命令

步骤二：在弹出的对话框中，在“Free space before”（自由空间之前）的微调框中输入准备划到 E 盘的容量，如图 1-152 所示。单击“是”按钮，即可释放空间。

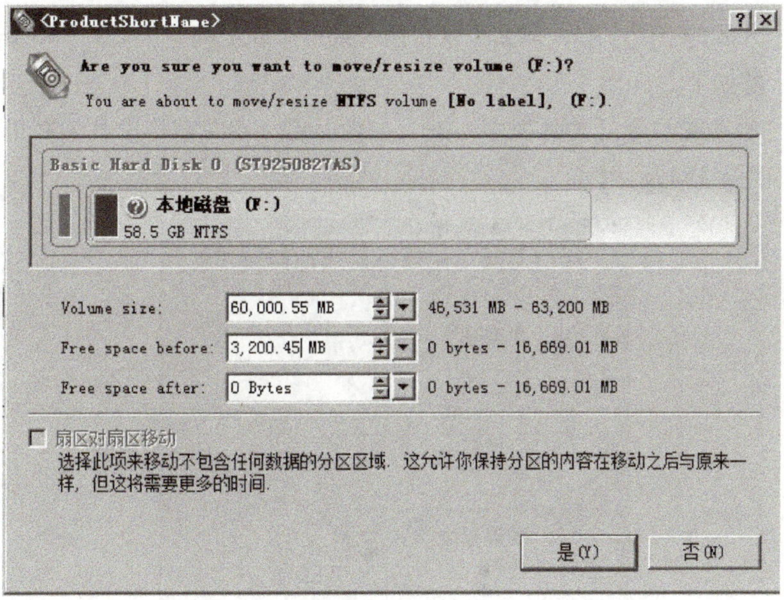

图 1-152　释放空间

步骤三：右击 E 盘，选择“移动 / 调整分区大小”命令。

步骤四：在弹出的对话框中，显示“Free space before”（自由空间之前）从 F 盘中释放的空间，分区调整结果如图 1-153 所示。将 E 盘的容量调整为最大，即可将 F 盘释放的空间吸纳到 E 盘。

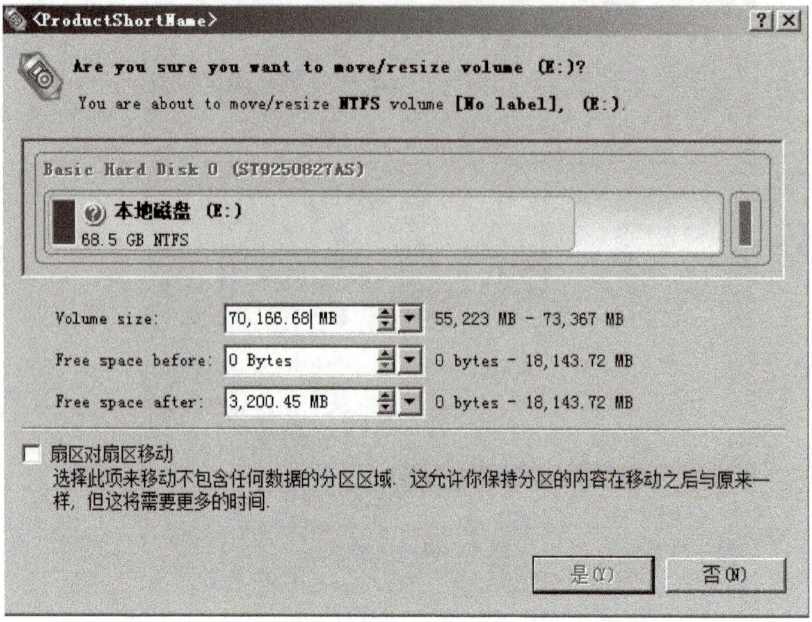

图 1-153　分区调整结果

四、合并分区

如果一个分区的空间不够，那么可以将两个或两个以上的分区合并为一个分区。合并分区的操作步骤如下。

步骤一：启动魔术分区大师程序，进入主界面后，在左窗格中找到并单击“合并分区”选项，如图 1-154 所示。

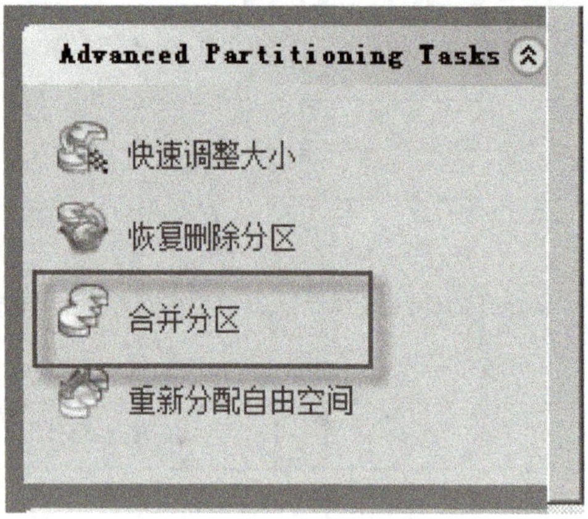

图 1-154　单击“合并分区”选项

步骤二：在弹出的合并分区向导的欢迎界面中单击“Next”按钮，如图 1-155 所示。

步骤三：在弹出的界面中选择需要扩展的磁盘，选择 E 盘后单击“Next”按钮，如图 1-156 所示。

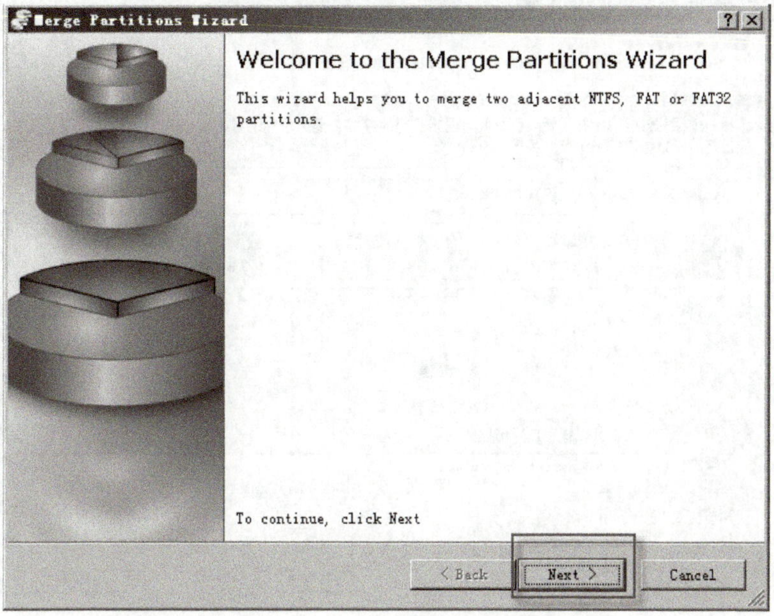

图 1-155　合并分区向导的欢迎界面

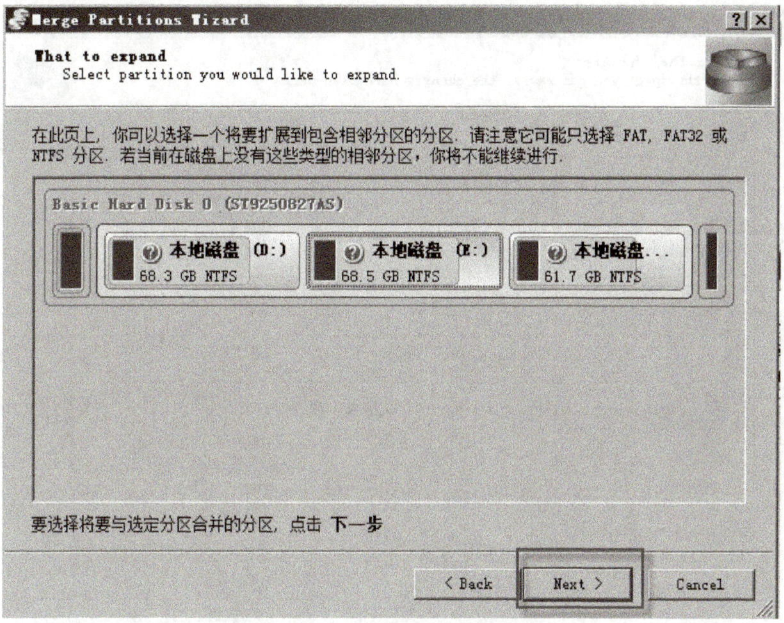

图 1-156　选择需要扩展的磁盘

步骤四： 在弹出的界面中选择要合并的磁盘，选择 F 盘进行合并，单击“Next”按钮，如图 1-157 所示。

步骤五： 用户可以在弹出的界面中对比合并前后的磁盘分区的容量分配，如果接受更改，单击“Next”按钮即可实现磁盘分区合并，如图 1-158 所示。

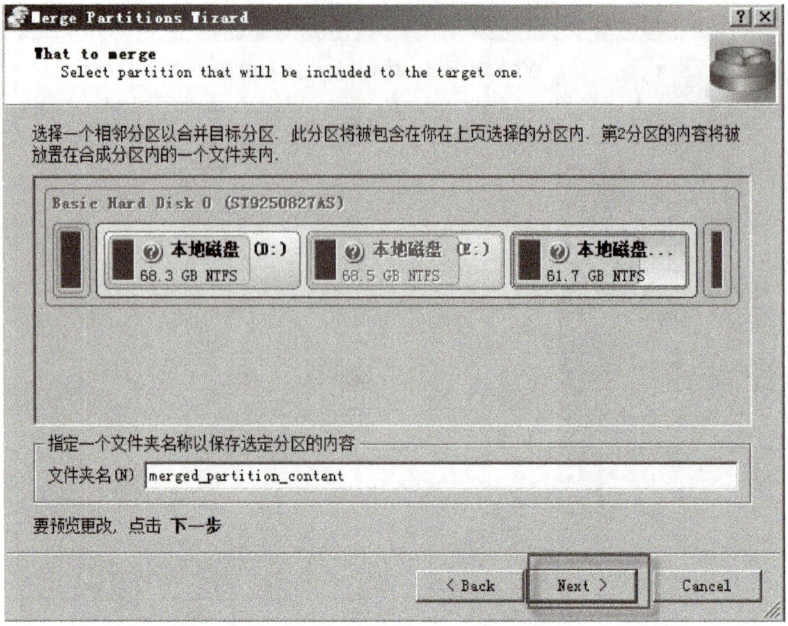

图 1-157　选择要合并的磁盘

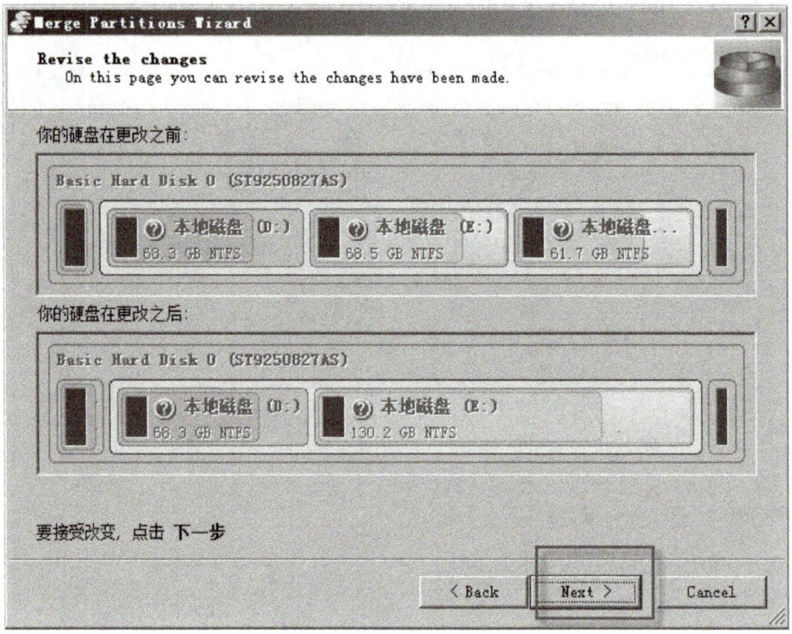

图 1-158　确认磁盘更改

五、查看和格式化分区

1. 查看磁盘分区

右击桌面上的“计算机”图标，在快捷菜单中单击“管理”命令，在打开的“计算机管理”窗口中，单击“磁盘管理”选项，如图 1-159 所示。

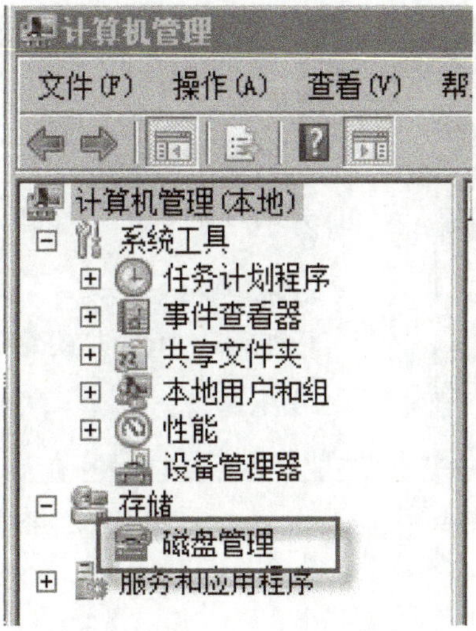

图 1-159 单击“磁盘管理”选项

在弹出的“计算机管理”窗口中可以查看磁盘分区状况，如图 1-160 所示。

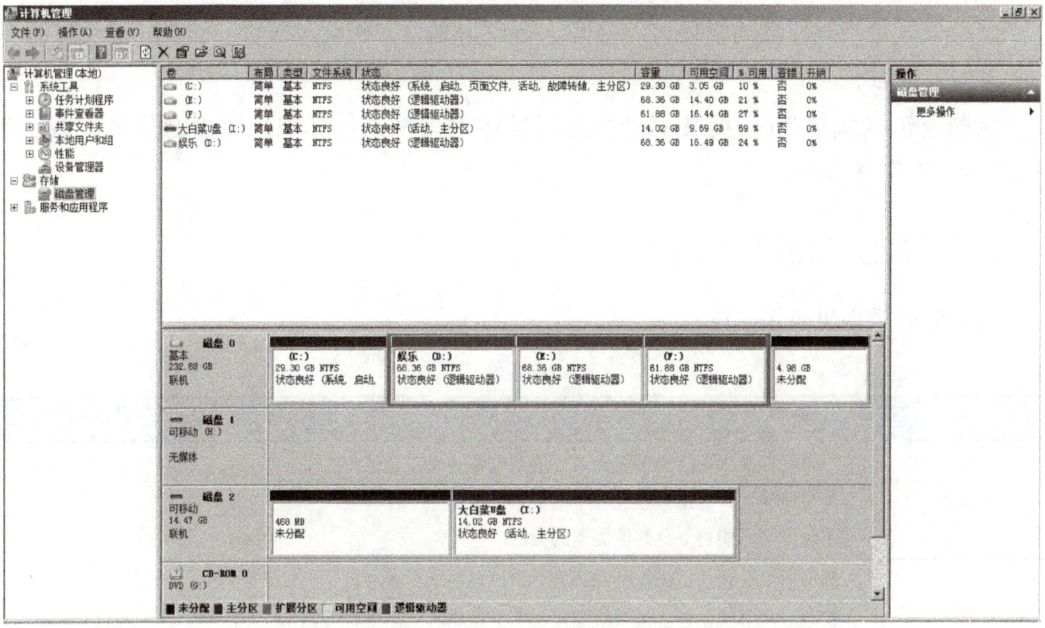

图 1-160 查看磁盘分区状况

2. 格式化磁盘

在“计算机管理”窗口中下部的磁盘管理区域中，右击需要格式的磁盘，在弹出的快捷菜单中单击“格式化”命令，如图 1-161 所示。

在弹出的“格式化”对话框中设置卷标名、文件系统、分配单元大小，如图 1-162 所示，单击“确定”按钮完成格式化。

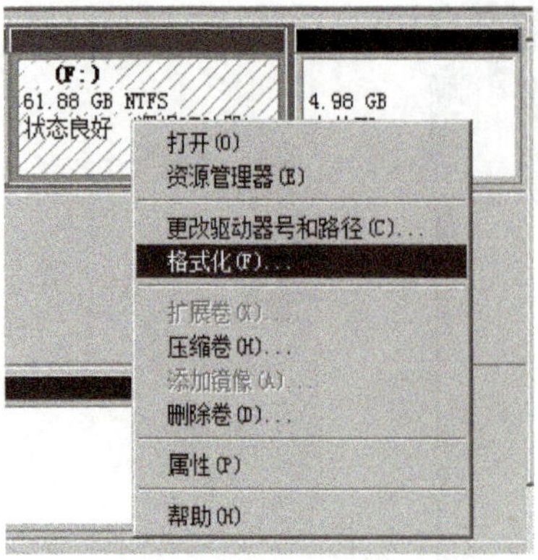

图 1-161　单击“格式化”命令

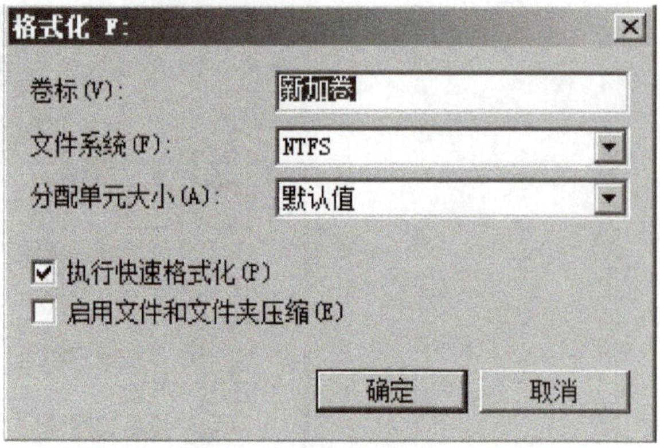

图 1-162　格式化参数设置

知识提炼

一、什么是硬盘分区

硬盘分区是指对硬盘的物理存储空间进行逻辑划分，将硬盘分成一个或多个大小不等的独立逻辑区域。

这些逻辑区域用 26 个英文字母加上冒号作为盘符进行标识，硬盘的分区一般由用“C：”～“Z：”来表示。

二、硬盘分区的类型

硬盘分区类型见表 1-6。

表 1-6　硬盘分区类型

分区类型	特点
主分区	一个硬盘至少建立一个主分区，最多创建 4 个主分区 为避免冲突，通常只建立一个主分区 主分区中不能再划分其他类型的分区
扩展分区	划分出主分区后，硬盘的剩余部分可以划分为扩展分区 扩展分区必须创建能被系统直接识别的逻辑分区后才能使用 扩展分区没有盘符，而每个逻辑分区都具有一个盘符 一个硬盘最多有一个扩展分区，扩展分区可以划分为若干个逻辑分区
非 DOS 分区	非 DOS 分区指硬盘中单独划出一块区域给另一操作系统使用的特殊分区 一般存在于双系统计算机上 主分区的系统不能使用这块分区
活动分区	活动分区是被激活的主分区，活动分区包含了操作系统启动所必需的文件和数据，如引导程序 对于 Windows 系统，会将 C 盘识别为活动分区 硬盘的主分区只有设定为活动分区后才能通过硬盘启动系统，一个硬盘只有一个活动分区

三、常见分区格式

常见硬盘分区格式见表 1-7。

表 1-7 常见硬盘分区格式

分区格式	可使用的操作系统	特点
FAT16	几乎所有的系统	16 位的文件分配表，支持最大为 2GB 的分区 分区使用的簇小，磁盘利用效率低
FAT32	Windows 97 以后的操作系统	32 位的文件分配表 相较 FAT16 减少了硬盘空间的浪费，但速度慢 不能存放超过 4GB 的单个文件
NTFS	Windows NT 以后的操作系统	安全性和稳定性极其出色，不易产生碎片，记录用户操作，是一个可恢复的文件系统 管理磁盘空间更有效率
Linux	Linux 系统	有 Linux Native 主分区和 Linux Swap 交换分区两种分区格式，具有极佳的安全性与稳定性

任务六

系统安装

任务描述

小董的计算机近期经常黑屏，导致他的学习和工作效率变低，于是他将 C 盘的重要资料进行转移后准备重新安装一次系统。在小董的印象中，安装系统都是通过光盘来安装的，还需要买一个系统光盘，稍显麻烦，那么有没有更方便的方法呢？

通过该任务的学习，读者能够了解系统安装的不同方式，可根据实际情况选择合适的方式完成计算机系统的安装。在实践操作的基础上，进一步了解操作系统的地位与作用、操作系统的发展，以及了解常用的操作系统和 Windows 7 各个版本功能。

任务实施

一、准备工作

计算机操作系统的安装有多种方式，现以 U 盘方式和光盘方式为例，介绍相应的安装前准备工作。

1. U 盘方式

1）4GB 及以上的启动 U 盘。

2）Windows 7 光盘映像（ISO 文件），同时解压到 U 盘中。

2. 光盘方式

1）Windows 7 系统光盘。

2）计算机带有 DVD 光盘驱动器。

二、系统安装

（一）启动引导

启动引导有光驱、U 盘、硬盘、网络等方法，可在下述两种常用的方法中选择。

方法一：进入 BIOS 系统，在 Boot 界面中将光驱或 U 盘设置为第一启动项，如图 1-163 所示。

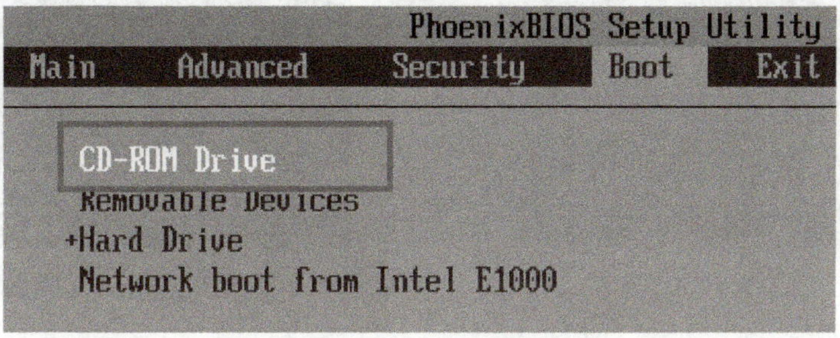

图 1-163 启动项选择

方法二：直接通过快捷键方式进入“启动菜单”，然后选择光驱或 U 盘启动即可。不同的主板生产商，其“启动菜单”快捷键有所不同，主流主板的启动菜单快捷键见表 1-8。

表 1-8 启动菜单快捷键

台式计算机		笔记本计算机	
品牌	快捷键	品牌	快捷键
华硕	F8	IBM	F12
技嘉	F12	惠普	F9
MSI 微星	F11	戴尔	F12
七彩虹	Esc 或 F11	苹果	Option

（二）系统安装

1.U 盘方式

（1）进入 Windows PE 系统

打开“大白菜超级 U 盘装机工具”，通过 U 盘启动进入引导界面，选择第一项“启动 Win10 ×64 PE（2G 以上内存）”，如图 1-164 所示，按 <Enter> 键进入 PE 加载进度界面，如图 1-165 所示。

加载完成后进入 PE 系统界面，如图 1-166 所示。

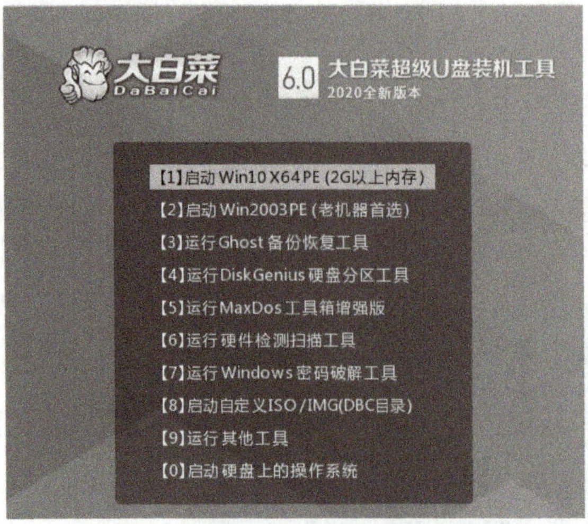

图 1-164　引导界面

图 1-165　PE 加载进度界面

图 1-166　PE 系统界面

知识链接　Windows PE 系统

Windows PE（WinPE）是一个小型操作系统，用于安装、部署和修复操作系统。它包括运行 Windows 安装程序及脚本、连接网络共享、自动化基本过程以及执行硬件验证所需的最小功能。通过 Windows PE 可以实现的功能有：在安装 Windows 之前设置硬盘；使用来自网络或本地驱动器的应用或脚本安装 Windows；捕获和应用 Windows 映像；在 Windows 操作系统未运行时，对其进行修改；设置自动恢复工具，从无法启动的设备中恢复数据；添加自己的自定义 shell 或 GUI 来使此类任务自动化。

（2）磁盘分区

安装操作系统之前，需要先进行磁盘分区，结合前面任务所学的知识，使用图 1-166 所示的 PE 系统“分区工具”软件完成磁盘分区，完成后如图 1-167 所示。

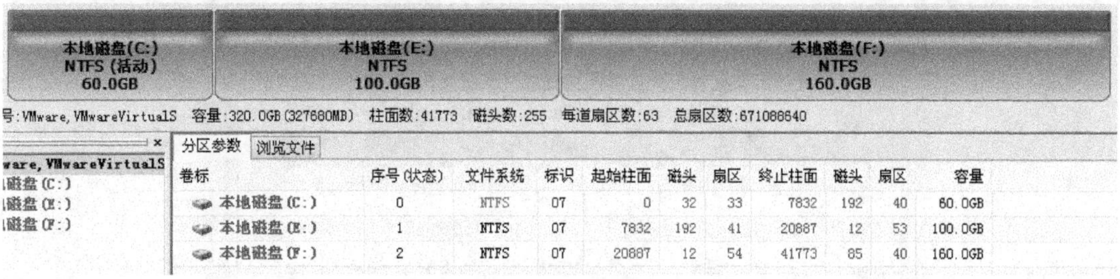

图 1-167 磁盘分区

（3）PE 装机

双击 PE 桌面的“大白菜一键装机”图标，打开的对话框如图 1-168 所示。

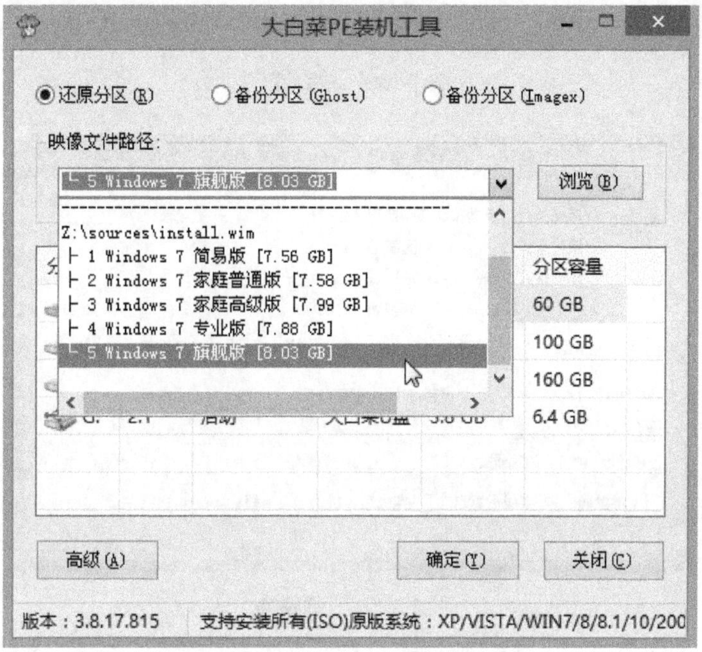

图 1-168 “大白菜 PE 装机工具”对话框

软件默认为“还原分区”模式，不做修改。

当软件运行时会自动检索磁盘中的系统安装文件“install.win”，同时能解析出该安装文件支持的系统版本，这里在“映像文件路径”下拉列表框中，选择“Windows 7 旗舰版”选项。如果未能检索到安装文件，可以单击“浏览”按钮，将路径指向 U 盘中的“sources\install.wim”文件即可。

如图 1-169 所示，系统默认安装位置为第一个分区“C:”。如果需更改安装位置，选择对应分区即可，完成后单击“确定”按钮，进入安装还原映像，如图 1-170 所示。

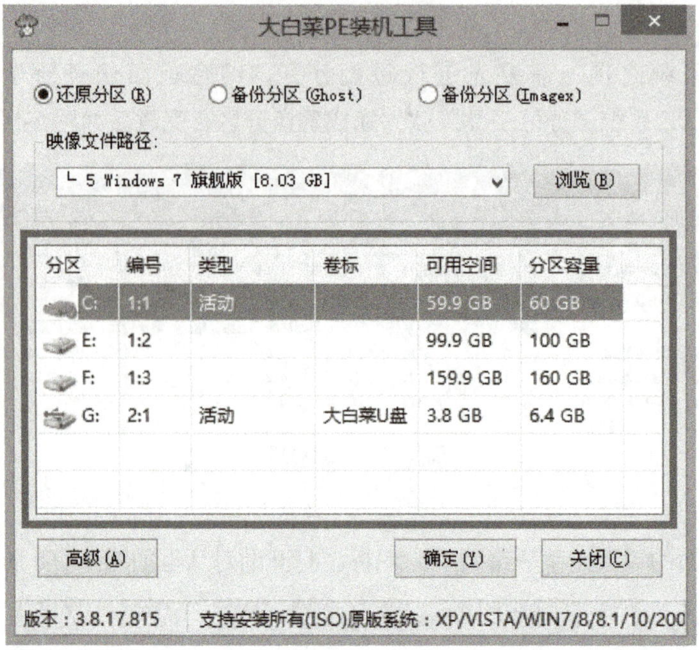

图 1-169　选择分区

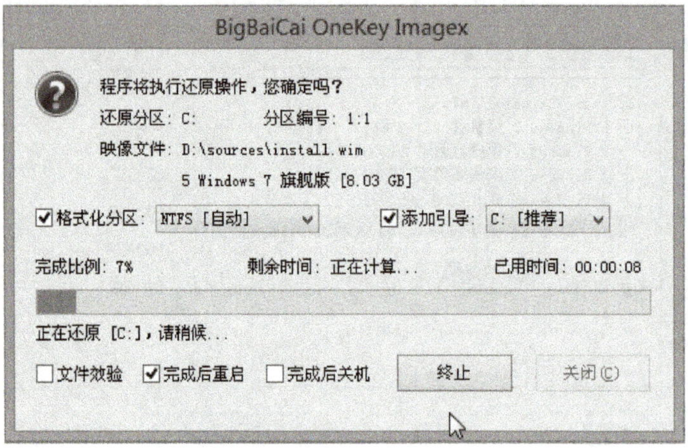

图 1-170　还原映像

还原映像进度达到 100% 后会自动重启进入“设置 Windows”向导。

（4）系统设置

步骤一： 在“设置 Windows”向导的语言与地区设置界面，设置“国家或地区”为“中国”，“时间和货币”为“中文（简体，中国）”，键盘布局为“中文（简体）– 美式键盘”，如图 1-171 所示。设置完成后单击“下一步”按钮。

步骤二： 进入计算机名与用户名设置界面，设置一个“用户名”作为登录系统的账户，然后设置“计算机名称”，以方便在网络上区分，如图 1-172 所示。输入完成后单击“下一步”按钮。

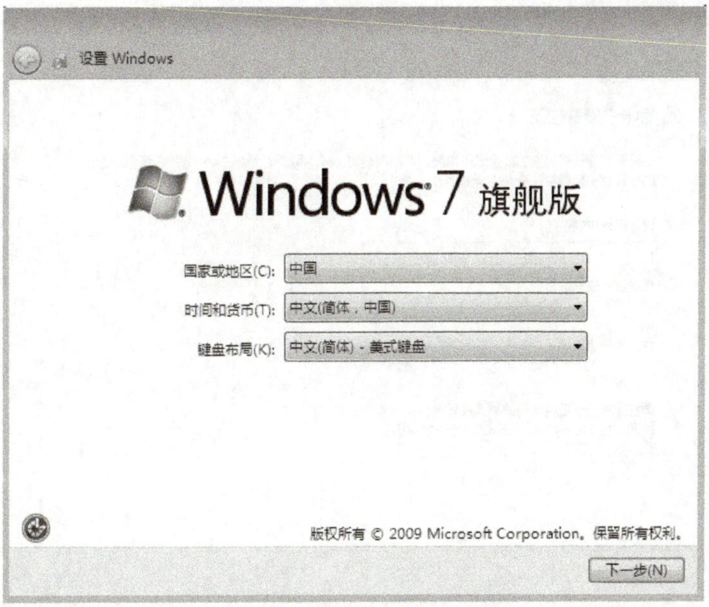

图 1-171　语言与地区设置界面

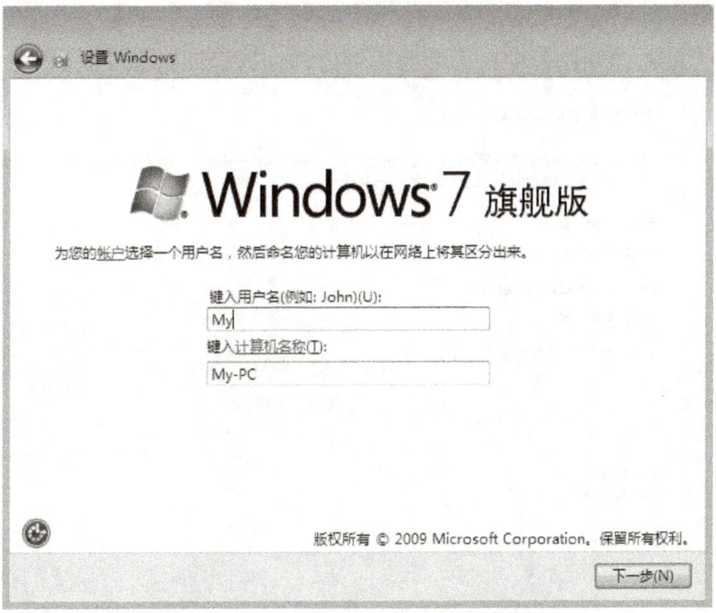

图 1-172　计算机名与用户名设置界面

步骤三：进入为账户设置密码设置界面，为账户添加密码，可以防止其他用户非法访问，增加安全防范。密码提示可以帮助记忆密码，单击“忘记密码”链接，Windows 将显示密码提示，如图 1-173 所示。输入完成后单击“下一步”按钮。

步骤四：进入产品密钥设置界面，产品密钥可以帮助用户激活 Windows，体验正版 Windows 的更多服务，如图 1-174 所示。输入密钥后单击“下一步”按钮。

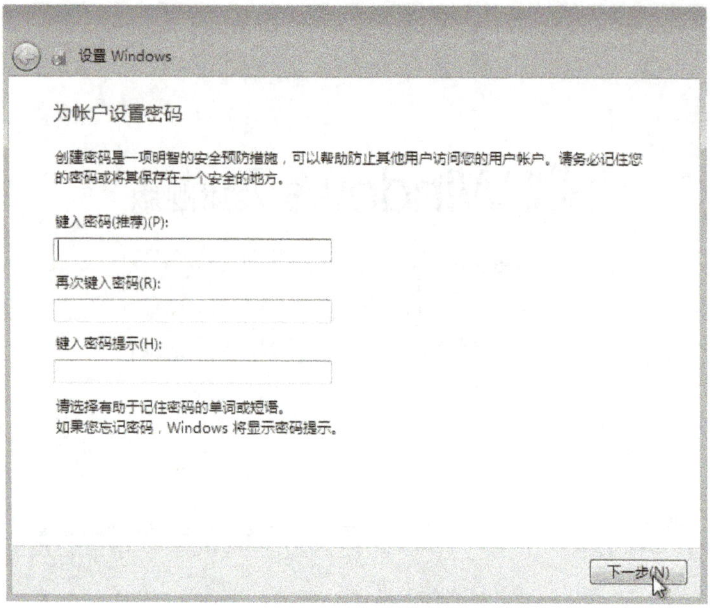

图 1-173 为账户设置密码设置界面

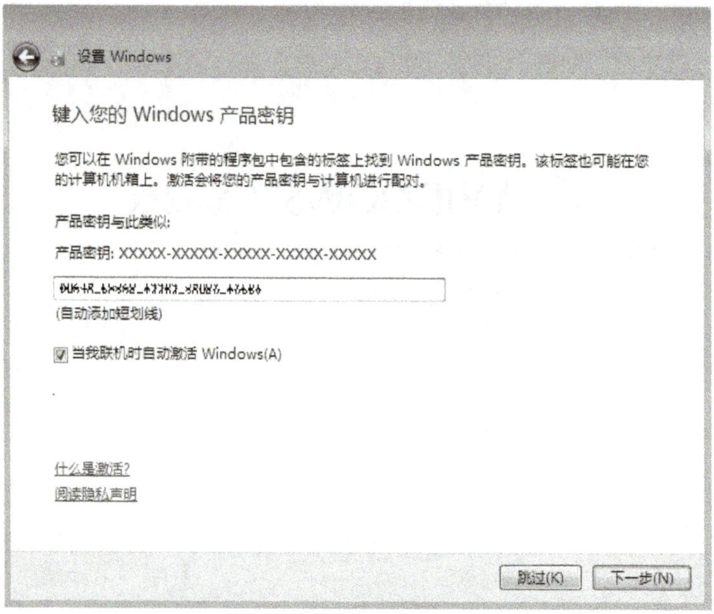

图 1-174 产品密钥设置界面

步骤五：进入许可条款设置界面，许可条款是对 Microsoft 软件许可的说明，阅读并接受条款，勾选“我接受许可条款”复选框，否则无法进行“下一步”操作，如图 1-175 所示。勾选后单击“下一步”按钮。

步骤六：进入自动保护设置界面，如图 1-176 所示。自动保护的设置主要是选择更新模式，使计算机能更好地受到保护以及提高 Windows 的性能。单击“使用推荐设置”选项进入下一项设置界面。

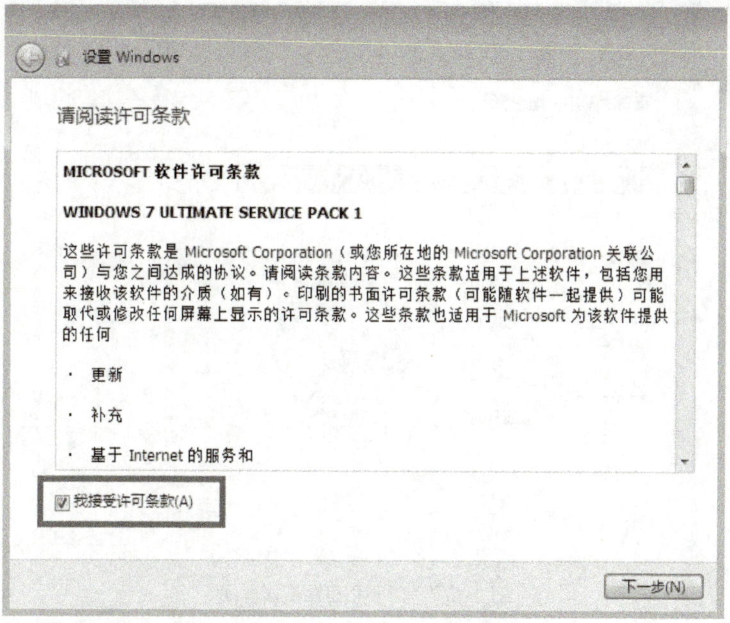

图 1-175 许可条款设置界面

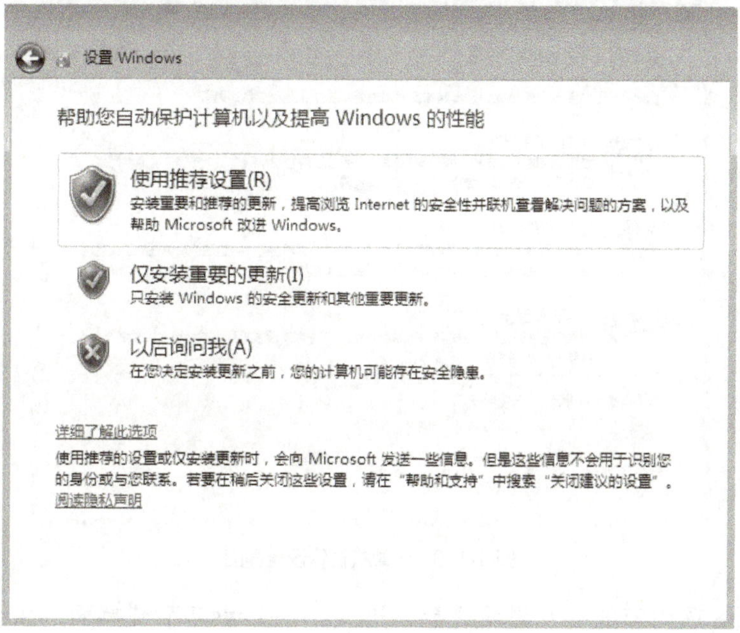

图 1-176 自动保护设置界面

步骤七：进入时间和日期设置界面，此时可以设置时区、日期、时间，设置完成单击“下一步”按钮，如图 1-177 所示。

步骤八：进入计算机位置设置界面。计算机位置是当计算机接入网络时，系统自动应用的正确的网络设置。为了更好地保护计算机不受网络威胁，应根据实际情况选择对应的计算机位置，如图 1-178 所示。

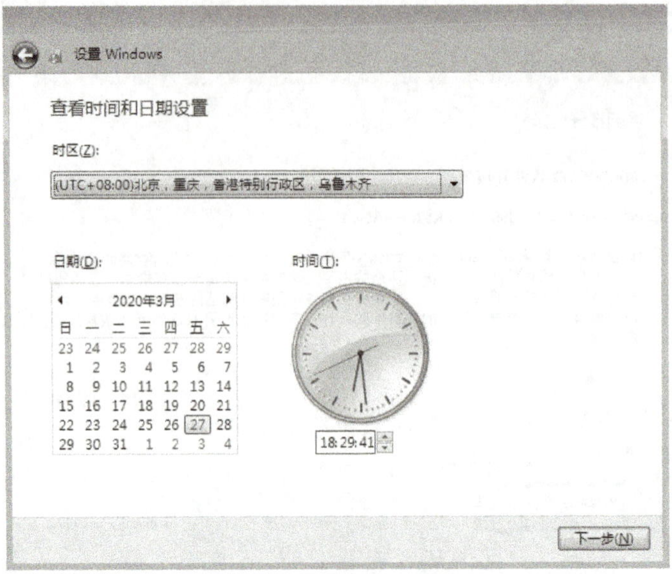

图 1-177　时间和日期设置界面

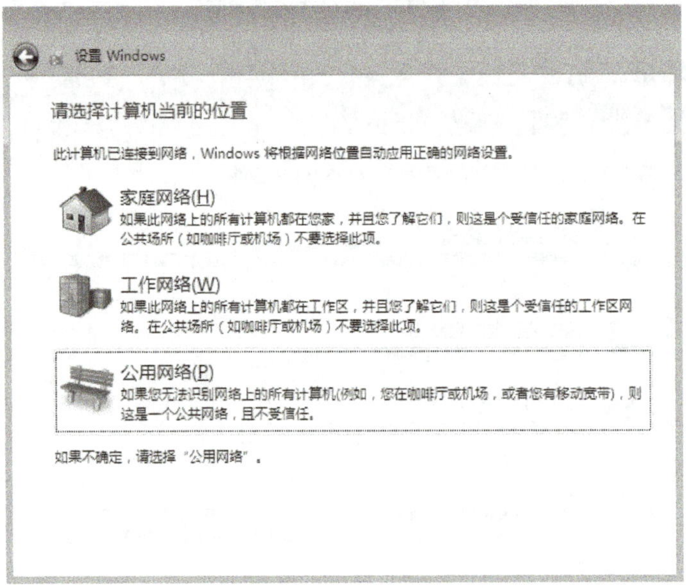

图 1-178　计算机位置设置界面

通过前面 8 项内容的交互设置之后，进入 Windows 7 系统桌面，如图 1-179 所示。至此，通过 U 盘方式安装操作系统任务已完成。

2. 光盘方式

(1) 光盘启动

设置光盘启动后，屏幕上方出现提示"Press any key to boot from CD or DVD..."。该提示是指按任意键即可从 CD 或 DVD 引导。此时按 <Enter> 键，即进入安装加载界面，加载完成后自动进入"安装 Windows"向导。

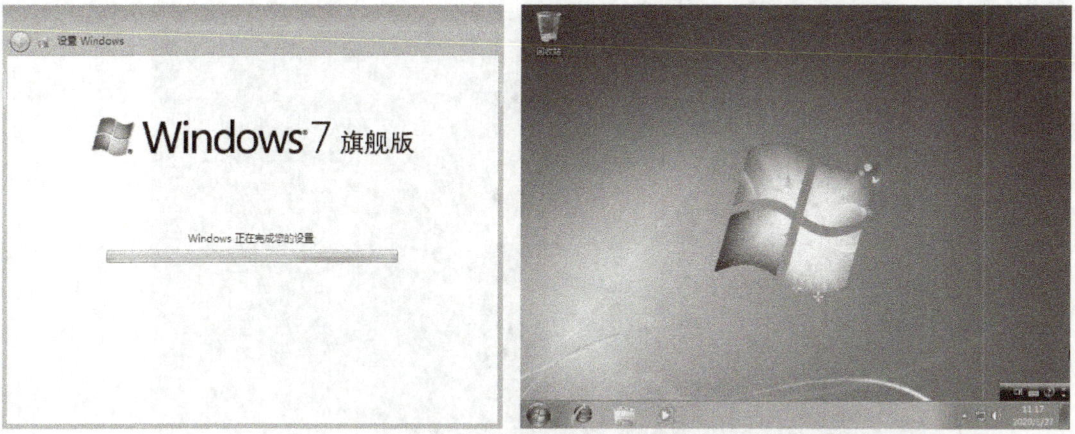

图 1-179 进入 Windows 7 系统桌面

（2）系统设置

步骤一： 在“安装 Windows”向导的语言和其他首选项设置界面，“要安装的语言”选择“中文（简体）”，“时间和货币格式”选择“中文（简体，中国）”，“键盘和输入方法”选择“中文（简体）- 美式键盘”，如图 1-180 所示，设置完成后单击“下一步”按钮。在所出现的新页面中，单击“现在安装”按钮后出现“安装程序正在启动 ...”的文字提示，重新启动完成后自动进入下一步骤，如图 1-181 所示。

步骤二： 进入许可条款设置界面。许可条款是对 Microsoft 软件许可的说明，阅读并接受条款，单击“下一步”按钮。

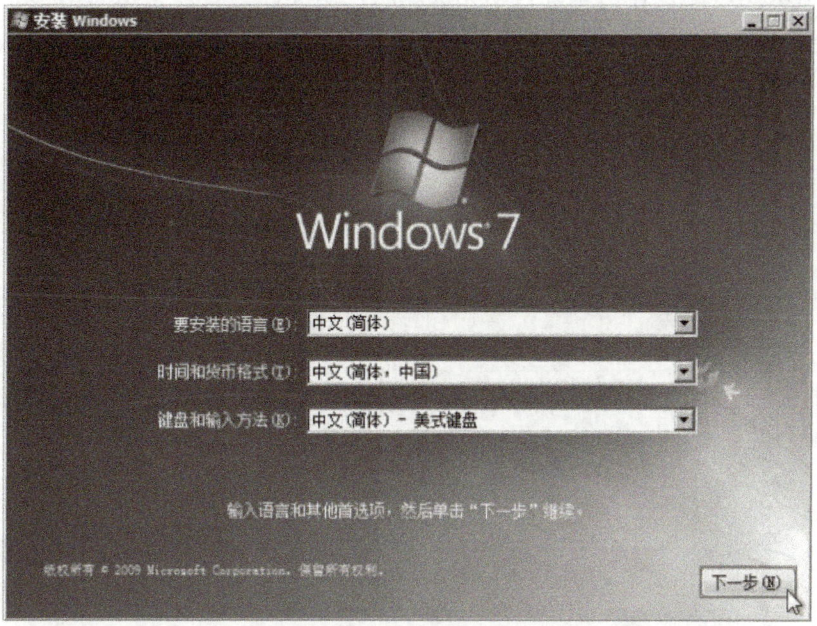

图 1-180 语言和其他首选项设置界面

图 1-181 “现在安装”按钮

步骤三： 进入安装类型设置界面，单击“自定义（高级）”选项，安装 Windows 的新副本，如图 1-182 所示。在打开的磁盘分区设置界面中，使用之前所学的分区知识对磁盘进行分区，如图 1-183 所示，完成分区后选择系统安装的位置，单击“下一步”按钮。

（3）安装 Windows

安装 Windows 的操作由系统自动完成。从复制文件、展开 Windows 文件、安装功能、安装更新到完成安装，硬件差异不同，安装时间为 10~30min，如图 1-184 所示。安装过程中，计算机可能重新启动数次。

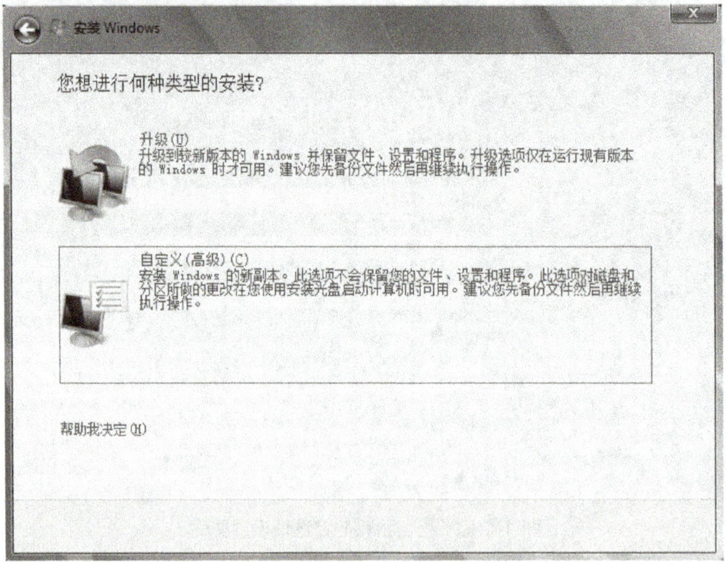

图 1-182 安装类型设置界面

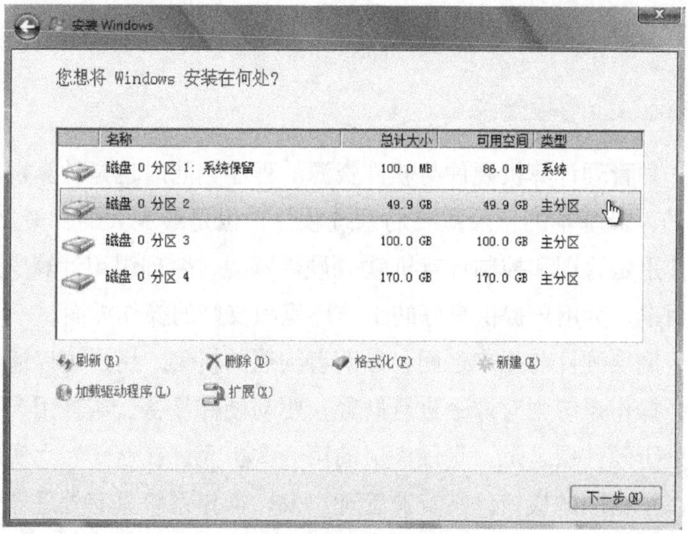

图 1-183　磁盘分区设置界面

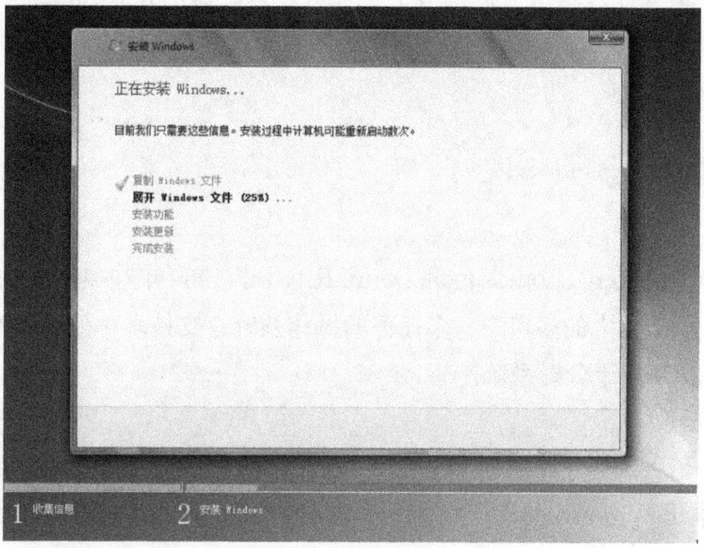

图 1-184　安装 Windows 界面

（4）设置 Windows

完成 Windows 安装后，“设置 Windows”操作请参考 U 盘方式中的操作。

可使用移动终端扫一扫二维码播放视频来学习计算机操作系统安装操作	

知识提炼

一、操作系统的作用与分类型

操作系统是一种管理计算机硬件与软件资源的程序，同时也是计算机系统的内核与基石，是一种首要的、最基本的、最重要的系统软件，也是最庞大的、最复杂的系统软件。操作系统的主要作用是管理和控制计算机软/硬件资源，合理组织计算机工作流程，努力提高计算机的利用率，为用户提供良好的工作环境和友好的操作界面。

操作系统位于底层硬件与用户之间，是两者沟通的桥梁。用户可以通过操作系统的用户界面输入命令；操作系统则对命令进行解释，驱动硬件设备，实现用户要求。操作系统在计算机系统中处于硬件层之上，是硬件层的第一次扩充。在这一层上实现了操作系统的全部功能，并提供了相应的接口。从资源管理出发，操作系统具有处理器管理、存储器管理、设备管理、文件管理和作业管理5方面的管理功能。

目前的操作系统种类繁多，很难用单一标准分类。按照作业处理方式，操作系统可分为批处理系统、分时操作系统、实时操作系统、网络操作系统和分布式操作系统等类型。

二、常用的操作系统介绍

(1) UNIX

UNIX最早是由Ken Thompson和Denni Ritch于1969年在美国AT&T的贝尔实验室开发的。它是一个强大的多用户、多任务的操作系统，支持多种处理器架构，按照操作系统的分类，UNIX属于分时系统。

(2) Windows

Microsoft从1983年开始研制Windows系统，第一个版本Windows 1.0于1985年问世。1990年推出Windows 3.0，成为一个重要的里程碑，它以压倒性的商业成功确定了Windows系统在PC领域的垄断地位。

Microsoft Windows系列操作系统是在微软给IBM机器设计的MS-DOS的基础上设计的多任务图像操作系统。

(3) Linux

基于Linux的操作系统是20世纪90年代推出的一个多用户、多任务的操作系统。它与UNIX完全兼容。Linux最初是由芬兰赫尔辛基大学计算机系的学生Linus Torvalds在UNIX的基础上开发的一个操作系统的内核程序，Linux的设计是为了在Intel微处理器上有更有效的运用。其后在理查德·斯托曼的建议下以GNU通用公共许可证发布，成为自由软件UNIX变种。它最大的特点在于开源性，其内核源代码可以自由传播。

（4）Mac OS

Mac OS 是一套运行于苹果 Macintosh 系列计算机上的操作系统。Mac OS 是首个在商用领域成功的图形用户界面。Mac OS X 于 2001 年首次在商场上推出，它主要包含两个部分：Drawin（BS 原始代码）和 Mach（微核心）。

三、Windows 7 各个版本功能介绍

Windows 7 推出了 6 个版本以供不同需求的用户体验，下面详细介绍各版本的功能。

（1）Windows 7 Starter（初级版）

该版本是功能最少的版本，缺乏 Aero 特效功能，没有 64 位支持。最初设计时，它不能同时运行 3 个以上的应用程序。幸运的是，微软最终取消了这个限制，最终版几乎可以执行任何 Windows 任务。该版本不能更换桌面背景。另外，没有 Windows 媒体中心和移动中心等。它主要用于低端计算机。

（2）Windows 7 Home Basic（家庭普通版）

该版本是简化的家庭版，支持多显示器，有移动中心。它支持部分 Aero 特效，没有 Windows 媒体中心，缺乏 Tablet 支持，没有远程桌面，只能加入而不能创建家庭网络组（Home Group）等。

（3）Windows 7 Home Premium（家庭高级版）

该版本面向家庭用户，满足家庭娱乐需求，包含所有桌面增强和多媒体功能，如 Aero 特效、多点触控功能、媒体中心、建立家庭网络组、手写识别等，不支持 Windows 域、Windows XP 模式、多语言等。

（4）Windows 7 Professional（专业版）

该版本面向爱好者和小企业用户，满足办公需求，包含加强的网络功能，如活动目录和域支持、远程桌面等。另外还有网络备份、位置感知打印、加密文件系统、演示模式（Presentation Mode）、Windows XP 模式等功能。64 位版本可支持更大的内存（192GB）。

（5）Windows 7 Enterprise（企业版）

该版本是面向企业市场的高级版本，可满足企业数据共享、管理等需求，包含多语言包，能支持 UNIX 应用、加密 BitLocker 驱动器、缓存分支（BranchCache）等。该版本主要通过与微软有软件保证合同的公司进行批量许可出售，不在 OEM 和零售市场发售。

（6）Windows 7 Ultimate（旗舰版）

该版本拥有所有功能，基本与企业版是相同的产品，仅仅在授权方式及其相关应用及服务上有区别，主要面向高端用户和软件爱好者。32 位版本和 64 位版本没有外观或者功能上的区别，但是内在有一些不同：64 位版本支持 16GB 或者 192GB 内存，而 32 位版本只能支持最大 4GB 内存。

在这 6 个版本中，Windows 7 家庭高级版和 Windows 7 专业版是两大主力版本，前者面向家庭用户，后者针对商业用户。家庭高级版用户和专业版用户可以通过付费将 Windows 随时升级（WAU）到旗舰版。

任务七

系统优化与备份还原

任务描述

小董的计算机使用了一年多，产生了大量的临时文件、连接文件等无用文件，导致计算机速度越来越慢，因此他想对计算机进行系统优化。有人推荐他用系统自带的系统工具去处理，还有人推荐他下载并安装一些优化系统的软件去处理，那么他该如何选择和操作呢？

通过该任务的学习，读者能够运用关闭远程桌面、关闭系统保护、关闭自动更新等方法对运行中的系统进行性能优化，使用工具实现系统的备份与还原，来保障系统的安全性和可靠性。在实践操作的基础上，进一步了解系统优化的作用和备份还原工具的基本情况。

任务实施

一、系统优化

控制面板（Control Panel）是 Windows 图形用户界面的一部分。它允许用户查看并操作基本的系统设置，如添加 / 删除软件、控制用户账户、更改辅助功能选项等。

单击“开始”菜单，选择并打开“控制面板”，如图 1-185 所示。

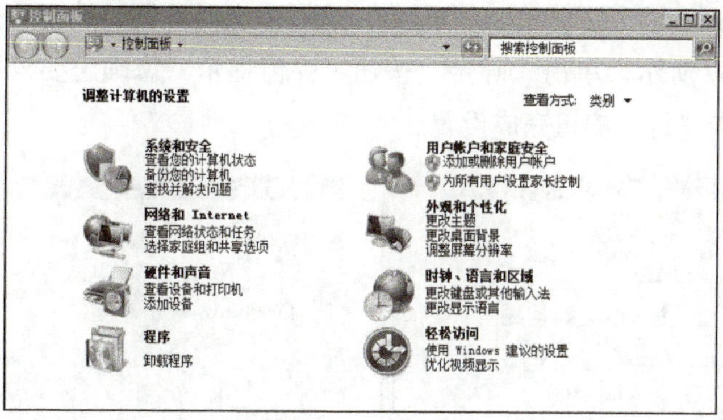

图 1-185 控制面板

（一）优化桌面图标

在控制面板中单击“外观和个性化”→“个性化”→“更改桌面图标”，弹出“桌面图标设置”对话框，勾选所有复选框后单击“确定”按钮，如图 1-186 所示。

（二）关闭远程桌面

在控制面板中单击“系统和安全”→“系统”→“远程设置”，弹出“系统属性”对话框，在“远程”选项卡中完成如下设置后单击“确定”按钮，如图 1-187 所示。

1）取消勾选“允许远程协助连接这台计算机”复选框。

2）选择“不允许连接到这台计算机”单选按钮。

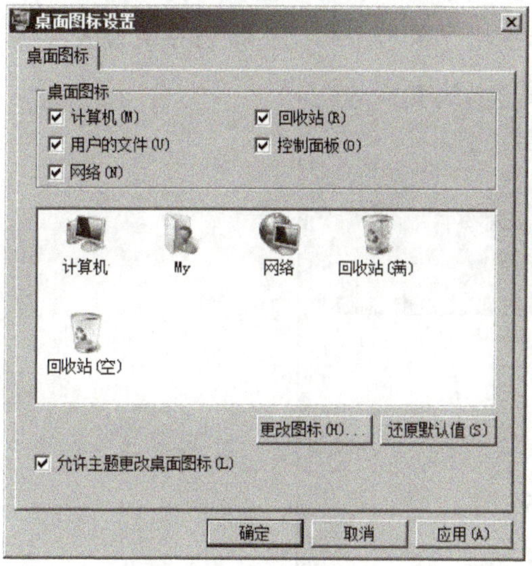

图 1-186 桌面图标

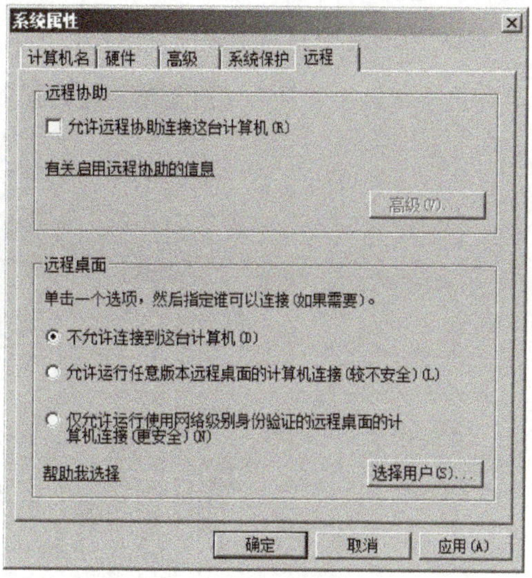

图 1-187 远程桌面

（三）关闭系统保护

在控制面板中单击“系统和安全”→“系统”→“系统保护”，弹出“系统属性”对话框，选择“系统保护”选项卡，在“保护设置”区域选中保护状态为“打开”的“本地磁盘（C:）”，如图 1-188 所示，单击“配置”按钮弹出对话框，选中“关闭系统保护”单选按钮，如图 1-189 所示，单击“确定”按钮，弹窗提示“您确定要禁用此驱动器上的系统保护吗？”，单击“是”按钮完成设置。

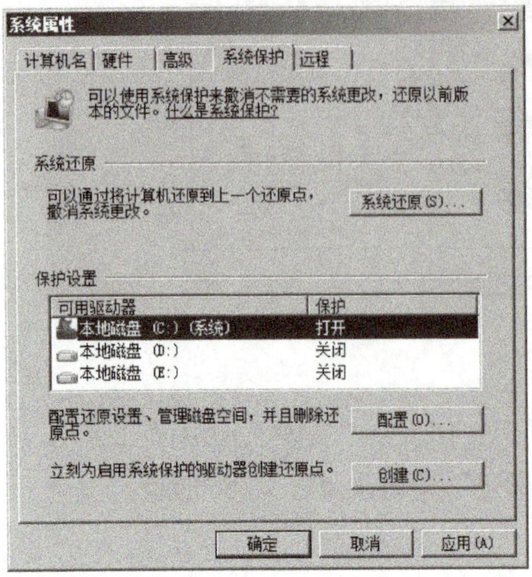

图 1-188　选择磁盘

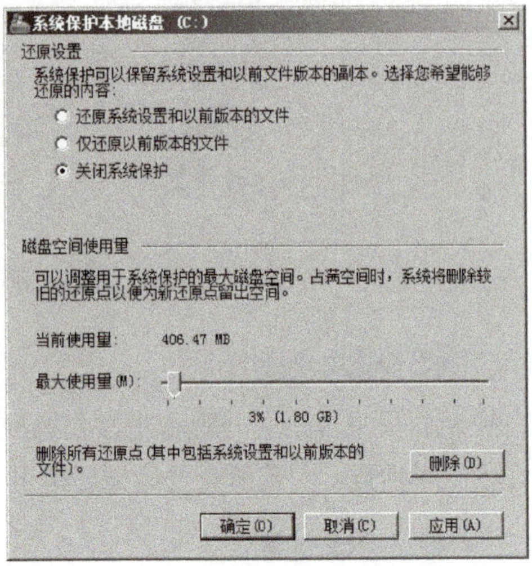

图 1-189　关闭系统保护

（四）优化视觉效果

在控制面板中单击“系统和安全”→“系统”→“高级系统设置”，弹出“系统属性”对话框，选择“高级”选项卡，在“性能”区域单击“设置”按钮，弹出图 1-190 所示的对话框，选中“调整为最佳性能”单选按钮，单击“确定”按钮完成设置。

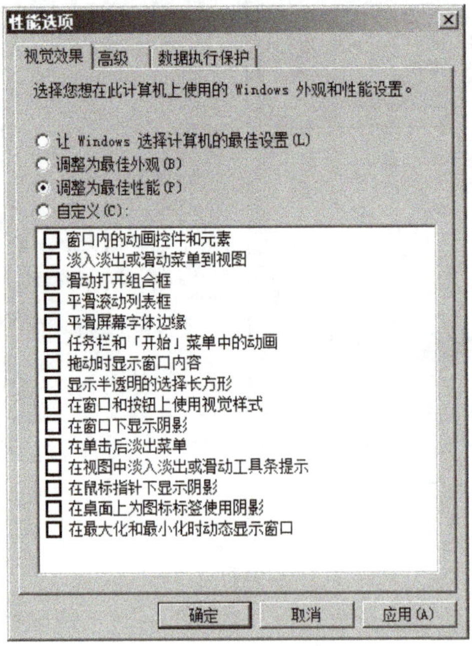

图 1-190　视觉效果优化

（五）启动和故障恢复

在控制面板中单击“系统与安全”→“系统”→“高级系统设置”，弹出“系统属性”对话框，选择“高级”选项卡，在“启动和故障恢复”区域单击“设置”按钮，弹出图1-191所示的对话框，按照以下步骤设置。

1）勾选“显示操作系统列表的时间”复选框，并设置值为“0”。

2）取消勾选“将事件写入系统日志”复选框。

3）在“写入调试信息”下拉列表框中选择“(无)”。

设置完成后单击“确定”按钮。

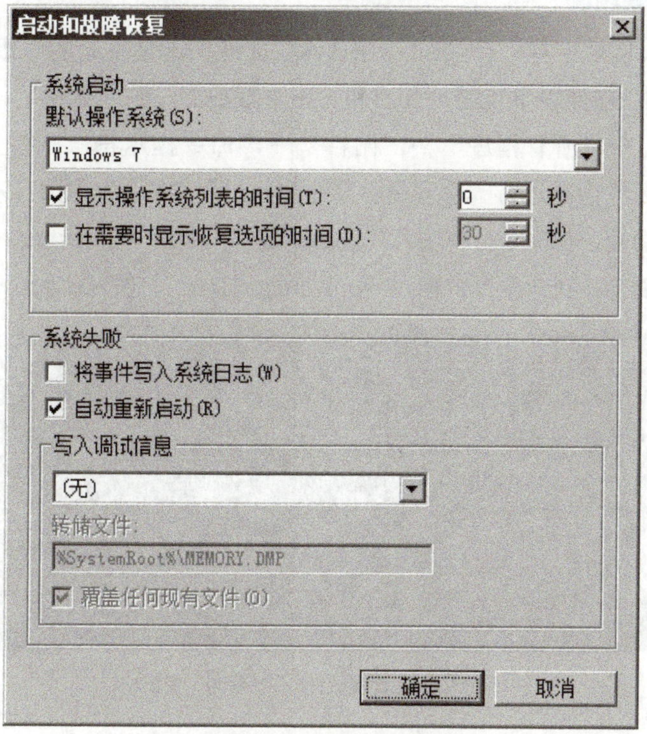

图1-191 启动和故障恢复

（六）关闭自动更新

在控制面板中单击“系统和安全”→“Windows Update”→“更改设置”，打开“更新设置”对话框，如图1-192所示，按照以下步骤设置。

1）在“重要更新”选项区域中选择“从不检查更新（不推荐）”或“检测更新，但是让我选择是否下载和安装更新”选项。

2）取消勾选“以接收重要更新的相同方式为我提供推荐的更新”复选框。

3）取消勾选“允许所有用户在此计算机上安装更新”复选框。

设置完成后单击“确定”按钮。

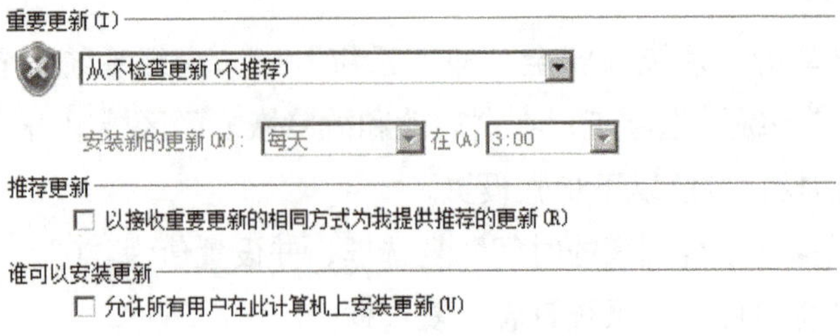

图 1-192　更新设置

（七）禁用睡眠功能

在系统分区根目录中有一个“hiberfil.sys”文件，这是系统的睡眠功能文件，占用了磁盘大量的空间，按照以下步骤可开启和关闭睡眠功能。

单击“开始”→“所有程序”→“附件”→“命令提示符”，单击鼠标右键，选择“以管理员身份运行”命令运行“管理员：命令提示符”窗口，如图 1-193 所示。

1）关闭睡眠功能：在命令行中输入“powercfg－h off”，按 <Enter> 键。

2）开启睡眠功能：在命令行中输入“powercfg－h on”，按 <Enter> 键。

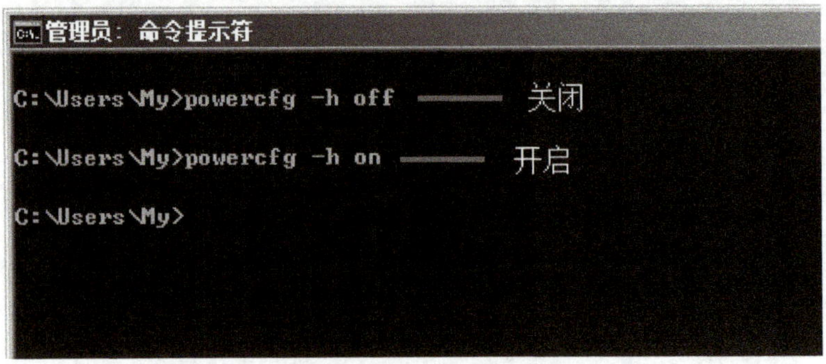

图 1-193　“管理员：命令提示符”窗口

二、系统备份与还原

Ghost 是一款出色的硬盘备份还原工具。Ghost 可以实现 FAT16、FAT32、NTFS、OS2 等多种硬盘分区格式的分区及硬盘的备份还原。

运行 Ghost 软件，单击“OK”按钮进入主界面，如图 1-194 所示。

（一）使用 Ghost 备份

步骤一： 在主界面单击“Local”→“Partition”→“To Image”（本地→分区→到镜像文件）命令，如图 1-195 所示。

步骤二： 进入“Select local source drive by clicking on the drive number”对话框，选择第一个磁盘，如图 1-196 所示，单击“OK”按钮。

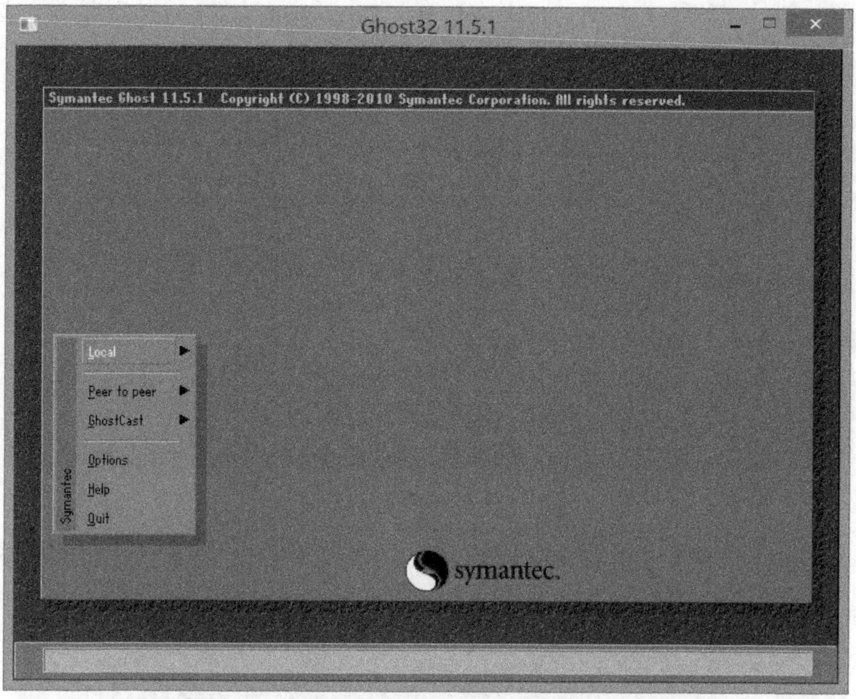

图 1-194 Ghost 主界面

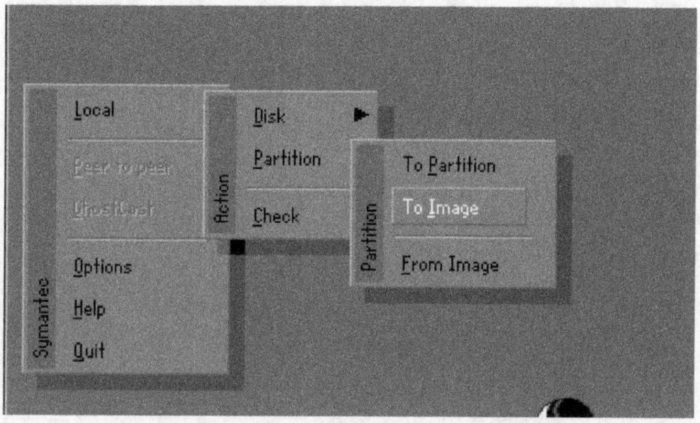

图 1-195 单击命令

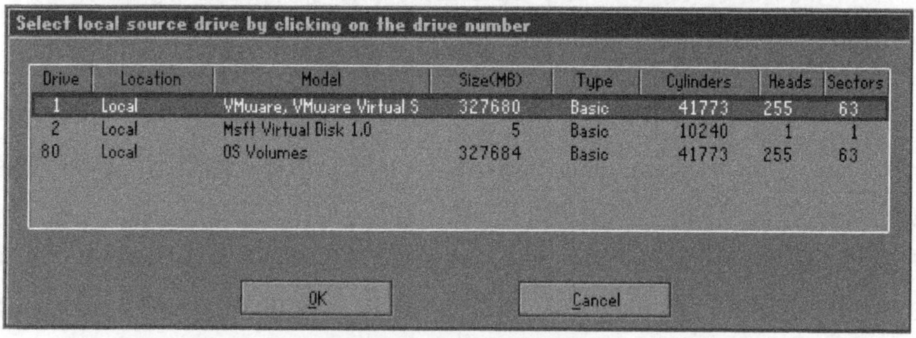

图 1-196 选择第一个磁盘

步骤三： 进入“Select source partition（s）from Basic drive：1”对话框，选择要备份的分区，如图 1-197 所示，单击“OK”按钮。

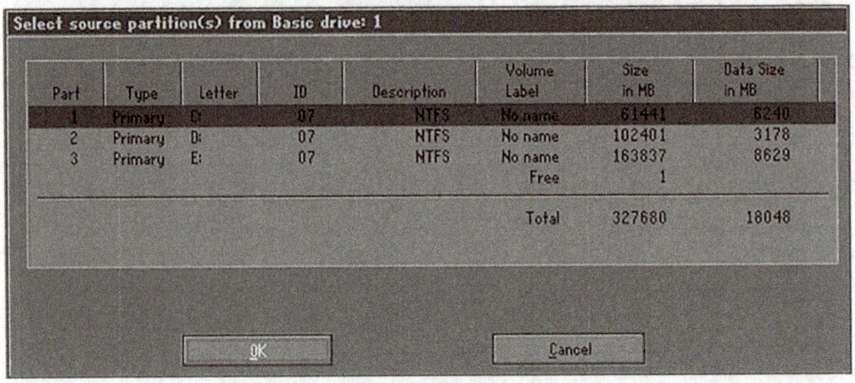

图 1-197　选择要备份的分区

步骤四： 进入“File name to copy image to”对话框，设置镜像保存路径及文件名，单击“Save”按钮，如图 1-198 所示。“Look in：”为保存路径，“File name”为镜像文件名称。

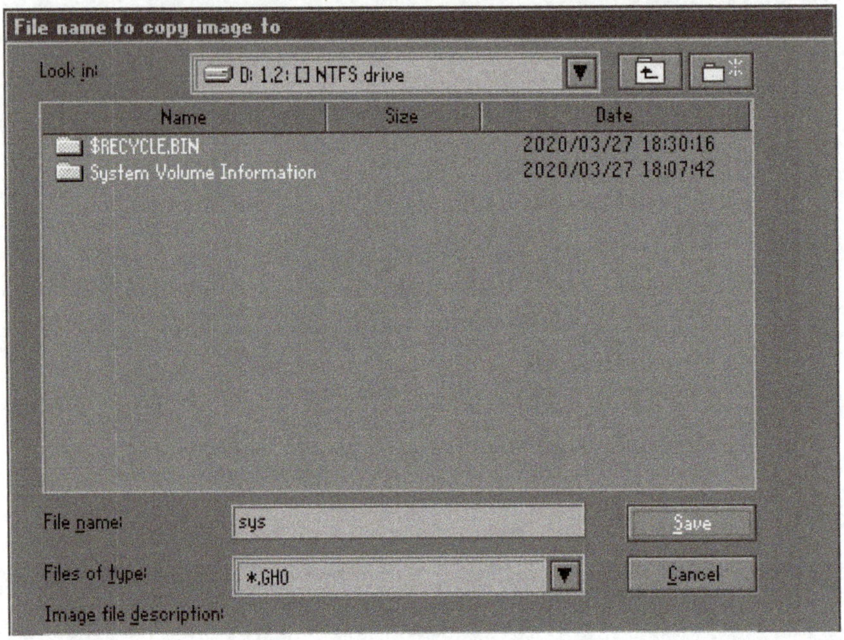

图 1-198　设置镜像保存路径及文件名

步骤五： 进入“Compress Image（1916）”对话框，选择压缩类型，单击“Fast”按钮，如图 1-199 所示。“No”为不压缩，“Fast”低度压缩，“High”为高度压缩。

步骤六： 弹出“Question”对话框，单击“YES”按钮开始创建镜像文件，等待“Progress Indicator”到 100%，如图 1-200 所示，弹出“Image Creation Complete（1925）”对话框，单击“Continue”按钮完成备份。

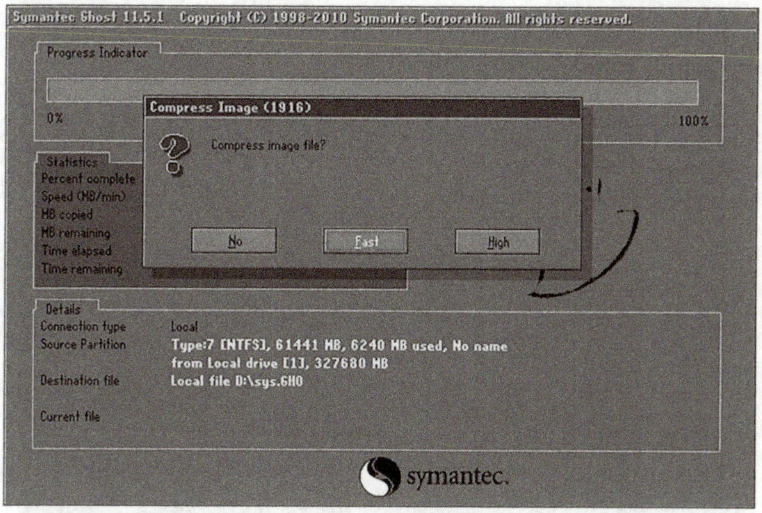

图 1-199 选择压缩类型

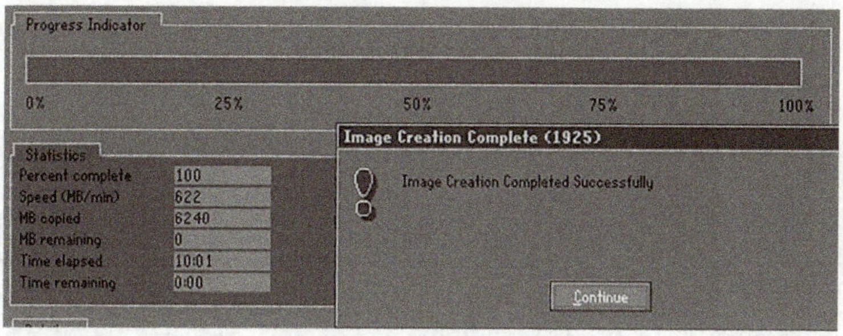

图 1-200 创建镜像文件成功

（二）使用 Ghost 还原

步骤一： 准备需要还原的镜像文件并保存到磁盘上，运行 Ghost 软件，在主界面中单击“Local”→“Partition”→“From Image”（本地→分区→恢复镜像文件）命令，如图 1-201 所示。

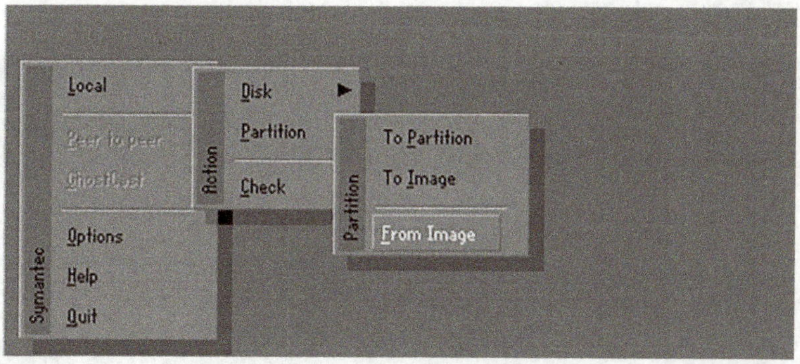

图 1-201 单击命令

步骤二： 进入“Image file name to restore from”对话框，选择要还原的镜像文件，

"Look in:"为镜像文件所在的路径，"File name"为镜像的文件名，如图 1-202 所示，单击"Open"按钮读取镜像文件。

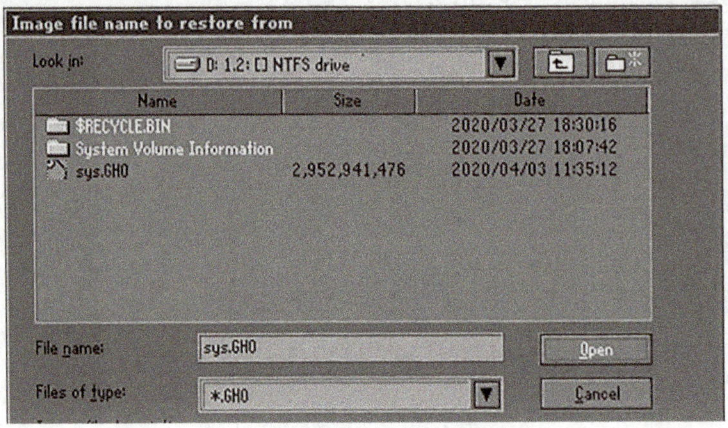

图 1-202 选择要还原的镜像文件

步骤三：进入"Select source partition from image file"对话框，选择镜像中要还原的分区，如图 1-203 所示，单击"OK"按钮。

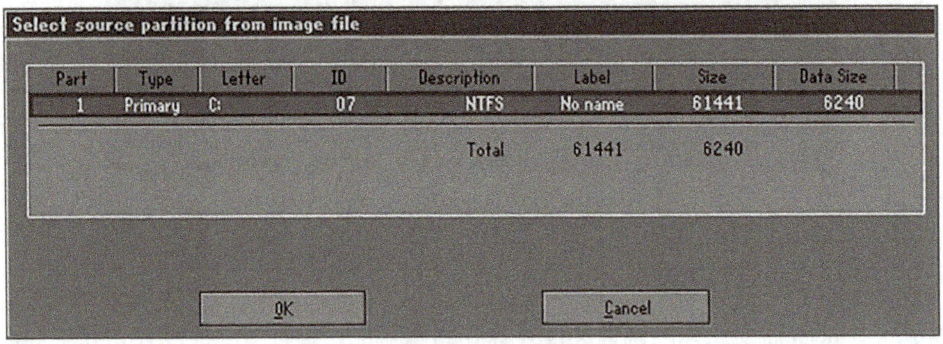

图 1-203 选择镜像中要还原的分区

步骤四：进入"Select local destination drive by clicking on the drive number"对话框，选择还原目标磁盘，如图 1-204 所示，单击"OK"按钮。

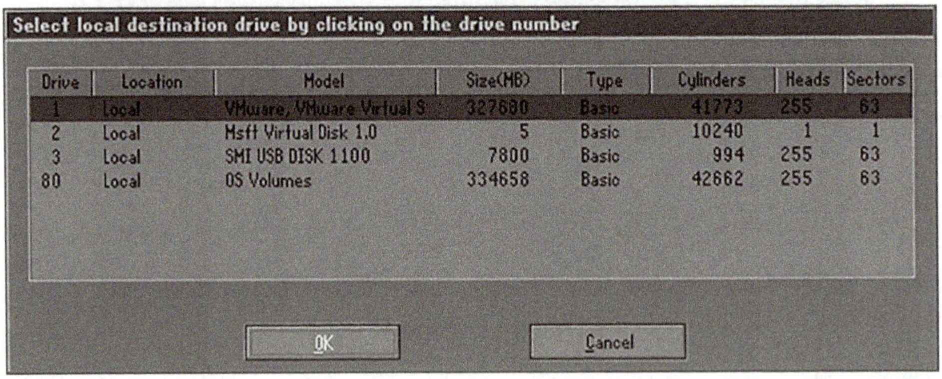

图 1-204 选择还原目标磁盘

步骤五：进入“Select destination partition from Basic drive:1”对话框，选择还原目标分区，如图 1-205 所示，单击“OK”按钮。

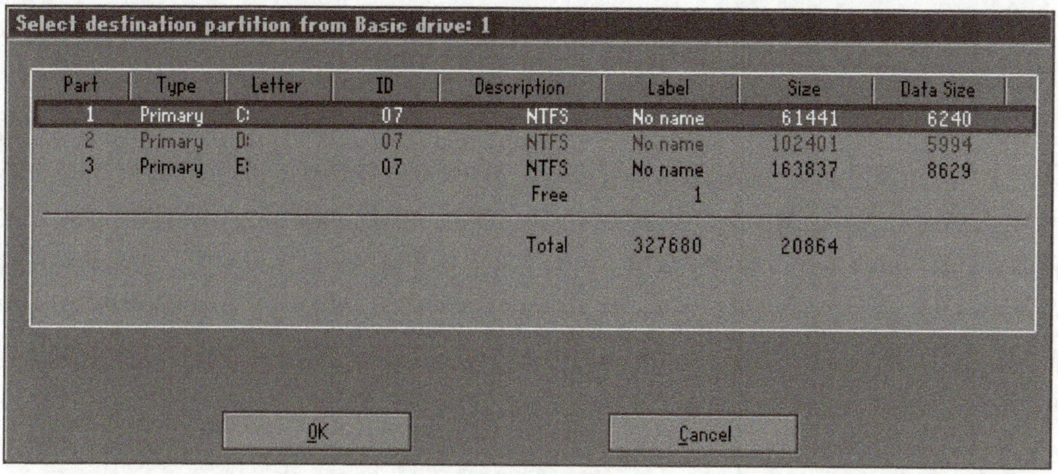

图 1-205 选择还原目标分区

步骤六：弹出“Question”对话框，单击“YES”按钮开始还原镜像文件，等待“Progress Indicator”到 100%，如图 1-206 所示，弹出“Clone Complete (1912)”对话框，单击“Reset Computer”按钮重启计算机。

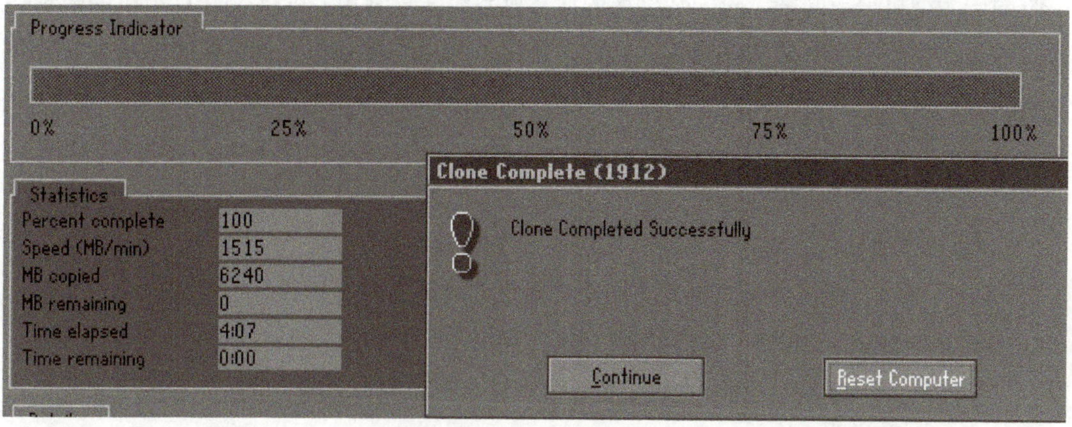

图 1-206 还原系统完成

知识提炼

一、系统优化的作用

计算机系统优化的作用很多，它可以清理 Windows 临时文件夹中的临时文件，释放硬盘空间；可以清理注册表里的垃圾文件，减少系统错误的产生；可以加快开机速度，阻止一些程序在开机时自动启动；可以加快上网和关机速度；可以设置个性化系统。

二、Ghost 软件基本情况

Ghost 软件是赛门铁克公司（Symantec Corporation）开发的在安装完成的操作系统中进行镜像复制的版本。通常，Ghost 用于操作系统的备份，在系统不能正常启动的时候，可进行文件恢复。

Ghost 工作的基本方法不同于其他的备份软件，它是将硬盘的一个分区或整个硬盘作为一个对象来操作，可以完整复制该对象（包括其硬盘分区信息、操作系统的引导区信息等），并将其打包及压缩为一个映像文件（IMAGE）。在需要的时候，又可以把该映像文件恢复到对应的分区或对应的硬盘中。人们用得比较多的是分区备份功能，它能够将硬盘的一个分区压缩并备份成映像文件，然后存储在另一个分区硬盘中。如果原来的分区发生问题，就可以将所备份的映像文件复制回去，让该分区恢复正常。基于此，人们就可以利用 Ghost 来备份系统和完全恢复系统。Ghost 具有以下优点。

（1）系统灾难性恢复

当系统发生故障或崩溃性灾难时，可以简单地利用事前制作的系统硬盘映像文件快速地恢复整个系统，这时系统就恢复到了故障前的状态，极大地缩短了系统灾难恢复所需的时间。

（2）系统复制

对于大型机房或网吧，先安装标准的计算机系统，再利用 Ghost 制作标准机的硬盘映像文件，然后将标准映像文件安装至其他计算机。利用这种方法，能够极大地减少安装和升级所需的时间。

三、Ghost 菜单功能

Local：本地操作，对本地计算机上的硬盘进行操作。

Peer to peer：通过点对点模式对网络计算机上的硬盘进行操作。

GhostCast：通过单播 / 多播或者广播方式对网络计算机上的硬盘进行操作。

Options：使用 Ghost 时的一些选项，一般使用默认设置即可。

Help：帮助说明。

Quit：退出软件。

To Disk：将一个磁盘的内容复制到另外一个磁盘。

To Partition：将一个分区的内容复制到另外一个分区。

To Image：将一个或多个分区的内容复制到一个镜像文件中。

From Image：将镜像文件恢复到磁盘 / 分区。

项目评价 PROJECT EVALUATION

（一）任务完成度评价表

任务	要求	权重	分值
认识计算机硬件组成	能够利用软件查看、记录和分析计算机硬件情况；了解计算机系统、主机与外设相关硬件的组成	15	
计算机硬件组装	能够在做好计算机组装准备的基础上，按照顺序完成 CPU、内存条、主板、电源、硬盘、显卡等硬件设备的组装，并在组装后进行有效的测试。在实践操作的基础上，进一步了解计算机和微型计算机的发展、计算机相关应用和计算机分类	20	
计算机外设连接	能够认识计算机外部设备的接口类型，会结合实际情况连接键盘、鼠标、打印机、投影仪等常用的计算机外部设备；了解键盘、鼠标、打印机、投影仪等设备的相关知识	10	
BIOS 与 CMOS 设置	读者能够进入不同计算机的 BIOS 程序，并在 BIOS 程序中完成时间设置、开机启动顺序设置、BIOS 管理员密码设置等相关操作。在实践操作的基础上，进一步了解 BIOS 的基本概念和主要功能，理解 BIOS 和 CMOS 的关系	10	
硬盘分区与引导	能够使用快速分区和手动分区方法创建硬盘分区，并在此基础上学会调整分区大小、合并分区、查看和格式化分区等操作；了解什么是硬盘分区，理解硬盘分区的种类和常见的分区格式	10	
系统安装	能够了解系统安装的不同方式，能根据实际情况选择合适的方式安装计算机系统；了解操作系统的地位与作用、操作系统的发展，了解常用的操作系统和 Windows 7 的各个版本功能	15	
系统优化与备份还原	能够运用关闭远程桌面、关闭系统保护、关闭自动更新等方法对运行中的系统进行性能优化，使用工具实现系统的备份与还原来保障系统的安全性和可靠性。在实践操作的基础上，进一步了解系统优化的作用和备份还原工具的基本情况	10	
总结与汇报	呈现项目实施效果，做项目总结汇报	10	

（二）项目总结

项目学习情况：

心得与反思：

项目二

计算机硬件选购

项目概述

对于计算机专业的同学来说，能根据非专业人士不同的应用需求指导其选购适合的计算机，是一项必备的专业基础能力。因此需要掌握计算机硬件的类别、特性和技术参数等信息，为后续的计算机系统维护工作奠定基础。本项目以微型台式计算机为对象，介绍计算机 CPU、内存、主板、显卡、显示器、硬盘、声卡、网卡等硬件设备的选购，以任务的形式展开介绍。

通过任务的实施和拓展，知识的梳理和提炼，读者应该能够充分认知微型台式计算机各类硬件的类别、品牌、型号和特点，并具有需求分析和产品选型的能力。

任务一

CPU选购

任务描述

小陈同学正在和朋友分享他网购的一块 Intel 的 i5 系列的 CPU。一旁的小戴听到介绍后也很心动，想跟风入手一块，就向小陈询问商品购买链接。可小陈却一口气提了好几个问题：你买 CPU 是要升级旧计算机还是要重新组装一台新的？要是升级的话，原主板支持的 CPU 插槽是什么？你的预算是多少？小戴被问懵了。原来买个 CPU 还有这么多讲究。看来需要先回去做足功课。

通过本任务学习，读者能够结合不同用户的实际情况来明确 CPU 采购需求和采购方式，学会解读 CPU 产品的品牌、型号和性能指标参数，具备 CPU 选购能力。在实践操作的基础上，进一步了解 CPU 的发展历程，理解 CPU 结构原理和性能指标。

任务实施

CPU 是整个计算机系统的核心，计算机中所有的信息都通过 CPU 进行处理。因此一款 CPU 往往决定了一台计算机的整体性能。

一、明确 CPU 的采购需求

用户可以根据购置 CPU 的原因、购置 CPU 的用途及预算经费来确定采购需求。可将实际需求填入表 2-1。

表 2-1　CPU 的采购需求

用户	购置 CPU 的原因	购置 CPU 的用途	预算经费

购置 CPU 的原因指的是用户购买 CPU 是为了计算机的升级还是要组装一台新的计算机，或者其他原因。购置 CPU 的用途可以是日常办公与生活使用、影像作品设计、游戏娱乐等。根据不同的用途，用户可以灵活选择 CPU 以获取最高的性价比。

1）日常办公与生活使用：例如，制作一些基础的文档和 Excel 表格，收发邮件，或者用来网上购物和观看视频。这种情况下，计算机对整体配置的要求低，选择入门级别的 CPU 就足够了。

2）影像作品设计：这类用途对计算机整机配置的要求比较高，CPU 的选择应该在中高端及以上，多核心多线程的加持才能更好地应对复杂的工作。

3）游戏娱乐：建议考虑核心频率高的 CPU，四核及以上一般可以满足游戏需求。

二、确定 CPU 的采购方式

用户明确了采购需求后，就可以选择采购方式，可将你所采用的采购方式填入表 2-2。

表 2-2 CPU 的采购方式

用户	采购渠道	采购平台	注意要点

通常情况下，计算机配件的采购渠道分为线上和线下两种。线上采购平台如京东、淘宝、闲鱼、拼多多等，线下采购平台如数码广场、计算机门店、品牌连锁店等。采购时，可以从价格、售后、平台可靠性、店铺口碑（用户评价）等多方面综合分析，尤其注意查询产品信息和判断产品真伪。

三、解读 CPU 几个重要的参数

用户确定了采购需求和采购方式后，可以开始有针对性地查看适合的 CPU 产品。

目前市场上主流的 CPU 品牌为 Intel（英特尔）和 AMD 两大品牌，如图 2-1 所示。

图 2-1 市场主流 CPU 品牌

知识链接 CPU 品牌和型号系列

Intel 和 AMD 推出的 CPU 系列非常多，如图 2-2 所示。现在 Intel CPU 主流的系列有 Core i3、Core i5、Core i7、Core i9 系列，AMD CPU 主流的有 Ryzen 3、Ryzen 5、Ryzen 7 系列。其中，Intel 系列的 CPU 内部结构设计相对较好，发热量相对低，稳定性好，二级缓存大，浮点运算能力更强，适合办公、设计、网络和多媒体；而 AMD 系列的超频能力相对较强，整数运算能力相对较强，适合游戏和逻辑处理。从品牌性价比来说，AMD 一般都高于 Intel。在性能接近的情况下，Intel 的价格往往略高于 AMD。但 Intel CPU 的性能稳定，耗电量和发热程度要比 AMD CPU 小一些。

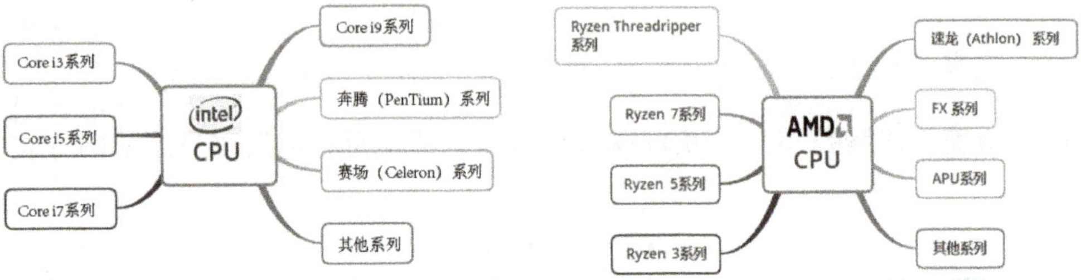

图 2-2 两大品牌的 CPU 系列

现以 Intel 和 AMD 品牌的 CPU 为例，解读 CPU 采购过程时需要关注的参数及注意事项，见表 2-3。

表 2-3 CPU 的参数

CPU 型号	基本参数		性能参数	
Intel i5 9600KF ①	**基本参数**		**性能参数**	
	适用类型	台式机	CPU主频 ③	3.7GHz
	CPU系列	酷睿i5 9代系列	动态加速频率 ④	4.6GHz
	制作工艺	14纳米	核心数量	六核心
	核心代号	Coffee Lake	线程数量	六线程
	插槽类型 ②	LGA 1151	二级缓存	1.5MB
			三级缓存	9MB
	封装大小	37.5×37.5mm	总线规格	DMI3 8GT/s
参考价格：¥ 649	包装形式	盒装	热设计功耗(TDP)	95W ⑤

（续）

CPU 型号	基本参数		性能参数	
AMD Ryzen7 3700X ⑥ 	**基本参数**		**性能参数**	
	适用类型	台式机	CPU主频	3.6GHz
	CPU系列	Ryzen 7	动态加速频率	4.4GHz
	制作工艺	7nm	核心数量 ⑧	八核心
	CPU架构 ⑦	Zen 2	线程数量 ⑨	十六线程
	插槽类型	Socket AM4	二级缓存	4MB
参考价格：¥ 2599	包装形式	盒装	三级缓存 ⑩	32MB
			热设计功耗(TDP)	65W

注：

①型号带“K”：表示可超频；带“F”：表示无内置核心显卡。

②插槽类型：决定了插孔数、体积、形状。

③ CPU 主频：即 CPU 的时钟频率，数字越大越快。

④动态加速频率：指睿频加速，CPU 在任务繁忙的时候会自动提速到指定的频率（一般不高），无须手动设置。

⑤热设计功耗：芯片达到最大负荷的时候热量释放的指标。

⑥型号带“X”：支持 XFR 智能超频技术。

⑦ Zen 2：是 Zen+ 架构的延续，也是第一个 7nm 工艺的高性能 x86 CPU。

⑧核心数量：核心数量越多，CPU 的运转速度越快，性能越好。

⑨线程数量：是程序运行流的最小单元，线程数越多，越有利于同时运行多个程序。

⑩缓存：是用于减少处理器访问内存所需平均时间的部件，越大越好。

知识链接 超频

“超频”就是将 CPU、显卡、内存等设备的额定频率进行提升，突破限制以达到更高的水平，从而提升性能。超频是能够在一定程度上提升计算机性能的捷径。对于多数用户来说，超频的目的是为了娱乐，能够玩得起更好的游戏，而对于专业人员来说，超频则是为了测试产品的极限。

但超频会降低 CPU 的使用寿命，而且如果超频不当，如幅度太大或电压太高，那么可能会损坏硬件。因此在未了解相关知识前不要盲目超频。

知识链接 内置核心显卡

“内置核心显卡”指 CPU 中内置了显卡方案，它也属于集成显卡的一种。在一般办公、家用等情况下处理简单图像时，可直接使用 CPU 运算，既节省了显卡运算时花费的能源，又提高了传输速率。但当用户需要玩大型游戏或处理复杂的图像时，CPU 内置核心显卡不能承担，此时需要依靠显卡进行运算。

用户还可以通过查询 CPU 天梯图来比较各款 CPU 性能，图 2-3 即为 2019 年 12 月的天梯图部分内容。

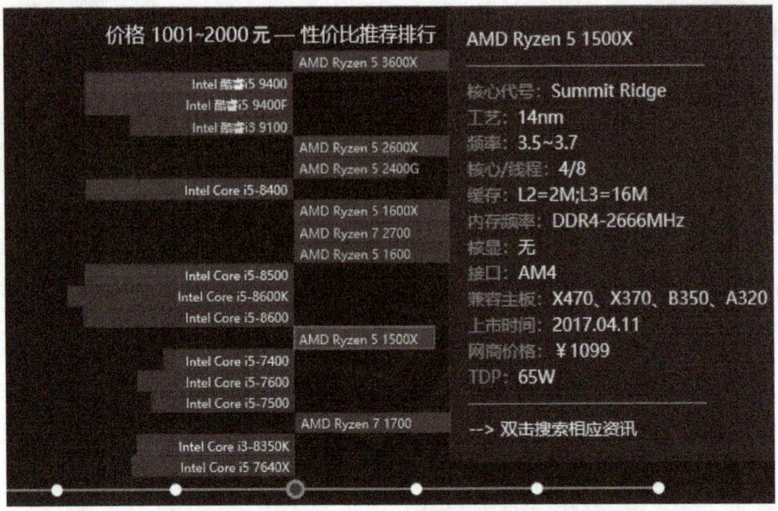

图 2-3　2019 年 12 月的天梯图部分内容

特别提醒：

选择 CPU 型号时，要对照用户已持有主板的型号，考虑主板所支持的 CPU 插槽与所选择的 CPU 型号是否匹配。

根据上述内容，用户可以筛选出适合的 CPU 产品，并将它的详细性能指标填入表 2-4 中。

表 2-4　所选 CPU 性能指标

用户	品牌 + 型号	价格	性能指标				

知识提炼

CPU（Central Processing Unit）即中央处理器，相当于计算机的大脑，是对计算机的所有硬件资源（如存储器、输入／输出单元）进行控制调配、执行通用运算的核心硬件单元。

一、CPU 的基本结构与工作原理

CPU 是一块超大规模的集成电路，由运算器、控制器、寄存器三大基本结构组成。

运算器是指计算机中进行各种算术运算和逻辑运算的部件，由算术逻辑运算单元（ALU）、累加器、状态寄存器、通用寄存器组等组成。

控制器是计算机的控制中心，用来实现计算机本身运算过程的自动化，主要任务就是发布命令，发挥着整个计算机系统操作的协调与指挥作用。寄存器是 CPU 内部的临时存储单元，用于存储运算中的数据、中间结果、地址和状态信息等。寄存器数量增多可以多存储临时数据，从而减少 CPU 访问存储器的次数，提高 CPU 的运行速度。但寄存器数量过多会使寄存器地址编码位数增加，使指令长度增加。

CPU 的工作原理就是对指令的操作，过程如图 2-4 所示。

1）取指令：CPU 的控制器从内存读取一条指令，并放入指令寄存器。

试一试：

计算机指令包括操作码和操作数地址。

操作码	操作数地址

操作码就是汇编语言里的 mov、add、jmp 等符号码。

操作数地址指出该指令需要的操作数所存储的位置是在内存还是在 CPU 的内部寄存器里。

2）指令译码：指令寄存器中的指令经过译码，决定该指令应进行何种操作（指令里的操作码）、操作数在哪里（操作数的地址）。

3）执行指令：指令执行分两个阶段，即“取操作数”和“进行运算”。

4）修改指令计数器：通过修改指令计数器决定下一条指令的地址。

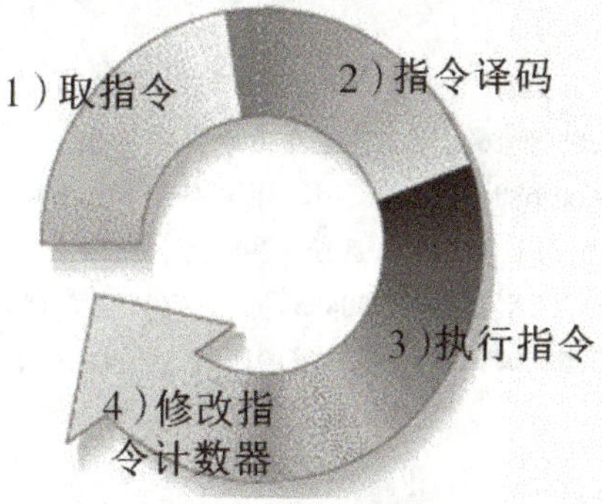

图 2-4 指令的操作过程

二、CPU 的发展过程

CPU 的发展史也可以说是 Intel 公司的发展史，见表 2-5。在几十年的发展期间，按照其处理信息的字长，CPU 可以分为 4 位、8 位、16 位、32 位以及 64 位。

表 2-5　CPU 的发展史

时期	概述	典型产品	典型产品图片
第 1 阶段（1971—1973 年）	4 位和 8 位低档 CPU 时代，其典型产品是 Intel 4004 和 Intel 8008	1971 年，Intel 公司推出世界上第一台 4 位 CPU，即 Intel 4004	
第 2 阶段（1974—1977 年）	8 位中高档 CPU 时代，其典型产品是 Intel 8080/8085、Motorola 公司和 Zilog 公司的 Z80 等	1974 年 4 月，Intel 发布 8080 芯片，它比 4004 快 10 倍，而且数据宽度也从 4 位扩展到 8 位，被广泛应用于各种控制系统和嵌入式系统中。自 1975 年第一台个人计算机诞生以后，8080 芯片帮助 Intel 在几年后占据了计算机芯片的霸主地位	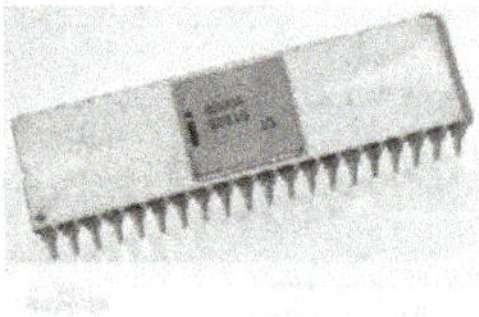
第 3 阶段（1978—1984 年）	16 位 CPU 时代，其典型产品是 Intel 公司的 8086/8088、Motorola 公司的 M68000、Zilog 公司的 Z8000 等	1978 年，Intel 推出第一款 X86 架构 16 位 CPU——i8086。1979 年，Intel 推出 16 位 CPU——i8088，内含 29000 个晶体管，时钟频率为 4.77MHz，内存 1MB。i8088 芯片首次用于 IBM PC 中，开创了全新的微机时代	 
第 4 阶段（1985—1991 年）	32 位 CPU 时代，其典型产品是 Intel 公司的 80386/80486、Motorola 公司的 M69030/68040 等。同期，其他一些 CPU 生产厂商（如 AMD、TEXAS 等）也推出了 80386/80486 系列的芯片	1985 年，Intel 推出了 80386 芯片，它是 X86 系列中的第一种 32 位 CPU，可以使用 Windows 操作系统。1989 年，Intel 公司推出 80486 芯片，它突破了 100 万个晶体管的界限，并且在一个时钟周期内能执行两条指令	 

（续）

时期	概述	典型产品	典型产品图片
第 5 阶段（1992—2004 年）	奔腾（Pentium）系列 CPU 时代，典型产品是 Intel 公司的奔腾系列芯片及与之兼容的 AMD 的 K6、K7 系列芯片	1992 年，Intel 推出第 5 代处理器 Pentium Pro。在 Pentium 家族中，早期的工作频率为 50MHz、60MHz，而后发展为 75~200MHz。随后，Intel 将 MMX 技术应用到 Pentium 中，这一代产品的工作频率从 133MHz 发展到 233MHz。MMX 技术开创了 CPU 开发的新纪元	
第 6 阶段（2005 年至今）	酷睿（Core）系列 CPU 时代，现在主流的有 Core i3、Core i5、Core i7、Core i9 系列	“酷睿”是一款领先节能的新型微架构，设计的出发点是提供卓然出众的性能和能效，提高每瓦特性能，也就是所谓的能效比	

与 Intel 相比，我国国产芯片虽然还有着相当大的差距，但我国的兆芯、龙芯等 CPU 厂商也在不断追赶。2019 年 12 月 24 日，中科龙芯在北京举办发布会，推出了 3A4000、3B4000 处理器。发布会后，龙芯的重要合作伙伴曙光也推出了基于龙芯处理器的新一代龙腾整机产品。随着时代的发展，相信在未来的时间里，国产芯片和国产系统将拥有更好的发展。

三、CPU 的性能指标

CPU 的性能决定了一款 CPU 的档次，它的主要性能指标有主频、外频、倍频、缓存容量、内核数量等。

（1）主频

主频就是 CPU 的时钟频率，也称为 CPU 的工作频率，单位为 GHz，它是 CPU 速度的重要指标。图 2-5 所示为 Core i7 系列 CPU，其中，“4.00GHz”就是 CPU 的主频。一般来说，在一个时钟周期内完成的指令数是固定的，所以主频越高，CPU 的速度也就越快。

（2）外频

外频是 CPU 的外部时钟频率，也是 CPU 乃至整个计算机系统的基准频率，单位为 MHz（兆赫兹）。CPU 的外频决定着整块主板的运行速度。一般情况下，台式计算机所说的超频就是指 CPU 的外频。

图 2-5　Core i7 系列 CPU

（3）倍频

倍频是指 CPU 主频与外频相差的倍数。例如，AMD Athlon XP 2000+ 的 CPU 主频为 1.667GHz，其外频为 133MHz，其倍频就为 12.5 倍。

主频、外频、倍频三者的关系为：主频 = 外频 × 倍频。

（4）缓存容量

缓存（Cache 存储器）就是可以进行高速数据交换的存储器，它优先于内存与 CPU 交换数据，因此速度极快，所以又被称为高速缓存。缓存一般为 3 种：一级（L1）缓存、二级（L2）缓存、三级（L3）缓存。

一级缓存也就是第一层高速缓存，对 CPU 的性能影响较大。但由于 CPU 面积的限制，因此容量不能做大，目前只有 64KB。

二级缓存是 CPU 的第二层高速缓存，分内部和外部两种芯片。对于内部的芯片，其二级缓存的运行速度与主频相同，而外部芯片的二级缓存则只有主频的一半。二级缓存容量也会影响 CPU 的性能，原则是越大越好，现在家用计算机 CPU 的二级缓存容量比较普遍的是 4MB，而服务器和工作站上所用 CPU 的二级缓存普遍大于 4MB，有的高达 8MB 或者 32MB。

三级缓存即 CPU 的第三层高速缓存，是为读取二级缓存后未命中的数据设计的一种缓存。在拥有三级缓存的 CPU 中，只有约 5% 的数据需要从内存中调用，这进一步提高了 CPU 的效率。相较于前两者，三级缓存提升的技术难度和制造成本相对较低，因此容量也在不断变化。在 CPU 的性能中，一般都会标识三级缓存的容量。

（5）内核数量

经常提起的 CPU 内核数量，就是通常所说的单核、双核、4 核、6 核等。对于同样的数据量，单核 CPU 相当于一个人处理，双核 CPU 相当于两个人处理，4 核 CPU 相当于 4 个人处理。因此内核数量越大，CPU 的工作效率也就越高，但相对应的价格也会越高。

（6）线程数

线程（Thread）是操作系统能够进行运算调度的最小单位。它被包含在进程之中，是进程中的实际运作单位。一个线程指的是进程中一个单一顺序的控制流，一个进程中可以并发多个线程，每个线程并行执行不同的任务，提高了程序的执行效率。

（7）插槽类型

插槽指安装 CPU 的插座。在计算机组装时，CPU 必须与主板插槽类型相对应。主板插槽类型不同，引脚数、体积、形状都会有变化。一般情况下，Intel 的插槽为 LGA 型，而 AMD 的插槽为 Socket 型。

四、CPU 的体系结构

体系结构（Architecture）规定了处理器的功能性行为，是处理器设计的规范。

CPU 里面含有微指令集。人们所使用的软件都要使用 CPU 内部的微指令集。这些指令集主要有两种，也就是目前世界上常见的两种主要 CPU 架构，分别是精简指令集（RISC）与复杂指令集（CISC）。精简指令集的主要代表是 ARM 架构、MIPS 系列、PowerPC 系列等，复杂指令集的主要代表是 X86 架构。

（1）ARM 架构

ARM 架构是一个 32 位精简指令集（RISC）处理器架构，被广泛地应用在嵌入式系统设计中。由于 ARM 处理器具有节能的特点，因此非常适用于通信领域（手机、平板计算机等），符合其主要设计目标为低耗电的特性。

（2）MIPS 系列

MIPS（Microprocessor without Inter-locked Piped Stages，无内部互锁流水级的微处理器）是当前世界上很流行的一种 RISC 处理器，最早是在 20 世纪 80 年代初期由斯坦福（Stanford）大学的 Hennessy 教授领导的研究小组研制出来的。其机制是尽量利用软件办法避免流水线中的数据相关问题。

MIPS 是出现最早的商业 RISC 架构芯片之一，新的架构集成了所有原来的 MIPS 指令集，并增加了许多更强大的功能。MIPS 技术公司只进行 CPU 的设计，之后把设计方案授权给客户，使得客户能够制造出高性能的 CPU。

（3）PowerPC 系列

PowerPC 的基本设计源自 IBM 公司（国际商用机器公司）的 IBM PowerPC 601 微处理器 POWER（Performance Optimized With Enhanced RISC）。20 世纪 90 年代，IBM 公司、Apple 公司（苹果公司）和 Motorola 公司（摩托罗拉公司）开发 PowerPC 芯片成功，并制造出基于 PowerPC 的多处理器计算机。

PowerPC 架构的特点是可伸缩性好、方便灵活，处理器品种很多，既有通用的处理器，又有嵌入式控制器和内核，应用范围非常广泛，可应用于高端的工作站、服务器、桌面计算机系统、消费类电子产品和大型通信设备等各个方面。

（4）X86 架构

X86 架构属于复杂指令集（CISC）系统，CISC 微指令集中的每条指令都可以执行一些较低阶的硬件操作，指令数目多而且复杂。每条指令的长度并不相同。因为指令执行较为复杂，所以花费的时间较长，但个别指令可以处理的工作较为丰富。

X86 架构在 1978 年推出的 Intel 8086 CPU 中首度出现，3 年后被 IBM PC 所选用，之后便成为 PC 的标准配置，是历来最成功的 CPU 架构，现在被广泛用于桌面端（台式计算机、笔记本计算机、服务器、工作站等）。

任务二

内存选购

任务描述

小陈是一名中职生，经常使用家里的台式计算机进行学习和娱乐，但是每次打开计算机都需要很长时间才能进入系统，打开浏览器也很缓慢。针对该现象，小陈用“鲁大师”软件对计算机进行了检测，发现问题源于计算机内存不足。因此他计划去购买一根内存条。小陈打开相关网页，发现内存的种类繁多，他无从下手，请大家根据所学知识帮助他选型。

通过本任务学习，读者能够结合不同用户的实际情况来明确内存采购需求和采购方式，学会解读内存产品的品牌、型号和性能指标参数，具备内存的选购能力；在实践操作的基础上，进一步了解内存的发展历程，理解分类、结构特性、性能指标。

任务实施

内存是计算机的重要部件之一，是外存与 CPU 进行沟通的桥梁。计算机中所有程序的运行都是在内存中进行的，因此内存的性能对计算机的影响非常大。

一、明确内存的采购需求

用户可以根据购置内存的原因，购置内存的用途及预算经费来确定采购需求。可将实际需求填入表 2-6。

表 2-6 内存的采购需求

用户	购置内存的原因	购置内存的用途	预算经费

购置内存的原因指的是用户购买内存是为了旧计算机的升级还是要组装一台新的计算机，或者其他原因。购置内存的用途可以是日常办公与生活使用、影像作品设计、游戏娱乐等。根据不同的用途，用户可以灵活选择内存，获得最佳的性价比。

1）日常办公与生活使用：这类计算机经常要处理 Office 办公软件，或者进行网上购物、看视频，因此内存容量没有必要过大，4GB 或 8GB 内存就足够使用了。

2）影像作品设计：这类计算机的整机配置比较高，经常要处理高精度图片和视频，占用内存大，一般选用 16GB 或 32GB。

3）游戏娱乐：主流游戏都会在系统配置上明确标明最低配置、推荐配置和最高配置。而现在，越来越多的游戏都注明最低配置要求为内存 4GB。对于玩“英雄联盟”“穿越火线”之类游戏的用户，可以选择 8GB 及以上内存，大型网络游戏的用户可以选购 16GB 内存。

二、明确内存的采购方式

用户明确了采购需求后，就可以选择采购方式，可将你所采用的采购方式填入表 2-7。

表 2-7　内存的采购方式

用户	采购渠道	采购平台	注意要点

通常情况下，计算机配件的采购渠道分为线上和线下两种。线上采购平台如京东、淘宝、闲鱼、拼多多等，线下采购平台如数码广场、计算机门店、品牌连锁店等。采购时，可以从价格、售后、平台可靠性、店铺口碑（用户评价）等多方面综合分析，尤其注意查询和判断产品真伪。

三、解读内存几个重要的参数

用户确定了采购需求和采购方式后，可以开始有针对性地查看适合的内存产品。

1. 分析品牌与类型

不同品牌的内存芯片，质量也有较大的差别。一般来说，一些知名厂商的内存芯片在出厂时都会经过严格的检测。不同的厂商对一些内存标准的解释也会有所不同。一些知名厂商的产品通常会给最大时钟频率留有一定的宽裕空间，所以有人说超频是检验内存好坏的一种方法也不无道理。目前市场上主流的内存品牌包括金士顿（KINGSTON）、现代（HYUNDAI）、三星（SAMSUNG）、威刚（VDATA）、金邦（GEIL）等。

目前市场上常见的内存类型有 DDR3 和 DDR4 两种。在主板和 CPU 都支持的情况下，DDR4 的内存条肯定比 DDR3 的内存条性能要好。同理，DDR2 的内存条比 DDR 的内存条性能要好。

2. 观察做工

内存做工的好坏直接影响计算机的性能和稳定性。首先要关注内存的 PCB，通常是 4 层板，最好是 6 层板。此外，好的内存条表面有比较强的金属光洁度，色泽也比较均匀，边缘整齐无毛边，部件焊接整齐划一，没有错位；金手指部分也比较光亮，没有发白或者发黑的现象。另外，应注意芯片的编号或检测 SPD 的内容。

3. 选择容量与规格

选购时尽量选用单条大容量内存。在同容量下，单根内存在电气性能方面要比同时使用两根要稳定得多，出错的概率也低。

现以金士顿品牌的内存条骇客神条 DDR4 2400 8GB（图 2-6）为例，解读内存条采购过程中需要关注的参数及注意事项，见表 2-8。

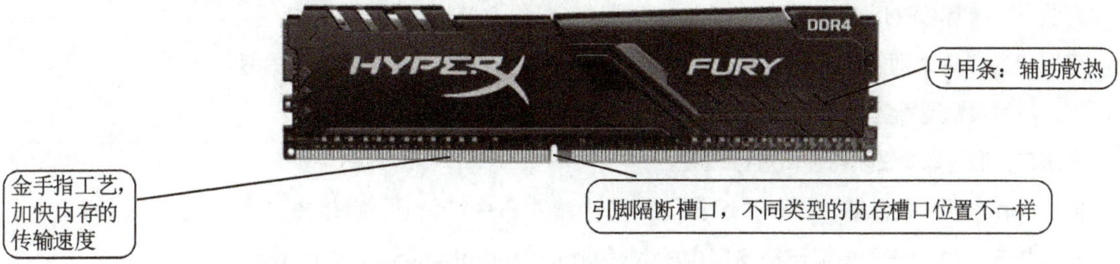

图 2-6　金士顿品牌的内存条（骇客神条 DDR4 2400 8GB）

表 2-8　内存的参数

基本参数		技术参数及其他参数	
基本参数		**技术参数**	
适用类型	台式机	CL延迟	15
内存容量	8GB	性能评分	13258
容量描述	单条（8GB）	**其他参数**	
内存类型 ①	DDR4	散热片	支持散热
内存主频 ②	2400MHz	工作电压	1.2V
引脚数	288pin		

注：

①内存类型：指内存规格，不同类型不兼容。

②内存主频：指内存速度，选购内存时，除了根据计算机用途选购之外，还需要注意计算机系统位数、配套硬件等方面。

选购内存时，除了根据计算机用途选购之外，还需要注意计算机系统位数、配套硬件等方面。

（1）计算机系统位数

计算机系统有 32 位和 64 位之分，可以右击“计算机”图标，在弹出的快捷菜单中选择“属性”命令进行查看，32 位系统支持的最大内存是 4GB，而 64 位系统可以达到 128GB。

（2）配套硬件

系统对内存有支持的上限，当然硬件也有，即使是 64 位系统，也要查看 CPU 和主板对内存的支持上限。

试一试：

查看 CPU 和主板能支持多大的内存，方法如下。

方法一：查看 CPU、主板参数。

可以借助“鲁大师”等硬件检测工具了解计算机配备的 CPU 和主板的具体型号，然后根据型号查看它们的参数。

方法二：通过命令提示符窗口进行查看。

按 <Win + R> 组合键，打开“运行”窗口，输入命令“cmd”后单击“确定”按钮，然后在命令提示符窗口内输入“wmic memphysical get maxcapacity”命令，之后按 <Enter> 键运行，即可得到一个数据，如图 2-7 所示，单位是 KB，将数值除以两次 1024，单位转换为 GB，得到的数值就是计算机硬件所能支持的最大内存容量。例如，16777216/1024/1024 ≈ 16GB，那么这台计算机硬件支持的最大内存容量为 16GB。

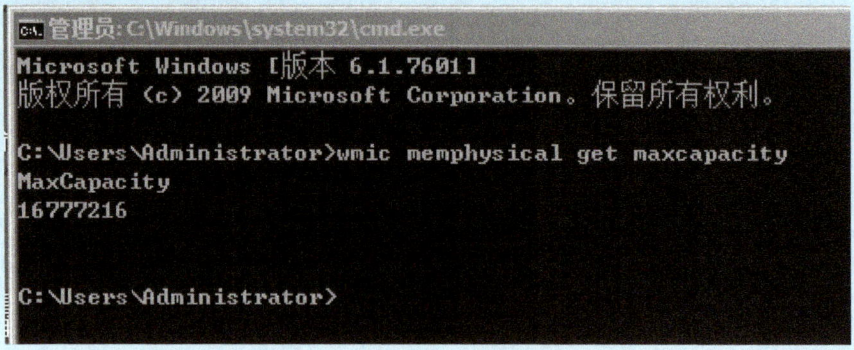

图 2-7　命令提示符查询计算机支持的最大内存

（3）主板插槽

采购内存条时，还需了解与之搭配的主板上有几个内存插槽，一般内存插槽都有两个及以上。若用户需要购买多根内存条，则需要事先查看主板上的插槽。

想一想：

如果用户需要 16GB 的内存，在插槽允许的情况下，是购买一根 16GB 的内存条还是购买两根品牌、型号一样的 8GB 内存条比较合适呢?

（4）内存频率

内存频率越高，读写速度越快，但需不需要买高频率的内存条，除了个人需求外，还要看主板对内存频率的限制。不同档次的主板对内存有着不同的频率限制，例如，技嘉 B365 M AORUS ELITE 主板支持的内存最高频率为 2666MHz，如果选择频率 3000MHz 的内存条，就有些浪费。

想一想：

如果一台计算机主机内部有一根 2400MHz、一根 2666MHz、一根 3200MHz 的内存条同时使用，那么计算机会采用哪个频率工作?

特别提醒：

购买内存时需要区分台式计算机与笔记本计算机的内存条，两者插槽不同。购买笔记本计算机的内存条时还需注意内存电压，笔记本计算机的内存条有标压和低压之分。升级内存容量时，内存电压也一定要和旧内存相同，如果不同可能会出现计算机不支持的问题。

根据上述内容，用户可以筛选出适合的内存产品，并将它的详细性能指标填入表 2-9 中。

表 2-9 所选内存性能指标

用户	品牌＋型号	价格	性能指标				

知识提炼

内存也被称为内存储器和主存储器，是 CPU 能直接寻址的存储空间，主要用于暂时存放 CPU 中的运算数据以及与硬盘等外部存储器交换的数据。只要计算机在运行中，操作系统就会把需要运算的数据从内存调到 CPU 中进行运算，当运算完成后，CPU 再将结果传送出来。

一、内存条的基本结构和特性

内存条是由PCB、内存芯片、SPD、电路板、金手指等部分组成的。图 2-8 所示为DDR3 内存条的结构。

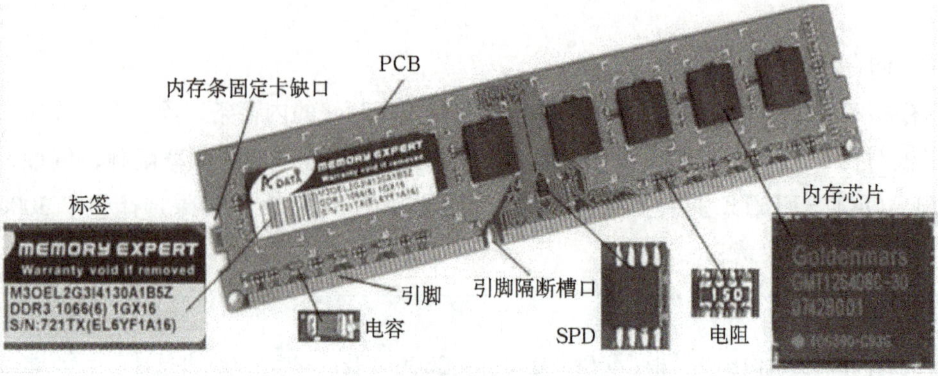

图 2-8 DDR3 内存条的结构

内存条的工作特性大致分为 4 个部分，分别是内存寻址、内存传输、存取时间、内存延迟。

(1) 内存寻址

内存条接到 CPU 的命令后会进行一系列的操作。寻址简单地说就是定位，是二维的平面定位。其方式和数学上的平面直角坐标系类似，首先确定好列地址（相当于数学上的纵坐标），再确定好行地址（相当于数学上的横坐标）。列地址与行地址交叉的部分，就是要寻找的信息，对于计算机来说不仅仅这么简单，还需要判断该地址的信号是否正确，最后才能读或写。

(2) 内存传输

内存的工作结果是为了服务于 CPU。所以内存传输指的是内存条把处理好的指令反馈给 CPU。首先，CPU 通过地址总线把指令传达给内存条，然后内存条里的数据总线会把相应的准确数据送往微处理器。

(3) 存取时间

存取时间称总线寻址，指的是内存条读取写入内存里的数据需要的过程时间，也就是常说的频率。从 CPU 发出指令给内存条，便会要求内存条取用特定的地址与特定的数据，内存响应 CPU 之后，便会将 CPU 要索取的资料传送给 CPU，一直到 CPU 收到数据为止，这样的一个过程称为读取流程。这个过程其实就是 CPU 给出读取指令，内存回复指令，并把信息反馈给 CPU 的过程。这个过程所产生的时间一般都是纳秒级别的，在内存条中习惯用该过程的时间倒数来表示速度，这也就是内存条频率越高，速度越快的原因之一。

(4) 内存延迟

内存延迟指的是从前端总线（Front Side Bus，FSB）到动态随机存取存储器（Dynamic Random Access Memory，DRAM）的延迟时间之和。

二、内存的性能指标

内存的性能指标包括内存容量、内存频率、内存带宽、工作电压、SPD 芯片、CAS 延迟时间等。

（1）内存容量

单根内存的容量有 4GB、8GB、16GB、32GB 等几种，不过它的容量也受到主板所支持最大容量的限制。主板上通常提供至少两个内存插槽，若安装多根内存，则计算机内存的总容量是所有内存容量之和。

（2）内存频率

内存频率以 MHz（兆赫兹）为单位计量。内存频率越高，在一定程度上代表着内存所能达到的速度越快。内存频率决定着该内存最高能在什么样的频率下正常工作。DDR4 内存频率有 2400MHz、2666MHz、3200MHz 等，DDR3 内存频率有 1600MHz、1866MHz 等。

（3）内存带宽

内存带宽也称为数据传输速率，是指每秒钟访问内存的最大字节数。内存带宽计算公式为：带宽 = 内存频率（MHz）× 内存总线位数（bit）× 倍增系数 /8。

（4）工作电压

现在普遍的 DDR4 的工作电压是 1.2V，而 DDR3 内存的电压为 1.5V，低电压版的电压为 1.35V。内存的工作电压越低代表功耗越小，发热量也越少。

（5）SPD 芯片

SPD 芯片是内存模组上面的一个 8 针的可擦写的 ROM，里面记录了该内存的许多重要信息，如内存的芯片及模组厂商、工作频率、工作电压、速度、容量、及行 / 列地址带宽等参数。SPD 信息一般都是在出厂前由内存模组制造商根据内存芯片的实际性能写入 ROM 芯片中的。在启动计算机以后，主板 BIOS 就会读取内存 SPD 中的信息，主板北桥芯片组就会根据这些参数信息来自动配置相应的内存工作时序与控制寄存器，从而可以充分发挥内存条的性能。

（6）CAS 延迟时间

CAS 延迟时间指内存存取数据所需的延迟时间，也就是内存接到 CPU 的指令后的反应速度。数字越小，代表反应所需的时间越短，内存的性能就越高。但数字越小，对内存的稳定性要求就越高。若超频的话，就更不稳定。

三、内存条的发展历程

在计算机诞生初期并不存在内存条的概念，最早的内存是以磁心的形式排列在线路上的，与晶体管组成电路作为一比特（bit）的存储器。后来将内存芯片直接焊接在主板上。

当时的内存芯片容量小，而且无法拆卸以进行更换或升级。

随着微型计算机的速度越来越快，内存条也加速了发展，经历了 EDO、SDRAM、DDR、DDR2、DDR3 等阶段。

（1）30pin SIMM 内存条

“286”初期，为了改善容量小、无法拆卸等劣势，将内存芯片焊接到事先设计好的印制电路板（PCB）上，成为新一代的内存条，而微型计算机主板上也改用内存插槽。

在 80286 主板刚推出的时候，内存条如图 2-9 所示，采用了 SIMM（Single Inline Memory Modules，单边接触内存模组）接口，接口为 30pin，容量为 256KB，必须同时安装 4 根才能正常工作。

图 2-9　30pin SIMM 内存条

（2）72pin SIMM 内存条

随后，在 20 世纪 80 年代末期的“386”和“486”时代，SIMM 内存条得到了改进，接口增加到 72pin，容量为 512KB～2MB，支持 32bit 快速页模式，内存带宽得以大幅度提升，并且仅需两根同时使用，极大地提高了主机的可维护性。FP DRAM（也称作快速页模式内存）和 EDO RAM 内存条（图 2-10）就是当时典型的 72pin SIMM 内存，它们采用内存定时刷新的工作原理。其中，EDO RAM 内存条扩大了存储容量，采用更先进的寻址方式，并简化了数据访问的流程，更大程度地提升了存取速度。由于 72pin 内存与前者不能兼容，因此 30pin SIMM 内存很快就被淘汰了。

图 2-10　EDO RAM

（3）SDR SDRAM 内存条

随着 CPU 的升级，内存技术也发生了大革命，插槽从原来的 SIMM 升级为 DIMM

(Dual Inline Memory Module，双列直插式存储模块)，即两边的金手指能传输不同的数据。

当时经典的SDR SDRAM内存条如图2-11所示，接口为168pin，单边引脚数是84，内存主频为66MHz，与CPU外频同步，这一点大幅提升了数据传输效率。它的数据位宽为64bit，并且只需要一根内存条就能让计算机正常工作，降低了采购内存的成本。

图2-11 SDR SDRAM内存条

(4) Rambus DRAM内存

2000年，Intel推出奔腾4处理器，选择了与Rambus合作，并推出了Rambus DRAM内存，通常都会被简称为RDRAM。RDRAM采用RIMM插槽，接口为184pin，总线位宽为16bit（组建双通道时就是32bit)，工作电压为2.5V，频率范围为600～1066MHz。当时，Rambus DRAM与DDR SDRAM都想独占内存市场，最终频率高、效率低、制作成本高的奔腾4被AMD K7+DDR组合内存打败，逐渐退出市场。

(5) DDR、DDR2和DDR3内存

DDR内存的全称是DDR SDRAM (Dual Date Rate SDRAM)，即双倍速率SDRAM，是SDR SDRAM的升级版。它的数据传输速率是SDR SDRAM的两倍，但不会增加功耗。

在DDR内存在市场上稳定之后，2004年6月DDR2内存上市，2007年DDR3内存上市。DDR、DDR2和DDR3，每隔一代其数据预读取的带宽便增加一倍，分别是2bit、4bit及8bit，这样能提升一定的内存存取性能，而且频率在逐渐提高，工作电压却不断降低。DDR2内存与DDR3一样，都是240pin DIMM接口，但是两者的隔断槽口位置不同，不能混插，如图2-12所示。

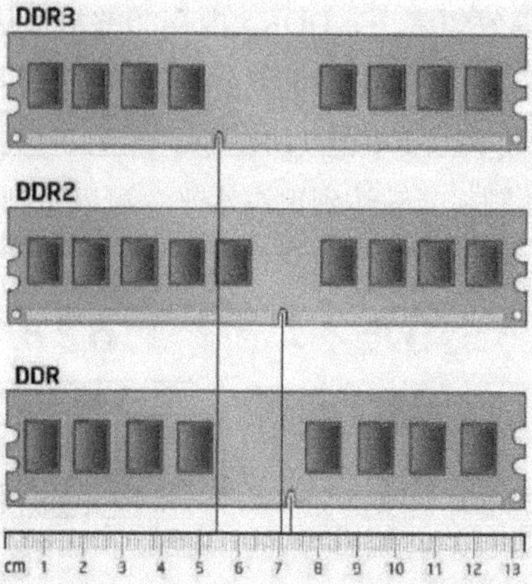

图2-12 3代DDR内存的隔断槽口位置

不过每一代的更新都伴随着技术和价格在市场上的考验，如插槽定义的变化使得在换代期间总是会出现同时兼容两种内存规格的主板产品，如图 2-13 所示。

图 2-13　兼容不同类型内存规格的主板

（6）DDR4 内存

2014 年，DDR4 内存登场，刚推出时仅支持 Intel 旗舰级的 x99 配置，价格高，性能和高端 DDR3 相比没有特别的优势。后来随着技术的提升，DDR4 内存在市场上备受欢迎。

DDR4 在预取位上保持了 8bit，提升了 Bank（Bank 指内存和主板上的北桥芯片之间用来交换数据的通道）数量，接口提高到 284 个，标准电压为 1.2V，频率从 2133MHz 起步，单根容量有 4GB、8GB 和 16GB，隔断槽口也与 DDR3 的位置不同，并且它的金手指是中间高、两侧低，有轻微起伏的曲线，这使得 DDR4 既保持与 DIMM 插槽有足够的信号接触面积，也能在移除内存的时候比 DDR3 更加轻松。目前，DDR4 内存已经在很大程度上取代了 DDR3，新的主板已经不再提供 DDR3 内存插槽。

（7）DDR5 内存

2018 年 10 月，Cadence 和镁光公布研发 16GB 的 DDR5 内存产品。2020 年 1 月，镁光宣布已经开始给业界中的核心客户试用其自主研发的最新工艺的 DDR5 内存（RDIMM）。

由官方公布的产品说明得出，DDR5 的电压为 1.1V，频率从 4800MHz 起步，最高可达 6400MHz。在同样的等效频率下，DDR5 内存能够提供更高的有效带宽，例如，同样处于 3200MHz 下，DDR5-3200 的有效带宽比 DDR4-3200 的要高出 36%，而在 DDR5-4800 时，其有效带宽是 DDR4-3200 的 1.87 倍，如图 2-14 所示。其次是 DDR5（在 JEDEC 标准范围内）的等效频率能够达到更高水平，可以达到 6400MHz。

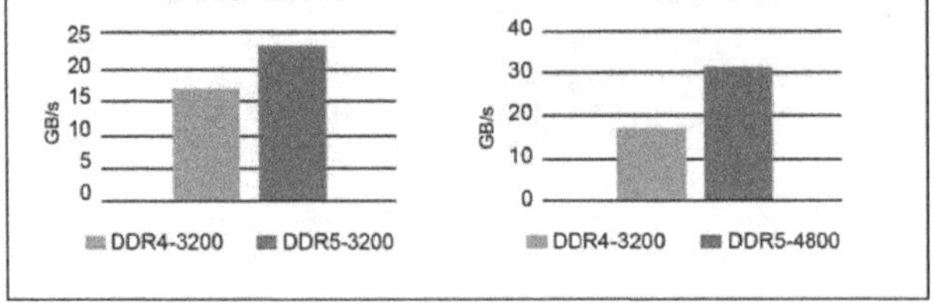

图 2-14　DDR5 与 DDR4 的带宽比

任务三 主板选购

任务描述

小戴在充分了解 CPU 的知识和产品后，决定购买 Intel Core I5-9400F 型号的盒装 CPU。CPU 与主板之间的关系紧密，根据所选的 CPU 寻找之与匹配的主板是一项重要的工作。因此，在选购主板前需要对主板的各项参数进行全面了解。

通过本任务学习，读者能够根据用户的应用需求，运用主板的选购技巧，综合分析计算机各硬件与主板间的兼容性，从而选择合适的主板产品。在实践操作的基础上，进一步理解主板的结构、分类、工作原理，以及插槽、芯片组等特性。

任务实施

一、明确主板的 CPU 接口类型

在确定好 CPU 型号后，就要知道 CPU 的具体参数，尤其是要关注处理器的接口类型。目前，主板 CPU 接口类型主要有 Intel 的 LGA1151、LGA1155、LGA2066，以及 AMD 的 FM2、AM4、STRX4 等。它们分别需要对应不同的芯片组，因此并不是任何一款主板都能使用 AMD 公司或者 Intel 公司的 CPU 的。在明确主板的 CPU 接口类型之前，先对各种接口类型与特点做一个整体的认识。常见的接口类型及特点见表 2-10。

表 2-10　主板 CPU 接口类型

接口类型、特点	接口图	接口类型、特点	接口图
LGA 775： 又称 Socket 775 或 Socket T，有 775 个插孔，可安装 Pentium 4、Pentium D 等处理器		LGA 2011： 有 2011 个插孔，是 Intel 公司于 2011 年 11 月推出的搭配 Sandy Bridge—E 平台的 Core i7 处理器所用的 CPU 接口	
LGA 1150： 有 1150 个插孔，是 Intel 公司于 2013 年推出的接口，平台的代号为“Shark Bay”，适合第 4 代的英特尔 CPU		LGA 1155： 有 1155 个插孔，搭配 Sandy Bridge 微架构的新款 Core i3、Core i5 及 Core i7 处理器所用的 CPU 接口	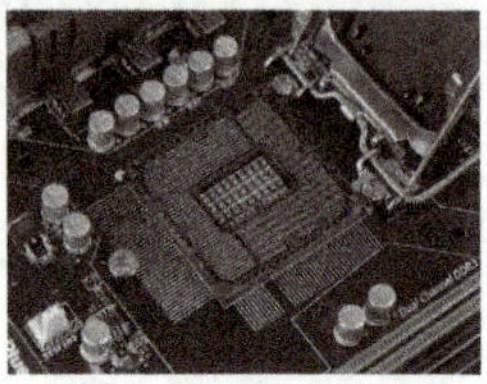
LGA 1151： 有 1151 个引脚，是 Intel 公司在 2015 年推出的接口，适用于 6~9 代的 Intel CPU		LGA 2066： 又名 Socket R4，有 2066 个引脚，是 Intel 在 2017 年推出的全新 X 系列处理器的插槽	
Socket AM3\AM3+： AM3 CPU 有 938 个插孔，可在 AM3+ 主板上运作，但 AM3+ CPU 只可在部分 AM3 主板上运作		Socket AM4： 引脚在处理器底部、触点在主板上进行传统设计，具有 1331 个插孔	
Socket FM1： AMD 公司于 2011 年 6 月所发表的研发代号为“Llano”的新处理器的 CPU，有 905 个插孔		Socket FM2： AMD TrinityAPU 桌面平台的 CPU FM2 接口不向下兼容 FM1，有 904 个插孔	
Socket TR4： LGA 式的插槽 AMD X399 芯片组支持第 1 代和第 2 代锐龙处理器，有 4094 个引脚		Socket sTRX4： LGA 式的插槽，AMD 高端处理器接口，可提供多达 88 条的 PCIe 4.0 总线，有 4096 个引脚	

知识链接 CPU与主板的关系

主板又叫主机板（Mainboard）、系统板（Systemboard）或母板（Motherboard）。它分为商用主板和工业主板两种。它安装在机箱内，是计算机最基本的也是最重要的部件之一。如果把CPU比喻成人类的大脑，那么主板就可以比喻成为人类的躯干。只有当“大脑”（CPU）与“躯干”（主板）相连接，计算机才能正常工作。连接处就是CPU的接口。经过多年的发展，CPU的接口方式多样，接口类型不同，在引脚数、插座体积、形状上都有变化。

更新换代前后的CPU一般情况下是不能互相插接的。因为CPU的接口如果是引脚式的，对应到主板上就有相应的插孔类型。个别接口会比上一代的接口少一些引脚，此时接口就不匹配。再者，即使个别情况下引脚都一致，也会因为核心不一样、主板芯片组不支持而不能通用。当然，同一厂家的同一系列的CPU，接口是完全一样的，一般是可以通用的。

二、明确主板的定位

从字母上就能看出主板定位。

“H”定位入门级主板，供电、外部扩展较少，只保留了基本功能和扩展，适合要求不是太高的用户，如“微星H310”，如图2-15所示。针对入门级主板，还需结合型号来分析，例如对于H370，整体来说是中高端定位，只不过性能没有Z370强，但还是强于中端的B360。

图2-15 微星H310主板

“B”定位中端主板，外部扩展基本上能满足当年的主流要求，并具备一定的扩展功能，例如，内存插槽、显卡插槽、散热材料、主板的用料都要强于H310。

“Z”定位高端主板，不管是在哪一个方面都要优于H310、B360、H370，并且具有超频功能。如图 2-16 所示，以 Z 开头的主板才支持超频功能，但需要 CPU 也能支持超频功能。一般来说，CPU 后带“K”为可超频 CPU，如 8600K、8700K、9700K、9900K。

图 2-16　Z370 主板

三、主板与 CPU 搭配

Intel 的处理器有不同的后缀，每种后缀意味着不同的细分偏好。例如，K 系列为可超频；M 系列专供移动平台；U 系列为低压版等。而 I5-9400F 为 F 系列的，F 系列是第 9 代 Core 处理器中不含核心显卡的型号。除此之外，F 系列和其标准版的缓存及 TDP（散热设计功耗）都是相同的。具有 F 后缀的处理器相比其标准版本具有一些价格优势。I5-9400F 型号 CPU 的具体参数见表 2-11。

表 2-11　Intel Core I5-9400F 型号 CPU 的具体参数表

核心代号	Coffee Lake-Refresh	核心类型	Ice Lake（第 9 代）
接口类型	LGA 1151	内存支持	DDR4-2666
核心线程	六核六线程	核心显卡	无内置核心显卡
CPU 主频	2.9GHz	三级缓存	9MB
最大主频	4.1GHz	制造工艺	14nm
产品定位	中端主流	设计功耗	65W

查看参数表得知，该 CPU 主频为“2.9GHz”，最大主频为“4.1GHz”，TDP 保持在“65W”，需要配备 DDR4 内存条，无须内置核心显卡。这款 CPU 属于中端主流产品，能满足日常使用和普通规模的游戏娱乐，帧数稳定。对于游戏玩家来说，对核心显卡的需求可有可无，而若不打算安装独立显卡，那么 CPU 选择“I5-8400”就足够了。

请根据 Intel Core I5-9400F 型号 CPU 的参数寻找适合该 CPU 的主板，并填写到表 2-12 中。

表 2-12 主板的搭配

序号	品牌	采购渠道	型号	规格	参考价格
1	华硕	京东网	TUF B365M-PLUS	M-ATX（紧凑型） 支持 CPU：Intel 1151（第 9 代） 支持插槽：4 x DDR4 内存插槽、2 x M.2 Socket 3 插槽	719 元
2					
3					
4					
5					

知识链接 LGA 1151 第 8 代和第 9 代的通用性

第 8 代 LGA 1151 和第 9 代 LGA 1151 接口是一样的，但是不能确定第 8 代的主板支不支持第 9 代 CPU，有的要刷 BIOS，有的主板芯片组就不支持。但是第 9 代的主板基本上都能支持第 8 代的 CPU。尽管同为 LGA 1151 接口，但是 Coffee Lake 处理器却不会兼容 200 系列芯片组，Coffee Lake 的 LGA 1151 接口不会向下兼容，只能使用 300 系列主板。

主板与 CPU 搭配，提倡均衡配置，也就是尽量满足低端主板搭配低端 CPU，中端主板搭配中端 CPU，高端主板搭配高端 CPU，不能超频的主板尽量与不能超频的 CPU 搭配，可以超频的主板尽量与可超频的 CPU 搭配，这样才能使性能最大化。

在第 8 代 CPU 中，奔腾属于入门级，一般搭配 H310 主板即可。在第 8 代 Core CPU 中有 i3 8100、i3 8350K、i5 8400、i5 8500、i5 8600K、i7 8700、i7 8700K，其中 i3 属于 Core 系列中的入门中端，i5 属于中高端，i7 属于高端。第 9 代 Core i5 9600K、i7 9700K、i9 9900K 这几款 CPU，原则上也是可以用第 8 代主板 Z370 的，但是选择第 9 代主板 Z390 的效果更好。常见处理器与主板的搭配见表 2-13。

表 2-13 常见处理器与主板的搭配

处理器	主板架构	内核 / 线程	基本频率	推荐主板	可搭配主板
Core I9-9900KF	Coffee Lake	8/16	3.6GHz	Z390	Z370、B360、H310
Core I7-9700F	Coffee Lake	8/8	3.0GHz	B365	Z370、B360、H310
Core I3-9100F	Coffee Lake	4/4	3.6GHz	B365	Z370、B360、H310
Core I5-9400	Coffee Lake	6/6	2.9GHz	B365	Z370、B360、H310
Core I7-9800X	Skylake X	8/16	3.8GHz	X299	X299
奔腾 G5500	Coffee Lake	2/4	3.8GHz	H310	Z390、Z370、B360、H310
赛扬 G4900	Coffee Lake	2/2	3.1GHz	H310	Z390、Z370、B360、H310

（续）

处理器	主板架构	内核 / 线程	基本频率	推荐主板	可搭配主板
锐龙 9 3900X	AMD Zen	12/24	3.8GHz	X570	X470、B450
速龙 3000G	AMD Zen	2/4	3.5GHz	B450	A320

知识提炼

一、计算机开机过程

可以通过了解计算机的开机过程来认知主板的工作原理。

步骤一： 按下电源开关键，电源开始向主板和其他设备供电，此时电压还不太稳定，主板上的控制芯片组会向 CPU 发出并保持一个 RESET（重置）信号，让 CPU 内部自动恢复到初始状态。当芯片组检测到电源已经开始稳定供电了，便撤去 RESET 信号。CPU 开始执行指令，跳转到 BIOS（基本输入 / 输出系统）中的启动代码处。

步骤二： BIOS 的启动代码首先要做的事情就是进行 POST（加电后自检）。POST 的主要任务是检测系统中的一些关键设备是否存在和能否正常工作，如内存和显卡等设备。如果系统 BIOS 在进行 POST 的过程中发现了一些致命错误，例如，当没有找到内存或者内存有问题时，蜂鸣器就会发声来报告错误，声音的长短和次数代表了错误的类型。

步骤三： 设备检查通过后，BIOS 开始初始化显卡，此时多数显卡都会在屏幕上显示出一些初始化信息，如主板品牌 LOGO 和主板型号等，这个画面几乎是一闪而过。

步骤四： 查找完所有设备并测试通过后，BIOS 会显示出启动画面，其中包括 BIOS 的类型、序列号和版本号等，以及硬盘、CD-ROM、串口、并口等设备信息，如图 2-17 所示。

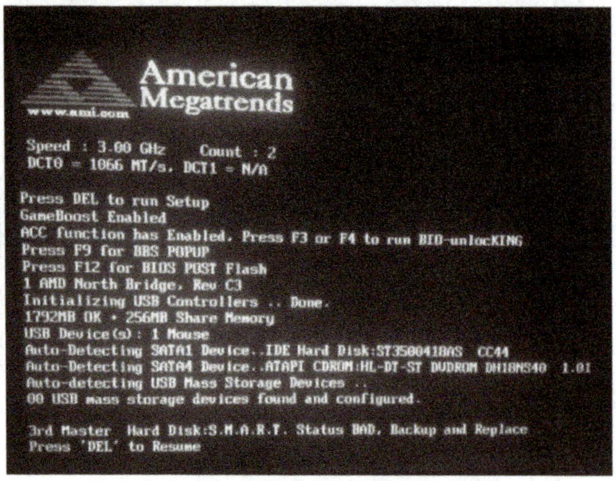

图 2-17　开机启动画面

步骤五： 设备检测完毕后，BIOS 内部的支持即插即用的代码将开始检测和配置系统中安装的即插即用设备，每找到一个设备，系统 BIOS 都会在屏幕上显示出设备的名称和型号等信息，同时为该设备分配中断、DMA 通道和 I/O 端口等资源。

步骤六： BIOS 的启动代码将进行它的最后一项工作，即根据用户指定的启动顺序从硬盘或 USB 设备启动。如果硬盘里正常安装了操作系统，那么计算机将会直接进入对应的系统中，此时可以正常使用计算机。

知识链接 UEFI 接口

UEFI（可扩展固件接口），早期称为 EFI，是传统 BIOS 的替代产物，用来定义操作系统与系统固件之间的软件界面。作为 BIOS 的替代方案，UEFI 负责加电自检（POST）、联系操作系统以及提供连接操作系统与硬件的接口。近几年生产的计算机硬件基本上都集成了具有 UEFI 的固件，界面和交互体验更加友好。

UEFI 的特点：可以支持 2TB 及以上的硬盘引导操作系统；可以快速地引导系统或使系统从休眠状态恢复；可以和传统 BIOS 集成使用；必须配合 GPT 分区才可以引导 Windows 10 操作系统。

二、主板结构

主板安装在机箱内，是微型计算机最基本、最重要的部件之一，结构如图 2-18 所示。主板一般为矩形电路板，上面安装了组成计算机的主要电路系统，包括 CPU 插槽、北桥芯片（部分北桥已经集成在 CPU 里）、南桥芯片、内存条卡槽、主板电源插口等。

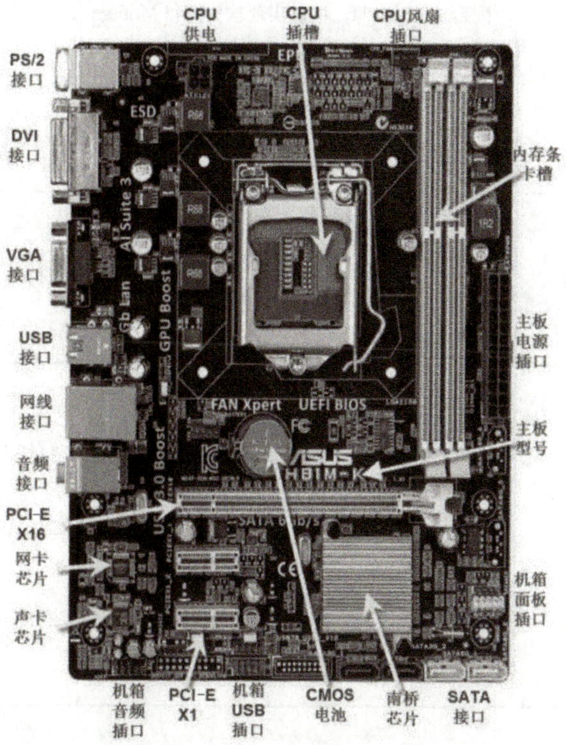

图 2-18 主板结构

三、主板板型分类

主板是计算机中各种设备的连接载体，而这些设备各不相同，并且主板本身也有芯片组、各种 I/O 控制芯片、扩展插槽等元器件，因此必须要制定一个标准以协调各种设备的关系。主板结构就是根据主板上各元器件的布局排列方式、尺寸大小、形状、所使用的电源规格等制定出的通用标准，所有主板厂商都必须遵循。

主板分为 AT、Baby-AT、ATX、M-ATX、Mini-ITX、LPX、NLX、Flex ATX、E-ATX、WATX 以及 BTX 等结构。其中，AT 和 Baby-AT 是多年前的老主板结构；LPX、NLX、Flex ATX 则是 ATX 的变种，多见于国外的品牌机，国内尚不多见；E-ATX 和 WATX 则多用于服务器、工作站主板；ATX 是目前市面上最常见的主板结构，扩展插槽较多，PCI 插槽数量在 4~6 个，大多数主板都采用此结构；M-ATX 是 ATX 结构的简化版，就是常说的“小板”，扩展插槽较少，PCI 插槽数量在 3 个或 3 个以下，多用于品牌机并配备小型机箱。图 2-19 所示为各类板型的主板在主机箱里面的效果。常见主板的结构类型见表 2-14。

图 2-19　主板板型

表 2-14　常见主板的结构类型

主板结构	类型	特点	尺寸	别称
ATX	标准型	配合 ATX 电源，可以实现软关机和 Modem 远程遥控开关机等功能；I/O 接口信号可以直接从主板上引出，取消了连接线缆，使得主板可以集成更多的功能，进一步提高了系统的稳定性和可维护性	305mm × 244mm	普通大主板
M-ATX	紧凑型	是一种微型计算机主板的结构，这种结构的目标是减少计算机系统的成本和降低电源功率，减少 PCI、内存插槽和 ISA 插槽的数量，以达到缩小主板尺寸的目的	244mm × 244mm	普通小主板
Mini-ITX	迷你型	ITX 主板相对于普通的 ATX 和 M-ATX 主板要小巧得多，而且功能也相当齐全。但由于尺寸小，其扩充性不大，因此主要用于嵌入式系统、准系统及 HTPC 等而非普通主机	171mm × 171mm	迷你型主板
E-ATX	加强型	用于高性能 PC 整机、入门式工作站等设置，部分支持两个以上 CPU，相对于标准 ATX 更宽，容易针对 8 条内存插槽布线，它通常用于双处理器和标准 ATX 主板上无法胜任的服务器	305mm × 330mm	超大型主板

四、主板芯片组

不同的主板芯片组所提供的支持是不同的，价格也不相同。不要选择一款拥有高端功能而却根本用不上的主板，也不能因为图便宜而选择一款并不适合自己需求的主板。目前，生产主板芯片组的厂家主要有 Intel、VIA、SiS、AMD、NVIDIA、Ali 等。

主板的芯片组由北桥芯片和南桥芯片组成。

1. 北桥芯片

北桥芯片的英文缩写为 NB，是主板芯片组中起主导作用的最重要的组成部分，也称为主桥。北桥芯片负责与 CPU 的联系并控制内存（仅限于 Intel 的除 Core 系列以外的 CPU，AMD 系列 CPU 在 K8 系列以后就在 CPU 中集成了内存控制器，因此 AMD 平台的北桥芯片不控制内存）、显卡数据在北桥内部传输，提供对 CPU 的类型和主频、系统的前端总线频率、内存的类型和最大容量、PCI–E 插槽、ECC 纠错等的支持。整合型芯片组的北桥芯片还集成了显示核心。

北桥芯片通常处于主板上靠近 CPU 插槽的位置，通过缩短传输距离来提高北桥芯片与处理器之间的通信性能。由于北桥芯片的数据处理量大，发热量也非常大，所以需要覆盖散热片来加强北桥芯片的散热，有些主板的北桥芯片还会配有风扇来加强散热，如图 2-20 所示。因为控制内存是北桥芯片的主要功能，而内存标准与处理器一样，变化比较频繁，所以不同芯片组中的北桥芯片也有所不同。

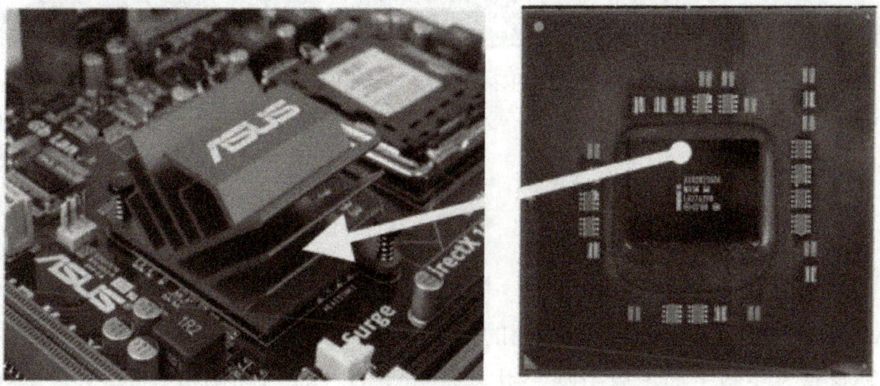

图 2-20 北桥芯片

知识链接 为什么在一些主板上看不到北桥芯片

AMD 的 K8 系列 CPU 将内存控制器集成在 CPU 中，这一改进大大降低了内存延迟，而且大幅降低了北桥芯片发热量，而 Intel 则在北桥芯片问题饱受诟病之后将内存控制器集成进了初代 Core 处理器中，同时将北桥芯片的部分功能整合进了南桥芯片，并称为“PCH”；Core 二代时期，北桥芯片被完全集成进 CPU，而 AMD 直到锐龙系列诞生才解决这个问题。

在现在的主板上已经基本看不到北桥芯片，而且在新 CPU 中，北桥芯片也不再是一个基本独立的部分，而是分为 PCIE 控制器、内存控制器等，分散存在于不同位置。

2. 南桥芯片

南桥芯片的英文缩写为 SB，也是主板芯片组的重要组成部分，如图 2-21 所示。南桥芯片用来处理低速信号，通过北桥芯片与中央处理器联系。南桥芯片负责 I/O 数据传输外设的连接，如 PCI 总线、USB、LAN、ATA、SATA、音频控制器、键盘控制器、实时时钟控制器、高级电源管理等的连接，这些技术相对来说比较稳定，所以不同芯片组中的南桥芯片可能是一样的，不一样的只是北桥芯片。因此，主板芯片组中北桥芯片的数量要远远多于南桥芯片。

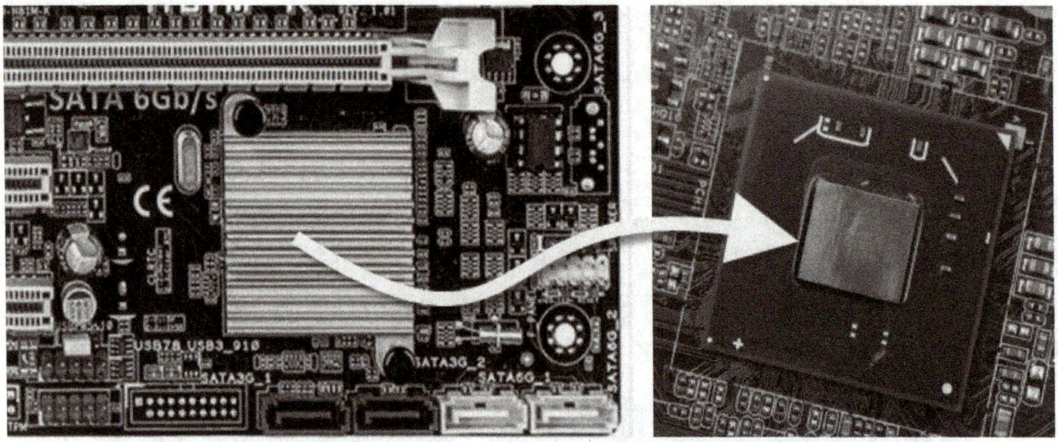

图 2-21　南桥芯片

五、主板插槽

1. CPU 插槽

CPU 插槽分为 AMD 和 Intel 两种，分别对应两种类型的主板。AMD 的 CPU 对应的是 AMD 的主板，Intel 的 CPU 对应的是 Intel 的主板，二者不可混搭。AMD 主板与 CPU 的特点是，主板上面没有引脚，引脚都在 CPU 上面（AMD 线程撕裂者系列除外），所以它的 CPU 比较容易损坏，主板就安全很多。与 AMD 相反，Intel 的 CPU 没有引脚，引脚全在主板上，这也是为什么 Intel 主板都会带个保护盖，就是防止运输中引脚损坏。

2. 内存条插槽

内存条插槽是主板上用来插入内存条的地方。主板所支持的内存种类和容量都是由内存条插槽来决定的。不同类型的内存条插槽，它们的引脚、电压、性能都是不尽相同的，不同的内存在不同的内存条插槽上不能互相兼容。台式机内存条插槽的基本情况见表 2-15。

表 2-15 台式机内存条插槽基本情况

内存插槽种类		引脚	电压	常见频速（MHz）
SIMM 单列直插内存条	FPM	30pin	5V	每隔 3 个时钟脉冲周期传送一次数据
	EDO	72pin	5V	每隔两个时钟脉冲周期传送一次数据
DIMM 双列直插内存条	SDRAM	168pin	3.3V	100
	DDR	184pin	2.5V	100/133/166/200
	DDR2	240pin	1.8V	400/533/667/800
	DDR3	240pin	1.5V	1066/1333/1600/1866/2000
	DDR4	284pin	1.2V	2133/2400/2666/2800/3600
RIMM		184pin	2.5V	600/700/800

3. PCI 插槽

PCI 插槽是基于 PCI 局部总线（Pedpherd Component Interconnect，周边元件扩展接口）的扩展插槽。PCI 插槽是主板的主要扩展插槽，通过插接不同的扩展卡，可以获得微型计算机能实现的几乎所有功能，是名副其实的“万用”扩展插槽，可插接声卡、网卡、USB 卡、视频采集卡、主板诊断卡以及其他种类繁多的扩展卡。

PCI Express 简称 PCI–E，采用了目前业内流行的点对点串行连接，比起 PCI 以及早期的计算机总线的共享并行架构，每个设备都有自己的专用连接，不需要向整个总线请求带宽，而且可以把数据传输提高到一个很高的速率，达到 PCI 所不能提供的高带宽。PCI–E 的插槽根据总线位宽不同而有所差异，包括 X1、X4、X8 以及 X16。PCI–E 规格包括 1~32 条通道连接，有非常强的伸缩性，以满足不同系统设备对数据传输带宽不同的需求。较短的 PCI–E 卡可以插入较长的 PCI–E 插槽中使用。

PCI–E X1 的传输速率为 250MB/s，已经可以满足主流声效芯片、网卡芯片和存储设备对数据传输带宽的需求，但是远远无法满足图形芯片对数据传输带宽的需求。如图 2-22 所示，较短的 PCI–E 插槽为 PCI–E X1，可用来插 USB 扩展、无线网卡、声卡等，起到扩展计算机硬件的作用，替代了老主板的 PCI 插槽。

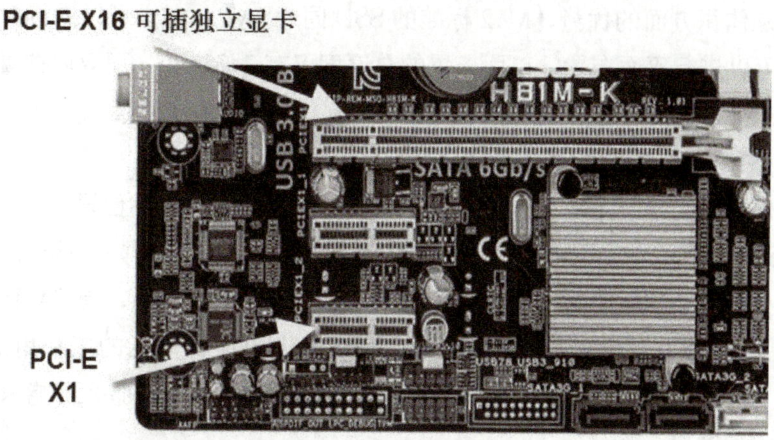

图 2-22 PCI–E 插槽

PCI–E X16 如图 2-22 所示，能够提供 5GB/s 的带宽，用于取代 AGP 接口，是目前的主流显卡插槽，即便有编码上的损耗，也仍能够提供约 4GB/s 的实际带宽，远远超过 AGP 8X 的 2.1GB/s 的带宽。

有些主板上安装显卡的 PCI–E X16 槽可以有多个，可以将多块显卡串联起来以提高性能，NVIDIA 公司称它为“SLI”，AMD 公司则称之为“交叉火力”。

4. M.2 插槽

M.2 是 Intel 推出的新一代接口标准，在华硕、技嘉、微星等发布的 Intel 9 系列主板上都能看到这种新的 M.2 插槽，现较为普及，如图 2-23 所示。

图 2-23　M.2 接口

M.2 的优势如下。

第一个是速度方面的优势，M.2 接口有两种类型：Socket 2 和 Socket 3。其中，Socket 2 支持 SATA、PCI–E X2 接口，采用 PCI–E X2 接口标准，最大的读取速度可以达到 700MB/s，写入也能达到 550MB/s；Socket 3 可支持 PCI–E X4 接口，理论带宽可达 4GB/s。

第二个是体积方面的优势，M.2 标准的 SSD 同 mSATA 一样可以进行单面闪存颗粒的布置，也可以进行双面布置。单面布置的总厚度仅有 2.75mm，而双面布置的厚度也仅为 3.85mm。在大小相同的情况下，M.2 也可以提供更高的存储容量。

5. 电源接口

电源接口一般是指两排或几排电源供电口，在上面某个非对称位置的接口处没有设置接口，或者没有引脚，这样可以帮助初学者更容易接电源线，称为防呆接口。

如图 2-24 所示，左图为主板电源接口，主板供电用 24pin，有 24 个引脚，老的主板或者电源是用 20pin 的；右图的接口为 CPU 供电接口，老的主板用的是 4pin 的接口，现在大部分主板都用 8pin 接口。如果比较高档的主板，那么可能采用 8+4pin，甚至是 8+8pin 接口。

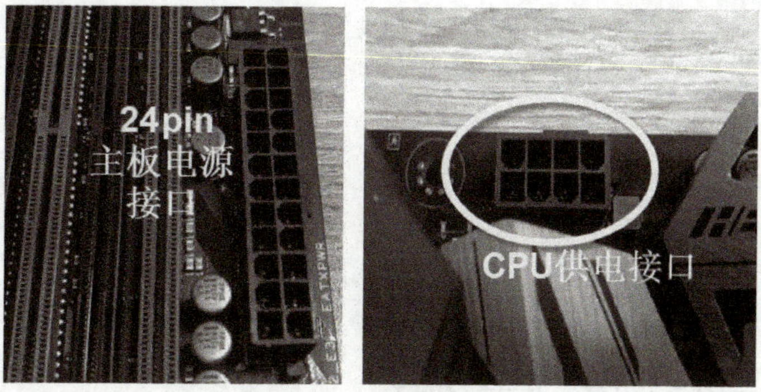

图 2-24 主板电源接口

6. 风扇接口

主板风扇接口一般都是 4pin 的，也有老的主板或者其他机箱风扇是 3pin 的，可以互相兼容，区别是 4pin 接口可以调节风扇速度。CPU 风扇接口一般标有“CPU FAN”标识，如果连接线插错了或者没有接，开机时可能会有报警提示“CPU Fan Error”。这些 4pin 接口不一定只能接风扇，还可以接水冷系统的泵。

任务四

显卡与显示器选购

任务描述

小戴选好了 CPU、主板和内存条，他的目标是要选购一套用于专业设计的计算机，能够轻松地进行 3D 建模、视频渲染等任务。对此，除了要满足处理器和内存的高要求外，还要考虑选择一个比较好的显卡和一台合适的显示器。

通过本任务学习，读者能够根据用户应用需求，综合分析显卡和显示器的品牌、型号、技术参数等情况，完成显卡与显示器的选型。在实践操作的基础上，进一步理解显卡的类别、结构、接口特性和显示器的主要技术参数。

任务实施

显卡又称为显示卡（Video Card），是计算机中一个很重要的组成部分，承担输出显示图形的任务。对于喜欢玩游戏和从事专业图形设计的人来说，显卡的选购非常重要。

一、显卡技术参数解读

选购显卡之前，读者需要理解显卡的重要参数，如显卡的架构、流处理器数量、核心频率、显存容量等。

（1）显卡架构

架构就是显卡使用的技术。一般来说，显卡架构越新，计算能力越强。

（2）流处理器数量

流处理器简称 SP，也叫渲染管。GPU 内部由“管线”构成，分为像素管线和顶点管线，它们的数目是固定的。DX10 时代首次提出了“统一渲染架构”的想法，因此取消了传统的“像素管线”和“顶点管线”，统一改为流处理器单元。它既可以进行顶点运算，也可以进行像素运算。流处理器的数量直接影响显卡的性能，流处理器越多，显卡画图的能力越强，速度也越快。

(3) 核心频率

核心频率指显示核心的工作频率，单位采用“MHz”，在一定程度上可以反映显示核心的性能：频率越高，性能越强，发热量越多，功耗越高；频率越低，性能越弱，发热量越少，功耗越低。

(4) 显存位宽

显存位宽是显存在一个时钟周期内所能传送数据的位数，位数越大，则瞬间所能传输的数据量越大。

(5) 显存容量

显存容量的主要功能就是暂时存储显示芯片处理过的或即将提取的渲染数据，类似于主板的内存，决定着显存临时存储数据的多少。

(6) 显存类型

显存类型指显卡存储器采用的存储技术类型，目前市场上主要的显存类型有 SDDR2、GDDR2、GDDR3、GDDR5 和 GDDR6 这几种。主流的显卡大都采用 GDDR5 显存类型，但也有一些中高端显卡采用的是 GDDR6。

知识链接 显存是不是越大越好

显存并不是越大越好。显存类似于计算机的内存，在特定情况下才会发挥大显存的优势，如高分辨率、细腻的贴图和纹理效果。决定显存性能的不仅是容量，还有显存类型等其他因素。可把显存位宽比喻成公路，公路越宽，一次通过的车辆就越多；可把显存频率比喻为汽车的速度，频率越快，数据传输就越快。所以显卡位宽和显存频率对显卡的性能影响很大。

在选择显存容量时，如果只是针对轻度网游、高清影音等应用，那么 1～2GB 的容量已足够；针对 1080P 主流网游等应用，容量则要在 2GB 以上；针对 2K（1152 像素 ×2048 像素）、4K（2160 像素 ×4096 像素）下主流网游等应用，容量需要在 4GB 以上；针对 4K（2160 像素 ×4096 像素）、多联屏、VR、重度游戏等应用，容量则要在 6GB 以上。

二、认识主流显卡品牌

主流显卡的显示芯片（GPU）主要由 NVIDIA 和 AMD 两大厂商制造，通常将采用 NVIDAI 显示芯片的显卡称为 N 卡，主流 N 卡品牌系列见表 2-16。采用 AMD 显示芯片的显卡称为 A 卡，主流 A 卡品牌系列见表 2-17。两家显卡没有绝对的优劣，各有特色。

表 2-16　主流 N 卡品牌系列

品牌 LOGO	品牌	不同应用级别所对应的产品系列			
		入门级	中端	高端	水冷
ASUS 华硕品质·坚若磐石	华硕	冰骑 / 战骑	地狱犬 / 战枭	圣骑 / 猛禽	海神波塞冬
msi	微星	飙风	黑暗龙爵	红龙 / 魔龙	HAWK
GIGABYTE	技嘉	风魔	GAMING G1	小雕 / 大雕	水雕 / 水之力
COLORFUL 七彩虹	七彩虹	烈焰	TOP/AD/OC	RNG/Vulcan x	NeptuneW
影驰	影驰	黑将 / 大将	骨灰 /GAMER	名人堂	名人堂（水冷版）
索泰 ZOTAC	索泰	雷霆	X-gaming	Plus/PGF/AMP	寒冰至尊
铭瑄	铭瑄	巨无霸	终结者	风系列	/
INNO3D	映众	冰龙	冰龙海量	超级冰龙	冰龙黑金

表 2-17　主流 A 卡品牌系列

品牌 LOGO	品牌	不同应用级别所对应的产品系列			
		入门级	中端	高端	水冷
SAPPHIRE 蓝宝石	蓝宝石	/	白金版	超白金 / 毒药	水冷版
DATALAND 迪兰	迪兰恒进	酷能	战神	恶魔	水冷版
XFX 讯景	讯景	小黑狼	黑狼	进化 / 超频	水冷版
yeston 盈通	盈通	极速 / 静音	经典	游戏高手	/
ASRock 华擎	华擎	黄铂钻	瑞斯波罗	雅典娜宙斯	/

三、识读显卡具体型号

1. “NVIDIA”型号识读

“NVIDIA”类显卡型号识读，以“(MSI) GeForce GTX 1080 Ti”产品为例，命名规则如图 2-25 所示。

(MSI)：是指该款产品的品牌。

GeForce：是指该款产品采用“NVIDIA”核心。

GTX：是指该款产品定位为中高端（RTX 为高端、GTS 为简化版、GT 为入门级）。

1080：“10”是指“第 10 代”产品，“8”是指市场定位（数字越大，显卡越高端），“0”是指它是常规显卡（该数字若是 5，则代表升级版）。

Ti：表示该款产品属于加强版（SE 表示删减版，MX 表示移动加强版，M 表示移动版）。

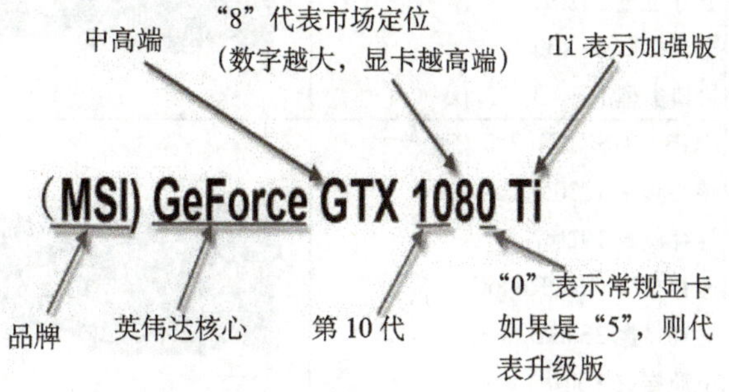

图 2-25 “NVIDIA”显卡命名规则

除此之外，还有其他特殊的命名方式，如“GTX Titan”，是指性能定位为“顶端”；在移动端还有一些以 MX 开头的命名方式，如“MX150”。

2. “AMD”型号识读

“AMD”类显卡的型号识读稍微复杂一点，不过还是有规律的，以“RX 5700XT”产品为例，命名规则如图 2-26 所示。

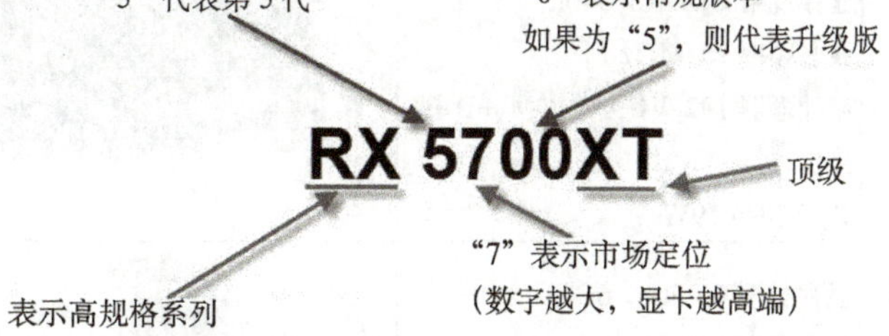

图 2-26 AMD 显卡命名规则

RX：是指该款产品定位为高规格（R9 为高端、R7 为中端、R5/R3 为入门）。

5700：“5”是指“第 5 代”产品，“7”是指市场定位（数字越大，显卡越高端），“0”是指它是常规显卡。

XT：表示该款产品属于顶级（XTX：最高端、XL：高端、GT：中高端、PRO 和 GT 为中端、SE 为中低端）。

四、显卡的选购

小戴所配置的计算机主要是用于专业设计，要求能够高效完成 3D 建模、视频渲染等效果，对性能要求比较高，因此选择合适的显卡非常有必要。请根据所学的知识和小戴的应用需求，在表 2-18 所提供的产品中选择适合的几款，并说明理由。

表 2-18 显卡的选购

显卡型号	特点	显卡图片	是否合适 / 理由
华硕 DUAL GeForce RTX 2080 TI O11G	CUDA 核心数 4352 核心频率 1650MHz 显存类型 GDDR6 11GB 显存位宽 352bit 电源接口 8+8pin 接口类型 DP×3 Type-C		
技嘉 RTX 2060GAMING OC PRO	RGB FUSIOIN 2.0 灯光技术 核心频率 1830MHz 显存位宽 192bit 显存类型 GDDR6 6G 显存带宽 336GB/s 电源接口 8pin HDMI X1 DP X3	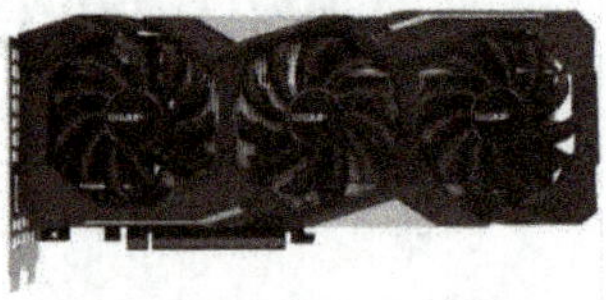	
英伟达 /NVIDIA Quadro P2000 5G	显存类型 GDDR5 5GB 流处理器 1024 显存带宽 140GB/s 显卡功率 75W 接口类型 DP X4		
小影霸 GT710	显存 1GB 制造工艺 28nm 显存规格 GDDR3 64bit 核心频率 954MHz 流处理器 192 VGA+HDMI+DVI 接口 TDP 功率 19W	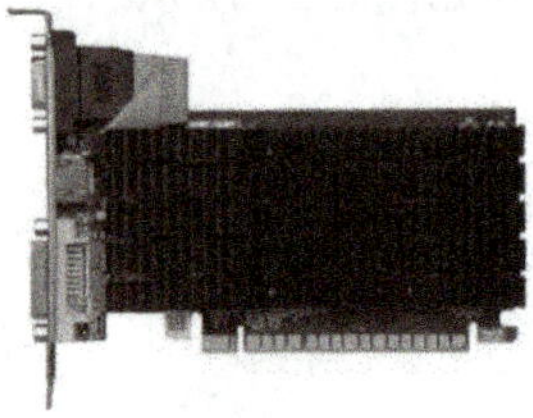	
索泰 GTX1660 Super X-GAMIN	显存类型 GDDR6 6GB 显存位宽 192bit 电源接口 8pin 核心频率 1530~1815MHz 流处理器 1408 DP1.4+HDMI 2.0+DVI-D		

五、显示器选购

小戴所配置的计算机主要用于专业设计，他已选择了高档的显卡，但是如果没有搭配合适的显示器，也无济于事。不专业的显示器会造成图像的色差、色偏、色不准等问题。也就是说，显示器若无法准确显示，就会导致后期处理出现误差，难以实现“所见即所得”。

普通显示器无法在色彩可靠性、色彩饱和度、色彩还原准确性等方面提供很好的保障，尤其是在使用编辑器对 RAW 格式的照片进行调节时，普通的显示器无法很好地体现出微调参数后出现的变化。一台高端的专业显示器，为了实现更好的视觉效果，分辨率和尺寸也需要匹配。对于专业级用户而言，1080P 全高清已经无法满足他们的需求，更高的分辨率才能更好地帮助他们查看、修改设计稿细节。

选购显示器时，首先要确定显示器尺寸，然后按对显示器的需求决定面板和刷新率，最后选几款出来进行对比色域，选色域和动态对比度等。同时，还需要注意显示器的输入接口和显卡输出接口是否匹配。

假设之前小戴选择的显卡为“英伟达 Quadro P2000 5G”，请根据表 2-19 所推荐的产品，选择一款最适合他的显示器，并说明理由。

表 2-19 显示器的选购

型号	基本参数	参考图片	是否合适 / 理由
LG 27UD69	27in（1in=2.54cm），16:9 面板 IPS 4K 色域 sRGB:99% 接口 HDMI×2,DP 响应时间 5ms 可视角度 178° 显示颜色 10.7 亿		
AOC E2280SWN	21.5in，16:9 面板 TN 1080P LED 背光接口 VGA 显示颜色 16.7M 响应时间 5ms		
Eizo ColorEdge CG318-4K	31.1in 16:9 面板 IPS 4K 广色域 LED 静态对比度 1500:1 响应时间 9ms 可视角度 178° AdobeRGB：99% DCI-P3：98% 接口 HDMI DP USB 3.0×4		

（续）

型号	基本参数	参考图片	是否合适 / 理由
三星 C27F390FHC	27in 16:9 面板 VA 1080P 静态对比度 3000:1 响应时间 4ms 接口 VGA HDMI 可视角度 178° 显示颜色 16.7M		

知识链接 不同应用需求的显示器选择建议

商务办公用户：选择 23~27in 的普通显示器即可。

游戏玩家：所选显示器需要拥有高刷新率，建议选择大于或等于 24in、144Hz、1ms 响应的显示器。

影音娱乐用户：所选显示器应该要注重色域 HDR，建议选择 27 或 32in 大小的显示器。

视频、音乐制作用户：所选显示器建议 27in 及以上，能够达到 2K（1152 像素 ×2048 像素）或以上分辨率，否则会有明显的颗粒感。

没有十全十美的显示器，如果想要高刷新率与低响应时间，就必须不同程度地牺牲色彩与色准。选择显示器时，需要用户全面了解参数及其背后代表的意义，然后结合自身情况做出取舍，才能买到适合自己的显示器。

知识提炼

一、显卡类型

显卡分为 3 种类型，见表 2-20，分别为集成显卡、独立显卡、核心显卡。

表 2-20 显卡类型

类型	集成显卡	独立显卡	核心显卡
位置	主板北桥（新主板没有）	在主板插槽内	封装在 CPU 内
优点	价格低廉，省电	可更换，性能强	价格低廉，省电
缺点	不可更换，性能差	体积大，功耗大	性能一般，只能随 CPU 更换

1. 集成显卡

集成显卡是将显示芯片、显存及其相关电路集成在主板上，与其融为一体的元件。集成显卡的显示芯片有单独的，但大部分都集成在主板的北桥芯片中。一些集成在主板上的显卡也在主板上单独安装了显存，但其容量较小。集成显卡的显示效果与处理性能相对较弱，不能对显卡进行硬件升级，但可以通过 CMOS 调节频率或刷入新 BIOS 文件实现软件升级来挖掘显示芯片的潜能。集成显卡的优点是功耗低、发热量小。缺点是性能相对较低，且固化在主板或 CPU 上，本身无法更换，如果必须换，就只能换主板。

2. 独立显卡

独立显卡是指将显示芯片、显存及其相关电路单独做在一块电路板上，作为一块独立的板卡存在，它需占用主板的扩展插槽，如图 2-27 所示。独立显卡的优点是单独安装显存，一般不占用系统内存，在技术上也比集成显卡先进得多，因而性能比集成显卡要强很多，更换、升级方便。独立显卡的缺点是系统功耗较大，发热量也较大，需额外花费购买显卡的资金，同时占用更多空间。独立显卡实际分专门为游戏设计的娱乐显卡和用于绘图及 3D 渲染的专业显卡。

图 2-27 独立显卡

3. 核心显卡

核心显卡是 Intel 产品新一代图形处理核心，和以往的显卡设计不同，Intel 凭借其在处理器制程上的先进工艺以及新的架构设计，将图形核心与处理核心整合在同一块基板上，构成一个完整的处理器，如图 2-28 所示。这种设计大大缩减了处理核心、图形核心、内存及内存控制器间的数据周转时间，有效提升处理效能并大幅降低芯片组整体功耗，有助于缩小核心组件的尺寸，为笔记本计算机、一体机等产品提供了更大的选择空间。

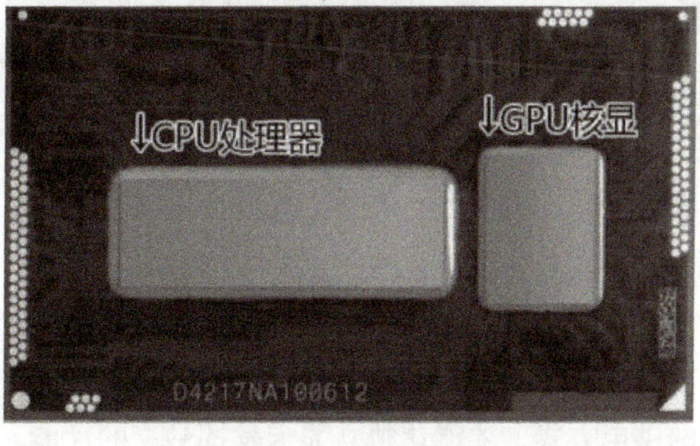

图 2-28 核心显卡

核心显卡将图形核心整合在处理器中，进一步加强了图形处理的效率，并把集成显卡中的“处理器＋南桥＋北桥（图形核心＋内存控制＋显示输出）”三芯片解决方案精简为“处理器（处理核心＋图形核心十内存控制）十主板芯片（显示输出）”的双芯片模式，有效降低了核心组件的整体功耗，更利于延长笔记本计算机的续航时间。

低功耗是核心显卡的最主要优势，由于新的精简架构及整合设计，因此它对整体能耗的控制更加优异，高效的处理性能大幅缩短运算时间，进一步缩减了系统平台的能耗。核心显卡拥有诸多优势技术，可以带来强大的图形处理能力，相较前一代产品，其性能进步十分明显。WiDi（WirelessDisplay）无线高清技术是 Intel 核心显卡独有的一项应用扩展技术，它基于 802.11n WiFi 技术，笔记本计算机端无须增加任何特别的硬件，只要用一台专用接收器连接电视，即可将笔记本计算机的显示内容无线转屏到电视上。

二、显卡结构和接口

显卡由转接线、接口、PCB、供电模块、显存颗粒、图形芯片、散热器等部件组成，如图 2-29 所示。

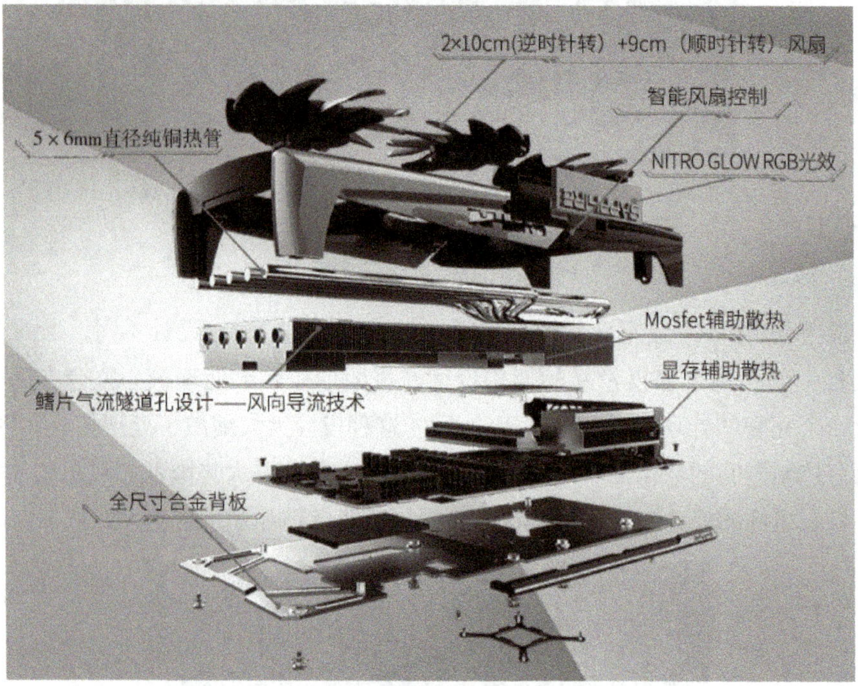

图 2-29　显卡结构

1. 显卡供电接口

在计算机硬件中，CPU 和显卡都是“用电大户”。入门级的独立显卡由于功率不高，所以直接由主板上的 PCI–E 插槽供电，但目前大部分独立显卡仅靠 PCI–E 供电已经远远不够，必须采用独立的供电方式，才能让独立显卡发挥最高的性能。显卡独立供电接口有单 6pin、单 8pin、双 6pin、8pin+6pin 和双 8pin 等几种类型，由 12V 的电源输出供电，常见的显卡独立供电接口与显卡型号见表 2-21。

表 2-21 常见显卡独立供电接口与显卡型号

显卡供电接口	常见显卡型号	接口图片
单 6pin	影驰 GeForce GTX 1050Ti 大将 七彩虹 iGame GeForce GTX 1650 Ultra 4G	
单 8pin	华硕 TUF-GTX1660-O6G-GAMING 技嘉 (GIGABYTE)GeForce GTX 1660 SUPER	
双 6pin	影驰 GeForce GTX 1060 GAMER 6GB 七彩虹 iGame1070 烈焰战神 U-8GD5 Top	
8pin+6pin	铭瑄 MS-GeForce RTX2070 Super 技嘉 (GIGABYTE)GeForce RTX 2070 SUPER	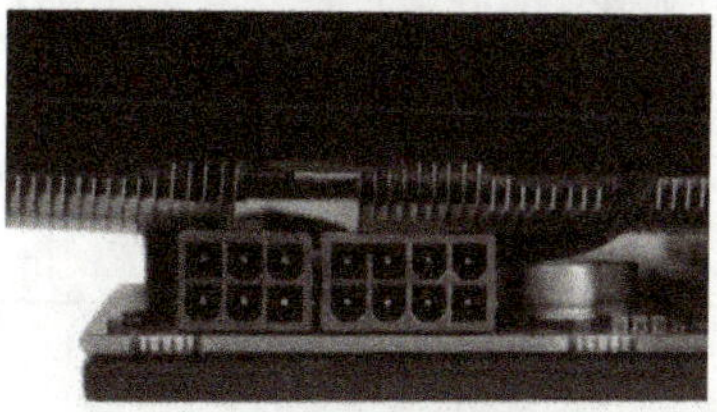
双 8pin	华硕 ROG-STRIX-RTX2080TI-O11G-GAMING 七彩虹 iGame GeForce RTX 2080 Ti Advanced OC	
3 个 8pin	影驰 GTX1080Ti HOF 微星 GeForce RTX 2080Ti LIGHTNING Z	

2. 显卡插槽类型

显卡的插槽类型有ISA、VESA、PCI、AGP和PCI-E这5种，见表2-22。其中ISA、VESA、PCI和AGP插槽的显卡均已经被淘汰，现在的主流是PCI-E插槽的显卡。

表 2-22　显卡插槽口类型

显卡插槽类型	特点	参考图片
ISA 显卡插槽类型	该插槽类型的显卡是以前最普遍使用的 VGA 显示器所能支持的古老显卡，由于它资源占用太多，数据传输太慢，现已被淘汰	
VESA 显卡插槽类型	该插槽类型的显卡由多家计算机芯片制造商于1989年联合创立。1994年底，VESA 发表了 64 位架构的“VESA Local Bus”标准，80486 的个人计算机大多采用这一标准的显卡	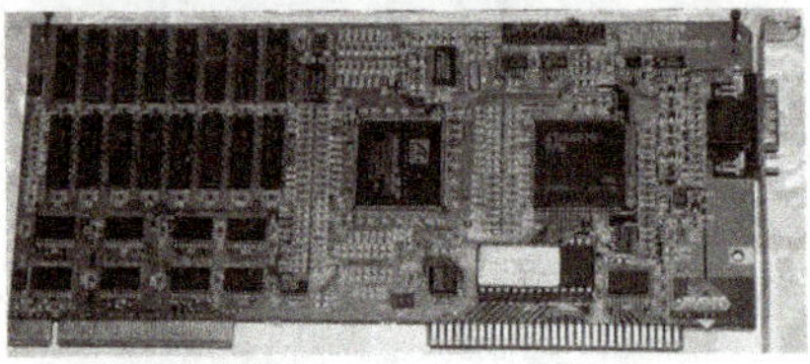
PCI 显卡插槽类型	该插槽类型的显卡通常用于早期或精简型的计算机中，由于此类计算机将 AGP 标准插槽移除而必须依赖 PCI 接口的显卡，但直到显示芯片无法直接支持 AGP 之前，仍有部分厂商持续制造以 AGP 转 PCI 为基底的显卡	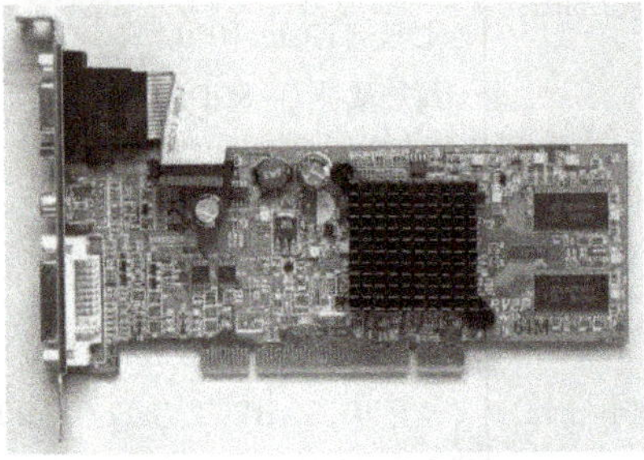
AGP 显卡插槽类型	英特尔（Intel）公司在 1996 年开发的 32 位总线接口，用以增强计算机系统中的显示性能	
PCI-E 显卡插槽类型	该插槽类型的显卡用来取代 AGP 显卡。随着 3D 显示技术的不断进步，AGP 的带宽已经不足以应付庞大的数据运算功能。2007 年后生产的显卡可支持双显卡技术（NVIDIA 的 SLi 和 nvlink，以及 AMD 的 CrossFire）	

3. 显卡输出接口

计算机显卡、显示器最常用的接口有VGA、DVI、HDMI和DP接口，目前这4种接口几乎涵盖所有的电视、计算机显示器和网卡接口。常用的显卡输出接口见表2-23。

表2-23 常用的显卡输出接口

接口名称	特点	接口图片
13W3	类比视讯接口，在早期图形工作站中普遍使用	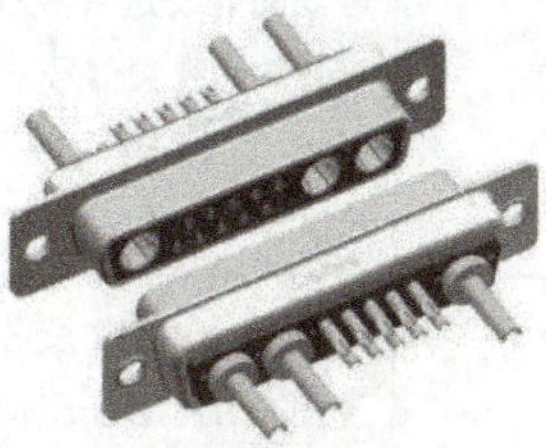
VGA	也称为RGB端子、D-sub 15或mini D15，是一种3排共15针的显示器接口，通常用在计算机的显卡、显示器及其他设备，是用作发送模拟信号的接口	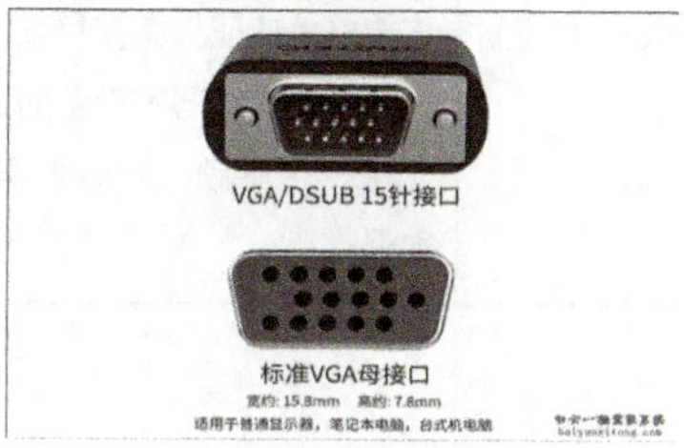
DVI	一种用于高速传输数字信号的技术，有DVI-A、DVI-D和DVI-I这3种不同类型的接口形式。DVI-D仅传输数字信号，DVI-I可传输数字及模拟信号，DVI-A仅传输模拟信号，目前应用主要以DVI-D为主	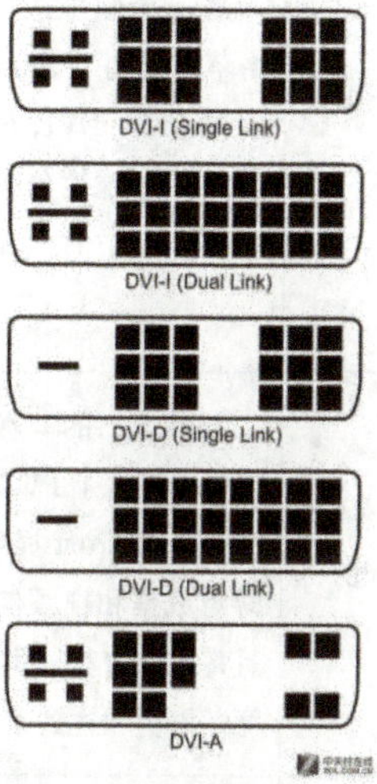
S端子	全称是Separate（分离）Video，它将亮度信号和色度信号分开传输，避免了亮度和色度的互相干扰。带有S端子的显卡可用于连接电视机等显示设备，但S端子只能传输视频，不支持音频传输，想要传输音频，还需要专门的音频线	

（续）

接口名称	特点	接口图片
HDMI	是一种全数字化视频和声音发送接口，可以发送未压缩的音频及视频信号，可用于台式计算机、笔记本计算机、机顶盒、影音家电等，可以同时发送音频和视频信号。由于音频和视频信号采用同一条线材，因此大大简化了系统线路的安装难度	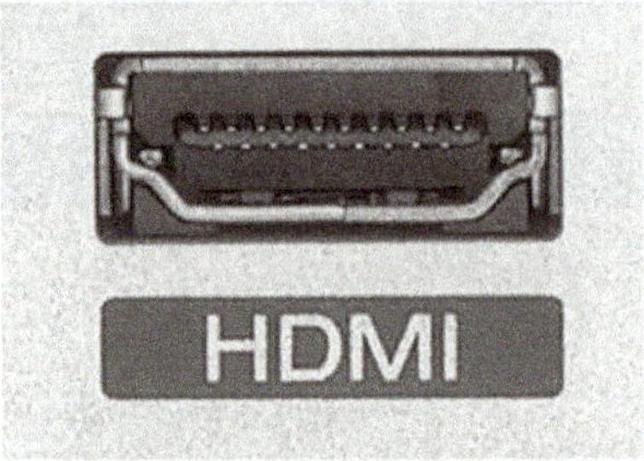
DisplayPort（DP）	是一个由PC及芯片制造商联盟开发的由视频电子标准协会（VESA）进行标准化的数字式视频接口标准。该接口免认证、免授权金，主要用于视频源与显示器等设备的连接，也可支持携带音频、USB和其他形式的数据	
Mini DisplayPort	是一个微型版本的DisplayPort，由苹果公司于2008年发布，取代先前的Mini-DVI，最高支持2560像素×1600像素分辨率的显示器	
Thunderbolt	Intel发布的雷雳接口，俗称雷电接口，融合了PCI-E数据传输技术和DisplayPort显示技术，可以同时对数据和视频信号进行传输，并且每条通道都提供双向10Gbit/s带宽，雷雳3达到了40Gbit/s	
USB 3.1 Type C	是一种USB接口，由USB-IF组织于2014年8月份发布。它集充电、显示、数据传输等功能于一体，支持正反两个方向插入	

三、显示器技术参数

（1）显示器输入接口

随着显示器的发展，它所拥有的接口类型也越来越多，其中主要有 VGA、DVI、HDMI、DP、Type C 接口等。有些接口还分为不同的类型和版本。如果购买的显示器输入接口和已有主机接口不配对，那么将无法正常使用。选购显示器时，一定要知道自己计算机的显卡输出接口类型，再考虑购买什么接口类型的显示器。

（2）显示器尺寸及屏幕比例

显示器尺寸所指的是显示器的对角线长度，如图 2-30 所示。当前，显示器主流尺寸有 23in、24in、27in、32in、34in、38in。对于普通用户而言，显示器并不是越大越好，一般 23~27in 的显示器就足够使用。游戏爱好者或者设计师可以选择 27in 及以上尺寸的带有曲屏设计的大屏显示器，曲屏率以 1800R 为宜，相对而言观看时有更强的震撼感。

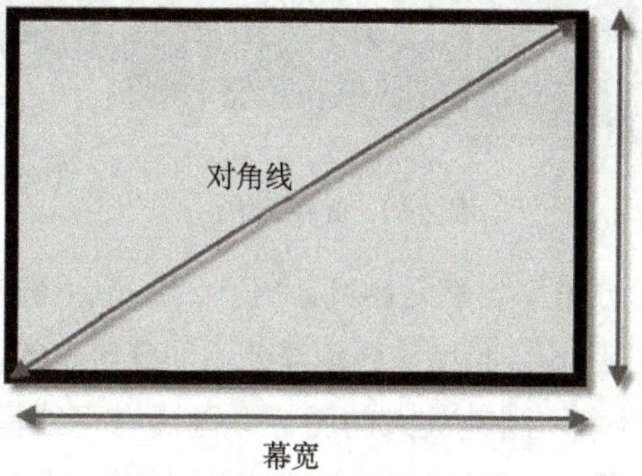

图 2-30　显示器尺寸

屏幕比例是指幕宽和幕高的比例，常见的有 4∶3、16∶9、21∶9 等，也有显示器厂商发布了 32∶9 的比例，相当于两个 16∶9 显示器横向拼接。

（3）显示器面板分类

显示器的常见面板分为 TN、VA、IPS 和 PLS 这 4 类，具体屏幕特点见表 2-24。

表 2-24　屏幕特点

屏幕类型	优势	缺点	适合用户类型
TN	响应时间短 液晶分子偏转速度快	可视角度小 色彩不够丰富，颜色生硬	需求响应快、毫秒必争的电竞玩家
VA（MVA）	高对比度，黑色更纯粹 拥有大范围的可视角度 色彩柔和，可作为曲面屏	响应速度比较慢，功耗高	长期使用计算机的办公人士以及喜欢用计算机观看电影的用户
IPS	视角广，可视角度高达 178°，色彩还原准确	漏光（在黑屏状态下，显示器周围漏光很明显），对比度低	适合视频、图片处理工作者使用
PLS	亮度佳、响应速度快，色彩比较好	漏光率较高，高速模式下会产生残像	适合玩游戏、看电影和普通制图时使用

(4) 分辨率与像素密度

分辨率可以细分为显示分辨率、图像分辨率、打印分辨率和扫描分辨率等。显示分辨率指屏幕图像的精密度，是指显示器所能显示的像素数量。常见的显示器分辨率有1080×1920像素（俗称1080P）、1440×2560像素（俗称2K）、2160×4096像素（俗称4K）。比如，4K分辨率是指水平方向的每行像素值达到或者接近4096个，多数情况下特指2160×4096像素的分辨率，具体如图2-31所示。可以简单地理解为分辨率越高画面越清晰。

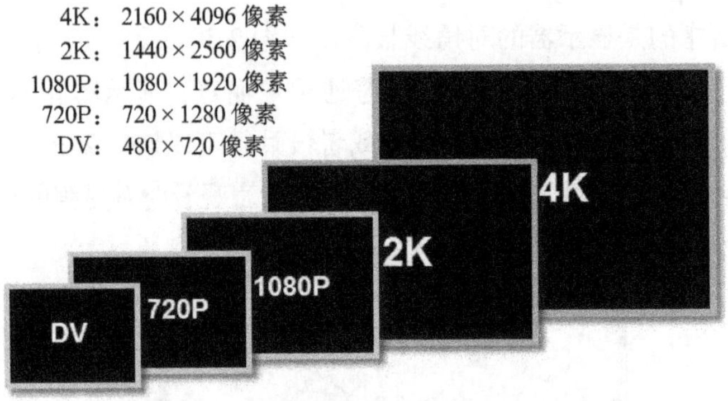

图2-31　屏幕分辨率

在条件允许的情况下，分辨率自然是越高越好。27in以下的显示器，分辨率为1080P即可，27in以上则最低要达到2K。同尺寸显示器的不同分辨率的显示效果如图2-32所示。如果大尺寸屏幕使用低分辨率，则被放大的图标、画面有可能呈现清晰的“马赛克”状态，所以在选购大尺寸显示器时，要适当挑选拥有高分辨率的显示器。

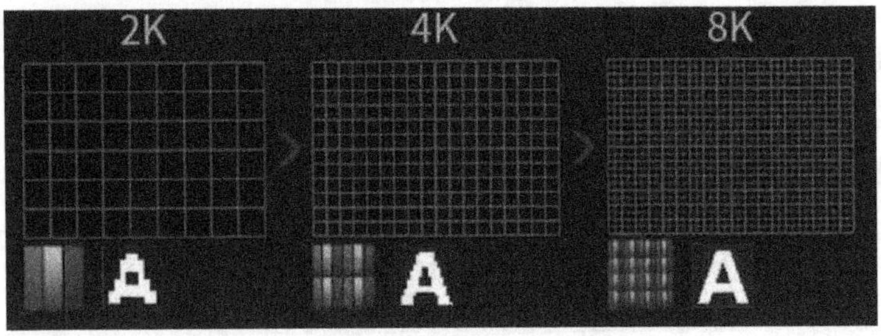

图2-32　同尺寸显示器的不同分辨率显示效果

如果要选择的是2K或4K显示器，那么对应显卡也必须支持这样的高清显示，否则就“大材小用”了。

(5) 刷新率

刷新率就是屏幕每秒画面被刷新的次数，30帧的刷新率只能保证基本流畅，而刷新率不够就会导致经常所说的画面卡顿。常见的刷新率有60Hz、75Hz、120Hz、144Hz、160Hz。大众最常用的是60Hz，玩一些大型赛车游戏的用户则需要选择144Hz，这样体验感会更好。

（6）响应时间

响应时间是液晶显示器对于输入信号的反应速度，也就是液晶由暗转亮或者是由亮转暗的反应时间，是衡量液晶显示器好坏的指标。响应时间越小，显示器性能越好。目前液晶显示器的标准响应时间大部分在 25ms 左右，少数可达到 16ms。

（7）对比度

对比度是指在规定的照明条件和观察条件下，显示器亮区与暗区的亮度之比。对比度是指该液晶显示器能否体现丰富色阶的参数，对比度越高，还原的画面层次感就越好。目前，液晶显示器的标称为 250：1 或者 300：1，高档产品在 400：1 或 500：1。对比度与亮度配合才能产生更好的显示效果。

（8）亮度

液晶显示器的亮度一般以 cd/m^2（流量／平方米）为单位。亮度越高，显示器对周围环境的抗干扰能力就越强，显示效果就更明亮。一般，液晶显示器的亮度至少要达到 $200cd/m^2$，最好在 $50cd/m^2$。液晶显示器的亮度是通过荧光管的背光来获得的，所以对人体健康不存在影响。

（9）认证

显示器的认证主要有 TCO 认证和 CCC 认证。TCO 认证是由瑞典专业雇员协会（简称 TCO）推行的一种显示器认证标准。要通过这个认证，必须在生态（Ecology）、能源（Energy）、辐射（Emissions）以及人体工学（Ergonomics）4 个方面都达到标准才可以，因此 TCO 认证是针对人体健康和生态环境所设定的标准，直接关系到显示器对使用者的健康影响，但它不是强制性的。CCC 认证即中国强制认证，该认证除了对显示器的辐射提出了严格要求之外，还对显示器的制造材料和制造过程提出了很多的要求。若所采购的显示器上没有 CCC 认证，那么这款产品就有可能是水货或假货。

任务五 硬盘选购

任务描述

小陈在搬家的时候不小心磕碰到了计算机主机，导致计算机开机后无法进入系统，提示“找不到硬盘”。小陈马上把计算机搬去计算机门店修理，修理师傅告诉他硬盘使用的时间比较长了，所以一磕碰就无法正常工作了，建议买一个新的硬盘。小陈尝试自己购买硬盘，但购物网站上各种型号、各种价位的硬盘非常多，如何才能买到适合小陈的硬盘呢？

通过本任务学习，读者能够结合不同用户的实际情况来明确硬盘的采购需求和采购方式，学会解读硬盘产品的品牌、型号和性能指标参数，具备硬盘选购能力。在实践操作的基础上，进一步了解硬盘的发展历程，理解硬盘的结构与数据存储过程。

任务实施

硬盘是计算机最重要的外部存储器之一，计算机正常运行所需的大部分软件都存储在硬盘上。购买硬盘需要明确用户需求、采购方式，并能解读硬盘的重要参数。

一、明确硬盘的采购需求

用户可以通过对购置硬盘的原因、用途及预算经费等方面的综合分析来明确需求。现有 A、B、C、D 这 4 位用户的硬盘购置需求如下。

A 用户——旧计算机所存储的视频文件数据量大，现在所使用的硬盘容量明显不足，需将容量从 300GB 要升级到 1TB，经费不足，务必尽量压缩投入。

B 用户——前年购买的计算机主要用于运行专用软件，所需存储的数据量不大，但对运行速度要求比较高，经费较为宽松，原硬盘已损坏。

C 用户——前年购买的计算机主要用于平面设计，原硬盘有足够的空闲容量来满足未来的存储量，但由于用户对运行速度的要求很高，原硬盘读／写速度成为瓶颈，经费较为宽松。

D 用户——计划购买一台新计算机，主要用于三维设计，所需存储的数据量很大，对运行速度的要求也很高，经费充足。

请对 A、B、C、D 这 4 位用户的需求进行分析，填写表 2-25。

表 2-25 硬盘的采购需求

用户	购置硬盘的原因	购置硬盘的用途	预算经费
A 用户			
B 用户			
C 用户			
D 用户			

市场上的硬盘分机械硬盘（Hard Disk Drive，HDD）、固态硬盘（Solid State Drive，SSD）和混合硬盘（SSHD）。机械硬盘容量大，价格便宜，读／写速度相对固态硬盘来说要慢很多；固态硬盘的读／写速度快，容量相对机械硬盘来说要小得多，价格昂贵。因此很多用户使用机械硬盘来存储数据，使用固态硬盘来存储系统，使计算机具有固态硬盘＋机械硬盘双硬盘结合的形式。混合硬盘相当于机械硬盘和固态硬盘的结合产品，采用容量较小的闪存颗粒存储常用文件，将更多的常用文件保存到闪存里，从而减少寻道时间，提升效率。但硬盘的磁盘才是最为重要的存储介质，闪存仅仅起到缓冲的作用。所以混合硬盘的读／写速度介于机械硬盘和固态硬盘之间，发热、噪声等问题同机械硬盘一样还未得到解决。目前混合硬盘技术不成熟，因此市场较小。

二、明确硬盘的采购计划与方式

根据用户需求，结合各类硬盘特点，填写表 2-26 的硬盘采购计划。

表 2-26 硬盘采购计划

用户	类型	容量	采购金额
A 用户			
B 用户			
C 用户			
D 用户			

用户明确了采购需求后，就可以选择采购方式，可将你所采用的采购方式填入表 2-27。

表 2-27　硬盘的采购方式

用户	采购渠道	采购平台	注意要点
A 用户			
B 用户			
C 用户			
D 用户			

通常情况下，计算机配件的采购渠道分为线上和线下两种。线上采购平台如京东、淘宝、闲鱼、拼多多等，线下采购平台如数码广场、计算机门店、品牌连锁店等。采购时，可以从价格、售后、平台可靠性、店铺口碑（用户评价）等多方面综合分析，但要注意查询和判断产品真伪。

特别提醒：硬盘损坏可以更换，但硬盘里的数据毁坏了会很难恢复，因此用户一定要通过正规渠道购买硬盘。

三、解读硬盘参数

用户确定了采购需求和采购方式后，就可以开始有针对性地查找适合的硬盘产品了。

目前市场上常见的机械硬盘品牌有西部数据、希捷等，固态硬盘的品牌有三星、金士顿、西部数据等。

现以机械硬盘（西部数据）、固态硬盘（三星）为例，一起来解读硬盘采购过程时需要关注的参数及注意事项，见表 2-28 和表 2-29。

西部数据 1TB 7200 转 64MB SATA3 蓝盘（WD10EZEX）如图 2-33 所示。

图 2-33　西部数据 1TB 7200 转 64MB SATA3 蓝盘（WD10EZEX）

表 2-28　机械硬盘的参数

基本参数		性能参数及其他参数	
基本参数		**性能参数**	
适用类型	台式机	功率	读/写：6.8W 闲置：6.1W 备用：1.2W 睡眠：1.2W
硬盘尺寸 ①	3.5in		
硬盘容量 ②	1000GB	噪声 ⑤	闲置：29dB 搜寻：30dB
盘片数量	2片		
缓存 ③	64MB	性能评分	3520
转速 ④	7200rpm	**其他参数**	
接口类型	SATA 3.0	产品尺寸	26.1×147×101.6mm
接口速率	6Gbit/s	产品重量	0.44kg

注：

①硬盘尺寸：一般为 2.5in（笔记本计算机）和 3.5in。

②硬盘容量：机械硬盘容量与单碟容量和碟片数量有关。

③缓存：能加速读取数据。

④转速：转速越快，硬盘寻找文件的速度越快，常见有 5400rpm 和 7200rpm。

⑤噪声：是因为机械硬盘的内置结构在运动而产生的。

想一想：

西部数据和希捷的机械硬盘缓存达到了 256MB，机械硬盘的缓存是不是越大越好?

三星 1TB SSD 固态硬盘 M.2 接口（NVMe 协议）970 EVO Plus（MZ–V7S1T0B）如图 2-34 所示。

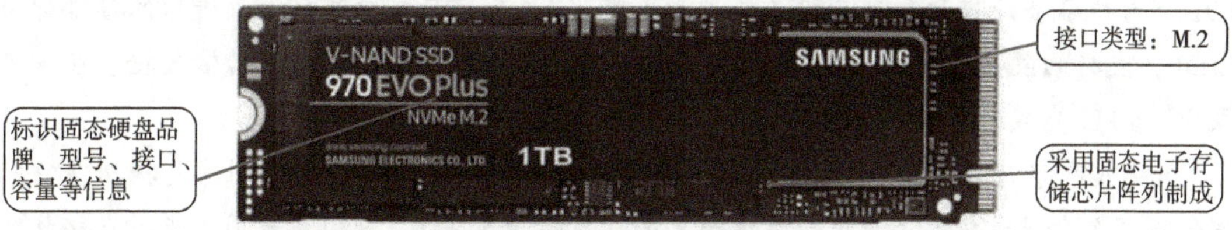

图 2-34　三星 1TB SSD 固态硬盘 M.2 接口（NVMe 协议）970 EVO Plus（MZ–V7S1T0B）

表 2-29　固态硬盘的参数

基本参数		性能参数及其他参数	
基本参数		**性能参数**	
产品定位	消费类	读取速度 ④	3500MB/s
存储容量	1TB	写入速度 ⑤	3300MB/s
接口类型 ①	M.2 PCIe接口（NGFF）	4K随机读 ⑥	600000 IOPS
硬盘尺寸	M.2-2280	4K随机写 ⑦	550000 IOPS
闪存架构 ②	TLC三层单元	电源功耗	工作电压：3.3V±5% 工作：6W 待机：0.3W
缓存 ③	1GB		
主控芯片	Phoenix	平均无故障时间 ⑧	150万小时

注：

①接口类型：M.2 接口的读 / 写速度一般比 SATA 接口快。

②内存架构：主要分 SLC（单层式存储）、MLC（多层式存储）、TLC（三层式存储）3 种。

③缓存：固态硬盘的缓存用来存储内存映射表，而非用户读 / 写的数据缓冲，不直接影响读 / 写性能表现。

④和⑤读取速度 / 写入速度：读取速度越快，提取和存储数据的速度越快。

⑥和⑦ 4K 随机读 /4K 随机写：是指硬盘最小存储单元的随机读 / 写速度，能真实地反应固态硬盘真实性能。

⑧平均无故障时间：时间越长，硬盘可靠性越高。

硬盘的接口除了现在主流的 SATA 接口、M.2 接口外，还有 IDE、SCSI、mSATA、PCI–E 和 USB（移动硬盘）接口，需要结合主板的插槽进行选择。

知识链接　硬盘的 IDE 接口、SATA 接口、SCSI 接口

IDE 接口的含义是把主机和硬盘之间的接口电路与硬盘控制器整合在一起，简化了主机方面连接硬盘的接口电路。它是设备级的接口，数据最大传输速率是 3MB/s，一条 IDE 信号线最多连接两台 IDE 设备（硬盘或光驱）。在 IDE 接口基础上改进后的接口称为 EIDE，支持的硬盘最大数据传输速率为 16.7MB/s，普遍采用 PIO 模式传输数据。在该模式中，CPU 直接进行读 / 写控制。

SATA 即串行 ATA 接口，它作为一种新型硬盘接口技术由 Intel 公司率先提出，它采用低电压差分信号技术，数据传输速率更高，传输距离更远。SATA 采用了点对点拓扑结构，所以它可以为每个连接设备提供全部带宽，从而提高了总体性能。SATA 3.0 标准的数据传输速率分别为 150MB/s、300MB/s 和 600MB/s。预计在未来 10 年的时间内，SATA 能满足性能要求。

SCSI 接口是一种智能化、通用型、系统级接口，特别适合并发数据处理。因其高速

率和多任务处理的特点，在显示和执行不同类型的数据时能更好地同步化，因而使用它运行多媒体程序非常顺利。SCSI 卡上有 5 个通道，可以在 6m 或更远的距离内以菊花链方式挂接 7 个不同的外设。SCSI 根据使用的频率和总线插槽可分为快速 SCSI、宽带 SCSI 和快速宽带 SCSI 这 3 种，其中，快速 SCSI 和宽带 SCSI 的最大外部数据传输速率为 40MB/s，而快速宽带 SCSI 允许的最大外部数据传输速率为 80MB/s。SCSI 接口主要应用在服务器方面。

特别提醒：

磁盘制造商的容量计算公式是 1TB=1000GB，系统的计算公式是 1TB=1024GB，所以在系统中看到的硬盘容量会比标注的小一些。

机械硬盘和固态硬盘各有优缺点，它们的一些参数比较见表 2-30，用户可以根据需求进行选择。

表 2-30　机械硬盘和固态硬盘的比较

	容量	数据读 / 写速度	防振抗摔性	功耗	噪声	使用寿命	价格
机械硬盘	大	慢	弱	大	大	长	便宜
固态硬盘	小	快	强	小	小	短	贵

根据上述内容，结合所学知识，通过互联网搜索等方式帮助各类用户筛选出适合的硬盘产品，并将它的详细性能指标填入表 2-31 中。

表 2-31　所选硬盘性能指标

用户	品牌＋型号	价格	性能指标				
用户 A							
用户 B							
用户 C							
用户 D							

知识提炼

机械硬盘由一个或者多个、铝制或者玻璃制的碟片组成，这些碟片外覆盖有磁性材料。早期的硬盘存储媒介是可替换的，不过现在的机械硬盘是固定的存储媒介，盘片被封装在硬盘里（仅留一个用来平衡空气压力的过滤孔）。安装在大多数微机上的硬盘，由于都采用温切斯特（Winchester）技术而被称为“温切斯特硬盘”，或简称“温盘”。

一、机械硬盘的结构及存储过程

机械硬盘的内部结构通常专指盘体的内部结构。盘体是一个密封的腔体，里面密封着磁头、盘片（磁片、碟片）等部件，如图 2-35 所示。

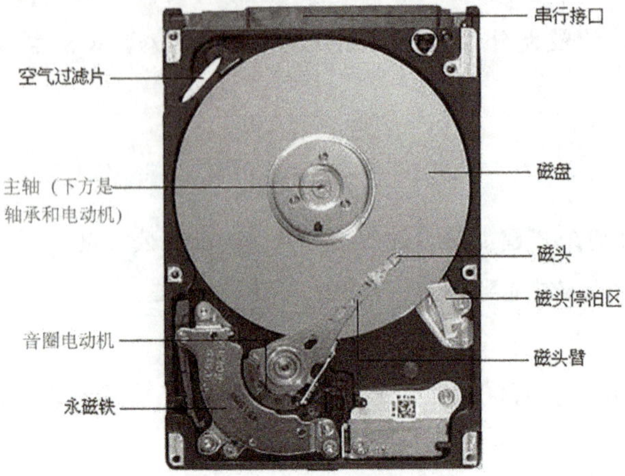

图 2-35　机械硬盘的内部结构

硬盘的盘片是硬质磁性合金盘片，片厚一般在 0.5mm 左右，直径主要有 2.5in（1in=25.4mm）和 3.5in。盘片的转速与盘片大小有关，考虑到惯性及盘片的稳定性，盘片越大，转速越低。有的硬盘只装一张盘片，有的硬盘则有多张盘片。

盘片安装在主轴电动机的转轴上，在主轴电动机的带动下高速旋转。硬盘驱动器内的电动机都是无刷电动机，在高速轴承支持下机械磨损很小，可以长时间连续工作。高速旋转的盘体产生明显的陀螺效应，所以在硬盘工作时不宜搬动，否则将增加轴承的工作负荷。为了高速存储和读取信息，硬盘驱动器的磁头重量轻，惯性也小，所以硬盘驱动器的寻道速度明显快于光驱。

机械硬盘的逻辑结构由磁头、盘片、磁道、扇区、柱面构成，如图 2-36 所示。

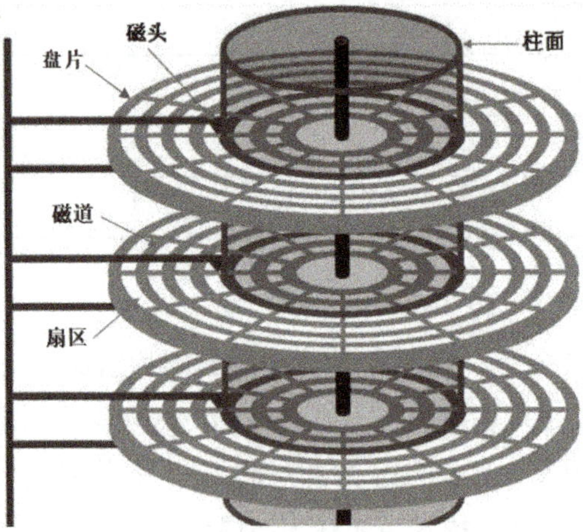

图 2-36　机械硬盘的逻辑结构

(1) 磁头

磁头是硬盘读取数据的关键部件，它的主要作用就是将存储在硬盘盘片上的磁信息转换为电信号向外传输，而它的工作原理则是利用“磁阻效应”（电阻由特殊材料制成，电阻值会随着外部磁场的变化而变化）来读／写盘片上的数据，磁头的好坏在很大程度上决定着硬盘盘片的存储密度。目前比较常用的是GMR（Giant Magneto Resistive）巨磁阻磁头。硬盘的磁头数取决于硬盘中的碟片数，正反两面都存储着数据的盘片则要对应两个磁头才能正常工作。

(2) 盘片

盘片是硬盘的存储介质，所有的信息都存储在这里。盘片分为单面盘片和双面盘片，单面盘片只能在一面进行存储，双面盘片能在两面进行存储。硬盘的盘片一般采用合金材料，多数为铝合金，盘面上涂着磁性材料，厚度一般在0.5mm左右。硬盘盘片安装在主轴电动机的转轴上，在主轴电动机的带动下做高速旋转。每张盘片的容量称为单碟容量，而一块硬盘的总容量就是所有盘片容量的总和。

(3) 磁道

当磁盘旋转时，磁头若保持在一个位置上，则每个磁头都会在磁盘表面划出一个圆形轨迹，这些圆形轨迹就称为磁道。这些磁道用肉眼是根本看不到的，因为它们仅是盘面上以特殊方式磁化了的一些磁化区，磁盘上的信息便是沿着这样的轨道存放的。相邻磁道之间并不是紧挨着的，这是因为若磁化单元相隔太近则磁性会相互产生影响，给磁头的读／写带来困难。

(4) 扇区

磁盘上的每个磁道被等分为若干个弧段，这些弧段便是磁盘的扇区，磁盘驱动器在向磁盘读取和写入数据时，要以扇区为单位，每个扇区包括512个字节的数据和一些其他信息。

(5) 柱面

硬盘通常由重叠的一组盘片构成，每个盘面都被划分为数目相等的磁道，并从外缘的“0”开始编号，具有相同编号的磁道形成一个圆柱，称为磁盘的柱面。磁盘的柱面数与一个盘面上的磁道数是相等的。由于每个盘面都有自己的磁头，因此盘面数等于总的磁头数。

所谓硬盘的CHS，即Cylinder（柱面）、Head（磁头）、Sector（扇区）。只要知道了硬盘的CHS数目，即可确定硬盘的容量，硬盘的容量＝柱面数 × 磁头数 × 扇区数 × 每扇区字节数。

硬盘读／写数据的过程按柱面、磁头、扇区的方式进行。磁盘存储数据时，最先是第1磁道的第1磁头下（也就是第1盘面的第一磁道）的所有扇区，然后是同一柱面的下一磁头，直到一个柱面存储满，然后推进到下一个柱面，直到把文件内容全部写入磁盘。通过告诉磁盘控制器要读出扇区所在的柱面号、磁头号和扇区号（物理地址的3个组成部分）来实现数据读出。磁盘控制器直接使磁头部件移动到相应的柱面，选用相应的磁头，等待要求的扇区移动到磁头下再读出数据。

二、机械硬盘的发展历程

从计算机诞生的那一刻起，存储设备就占据着不可或缺的地位。计算机性能的好坏会影响计算效率，而存储设备的使命则是保证计算成果长期存在。

1956 年，世界上第一块硬盘“350RAMAC”诞生，外观如图 2-37 所示。该硬盘由 IBM 公司生产，盘片直径为 24in，盘片数为 50 片，重量超过 100kg，体积相当于两个冰箱，但这个庞然大物的存储容量只有 5MB，仅用于银行、医疗等行业。

图 2-37　世界上第一块硬盘“350RAMAC”外观

1973 年，IBM 利用“温切斯特（Winchester）”技术成功研制了一种新型的硬盘“IBM 3340”，外观如图 2-38 所示。该硬盘拥有几个同轴的金属盘片，盘片上涂着磁性材料。它们与能够移动的磁头共同密封在一个盒子里面，磁头从旋转的盘片上读出磁信号的变化。与“350RAMAC”相比，它的体积变小了，存储容量有所增加，拥有了两个 30MB 的存储单元。“IBM 3340”硬盘确立了硬盘的基本架构。

图 2-38　温切斯特硬盘“IBM 3340”外观

1979年，IBM发明薄膜磁头技术，这项技术能显著减小磁头和磁片的距离，增加数据密度，令硬盘体积进一步减小，读/写速度更快，容量更大。同时期，IBM推出了第一款采用薄膜磁头技术的硬盘IBM 3370。IBM 3370最初能存储571MB的数据，最高可扩展到4个单元，并能和IBM System/30中型计算机搭配。

1980年，IBM推出了第一款GB级容量硬盘IBM 3380，如图2-39所示，容量达2.5GB。与现在的轻量级硬盘不同，IBM 3380的重量超过500磅（1磅≈0.45kg）。

图2-39 IBM 3380

同年，两位前IBM员工创立的希捷（SEAGATE）公司开发并推出第一款5.25in的硬盘ST-506，如图2-40所示。硬盘初始容量为5MB，这是首款面向个人用户的硬盘产品。这款硬盘也是存储行业第一次引入了计算系统中的独立磁盘控制器的概念。

图2-40 希捷硬盘ST-506

在20世纪80年代末，IBM公司推出MR（Magneto Resistive，磁阻）技术。这种新型磁头采取磁感应写入、磁阻读取的方式，令磁头灵敏度大大提升，大幅度提高了硬盘的工作效率。与此同时，盘片的存储密度较之前的20Mbit/in^{2}提高了数十倍，为硬盘容量的巨大提升奠定了基础。

1997年，GMR巨磁阻效应磁头诞生了，如图2-41所示。新磁头相比MR磁头而言更加敏感，如果说用MR磁头能够达到3~5Gbit/in^{2}的存储密度，那么使用GMR之后，存储密度可以达到10~40Gbit/in^2，这使硬盘的存储密度又上了一个台阶。

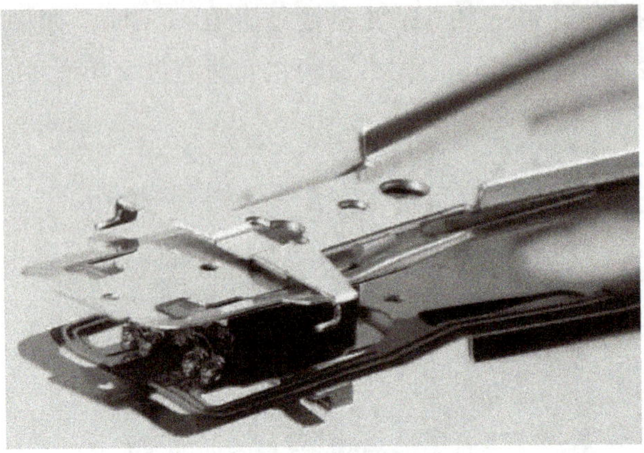

图2-41　GMR巨磁阻效应磁头

2007年，垂直存储技术出现了。它再一次提高了硬盘的存储密度。日立推出了第一款突破TB级容量的硬盘。2012年，推出第一款4TB硬盘。

之后，机械硬盘的性能上升空间有限，又加上固态硬盘的出现，从2012年开始，机械硬盘技术没有突破性进展。以希捷、西部数据为代表的机械硬盘厂商近几年也开始转战固态硬盘市场。

三、机械硬盘的性能指标

机械硬盘的性能指标包括硬盘容量、硬盘转速、平均访问时间、数据传输速率、缓存、平均无故障时间等。

（1）容量

作为计算机系统的数据存储器，容量是硬盘最主要的参数。硬盘的容量以千兆字节“GB”和万兆字节“TB”为单位（1TB=1024GB，1GB=1024MB）。但硬盘厂商在标称硬盘容量时通常取1GB=1000MB，因此在BIOS中或在格式化硬盘时看到的容量会比厂家的标称值要小。

硬盘的容量指标还包括硬盘的单碟容量。所谓单碟容量，是指硬盘单片盘片的容量，单碟容量越大，单位成本越低，平均访问时间也越短。现在的机械硬盘容量一般为1TB、2TB及以上。

（2）转速

转速是硬盘内电动机主轴的旋转速度，也就是硬盘盘片在1min内所能完成的最大转数。硬盘转速以每分钟多少转来表示，单位表示为rpm，rpm是revolutions per minute

的缩写。rpm 值越大，内部传输率就越高，硬盘寻找文件的速度也就越快，访问时间就越短，硬盘的整体性能也就越好。家用台式机硬盘的转速一般以 7200rpm 为主；对于笔记本计算机硬盘，则以 4200rpm、5400rpm 为主；服务器中使用的 SCSI 硬盘转速基本都采用 10000rpm。

（3）访问时间

平均访问时间是指磁头从起始位置到达目标磁道位置，并且从目标磁道上找到要读 / 写的数据扇区所需的平均时间。平均访问时间体现了硬盘的读 / 写速度，它包括了硬盘的寻道时间和等待时间，即：平均访问时间 = 平均寻道时间 + 平均等待时间。

平均寻道时间是指硬盘的磁头移动到盘面指定磁道所需的时间，这个时间越小越好。

等待时间，又叫潜伏期，是指磁头已处于要访问的磁道，等待所要访问的扇区旋转至磁头下方的时间。平均等待时间为盘片旋转一周所需时间的一半。

（4）数据传输速率

硬盘的数据传输速率是指硬盘读 / 写数据的速度，单位为兆字节每秒（MB/s）。硬盘数据传输速率又包括了内部数据传输速率和外部数据传输速率。

内部传输速率也称为持续传输速率，它反映了硬盘缓冲区未用时的性能。内部传输速率主要依赖于硬盘的旋转速度。

外部传输速率也称为突发数据传输速率或接口传输速率，它标称为系统总线与硬盘缓冲区之间的数据传输速率，与硬盘接口类型、硬盘缓存的大小有关。

（5）缓存

缓存是硬盘控制器上的一块内存芯片，具有极快的存取速度。硬盘的内部数据传输速率和外部设备传输速率不同，缓存在其中起到一个缓冲的作用。缓存的大小与速度是直接关系到硬盘的传输速率的重要因素，缓存大、速度快能够大幅度地提高硬盘整体性能。

（6）平均无故障时间

平均无故障时间，简称 MTBF，是衡量一个产品的可靠性指标。这里是指硬盘平均正常运行多长时间才发生一次故障，单位为“h”。它反映了产品的时间质量，是体现产品在规定时间内保持功能的一种能力。

四、机械硬盘的使用注意事项

机械硬盘存储着用户大量的数据，因此在使用过程中要特别注意以下几点。

1）防振动，硬盘应水平或竖直放置，使用过程中尽量不晃动。

2）防静电，机械硬盘外壳为金属物质，因此静电也会直接对内部产生影响，因此不要直接用手触碰设备。

3）防灰尘，机械硬盘内部是无尘环境，因此在达不到无尘条件时，即使硬盘发生故障，也不要将其打开，以免灰尘进入，从而破坏磁头和盘片。

4）防潮湿，硬盘使用环境的湿度不能过大。在潮湿的梅雨季节，要经常通电，以便使主机内的水汽蒸发掉。

5）防突然断电，突然断开计算机电源或直接拔掉外置硬盘都会对设备造成影响。

任务六

声卡与网卡选购

任务描述

小张近期在使用计算机播放视频时无法听到声音，尝试了多种办法也无效，猜测应该是主板上的集成声卡坏了。他将主机拆下，尝试修理无果后打扫完操作台，带着主机来到计算机维修店。老板建议：维修集成声卡倒不如直接购买新的独立声卡。另外，小张想实现台式无线功能，老板告诉他可以在多余的PCI或PCI-E插槽上加入无线网卡。因此，小张打算自己购买声卡和网卡。但面对网络上五花八门的推荐，他该如何选择适合自己的产品呢?

通过本任务学习，读者能够结合不同用户的实际情况来明确声卡、网卡的采购需求和采购方式，学会解读声卡、网卡产品的品牌、型号和性能指标参数，具备声卡和网卡的选购能力。在实践操作的基础上，了解声卡的发展历程，进一步理解声卡和网卡的结构与工作原理。

任务实施

声卡和网卡都是计算机输入／输出系统组件，而且是扩展组件。它们都符合计算机主板的接口标准，但处理的对象不同。声卡可对音频信息进行处理，网卡可对网络传输的数据进行处理。购买声卡和网卡都需要先明确用户需求、采购方式，然后通过解读声卡和网卡的重要参数来决策。

一、明确声卡和网卡的采购需求

用户可以通过对购置声卡和网卡的原因、用途及预算经费等方面的综合分析来明确需求。现有A、B、C、D这4位用户，对声卡或网卡的购置需求如下。

A 用户（声卡）——去年购买的计算机，主要用于录音，并需要外接麦克风、耳机、电吉他等，对音质有要求，经费较为宽松。

B 用户（声卡）——前年购买的计算机，主要用于办公、视频、娱乐，对音质没有过高要求，原有集成显卡损坏，经费预算紧张。

C 用户（网卡）——计划购买一台新计算机，主要用于玩大型游戏，对网速有要求，房间内没有网线接口，经费充足。

D 用户（网卡）——6 年前的计算机，主要是家庭使用，因为家庭网络升级到 30MB/s，计算机的网卡不支持，因此对网卡进行升级，经费较为宽松。

请对 A、B、C、D 这 4 位用户的需求进行分析，填写表 2-32。

表 2-32　声卡（网卡）的采购需求

用户	购置声卡（网卡）的原因	购置声卡（网卡）的用途	预算经费
A 用户			
B 用户			
C 用户			
D 用户			

购置声卡或网卡的原因指的是用户是为了升级旧计算机还是要组装一台新的计算机，或者其他原因。购置声卡的用途可以是日常欣赏音乐，如听立体声音乐或者杜比音效，可以是游戏需要，也可以是 K 歌、录音等。根据不同的用途，用户可以灵活选择声卡，获得最佳的性价比。购买网卡的用途可以是实现无线功能、提升网速等。

二、明确声卡和网卡的采购计划与方式

用户明确了采购需求后，就可以选择采购方式，可将你所采用的采购方式填入表 2-33。

表 2-33　声卡（网卡）的采购方式

用户	采购渠道	采购平台	注意要点
A 用户			
B 用户			
C 用户			
D 用户			

通常情况下，计算机配件的采购渠道分为线上和线下两种。线上采购平台如京东、淘宝、闲鱼、拼多多等，线下采购平台如数码广场、电脑门店、品牌连锁店等。采购时，可以从价格、售后、平台可靠性、店铺口碑（用户评价）等多方面综合分析，尤其注意查询和判断产品真伪。

三、解读声卡和网卡参数

用户确定了采购需求和采购方式后，就可以开始有针对性地查找适合的声卡和网卡产品了。

目前市场上常见的声卡品牌有创新科技（Creative）、摩羯（MOGE）等，网卡的品牌有普联（TP–LINK）、Intel、COMFAST 等。

现以创新科技（Creative）、Intel 为例分别解读声卡和网卡采购过程中需要关注的参数及注意事项，见表 2-34 和表 2-35。

表 2-34　声卡的参数

创新科技（Creative）Audigy 5	性能参数	
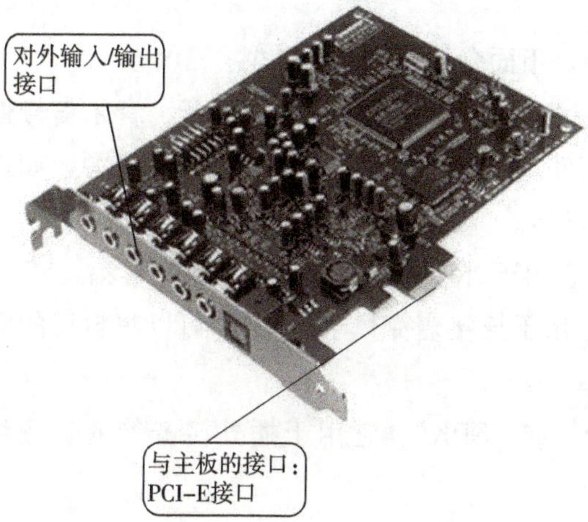	**主要性能**	
	声卡类别	模拟声卡
	声道系统	7.1声道 ①
	安装方式	内置
	适用类型	家用
	采样位数 ②	24 bit
	其他参数	600MB可用硬盘空间 CD-ROM或DVD-ROM驱动器 1GB内存

注：

① 7.1 声道系统：作用是在听者的周围建立起一套前后声场相对平衡的声场。

②采样位数：数值越大，解析度就越高，录制和回放的声音就越真实。

表 2-35　网卡的参数

英特尔（Intel）9301CT 千兆台式机网卡	性能参数

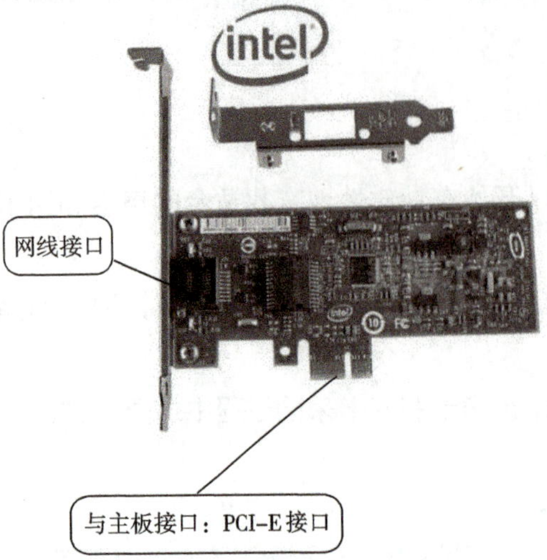

主要参数

适用网络类型	千兆以太网
传输速率	1000Mbps
主芯片	Intel 82574L
总线类型	PCI-E 1x
网络标准	IEEE802.3ad，IEEE 802.1Q，IEEE 802.1p
网络端口数	1个
网络接口类型	RJ-45
远程唤醒功能	支持
全双工/半双工	全双工/半双工自适应
适用领域	台式计算机

注：

传输速率：网卡每秒钟接收或发送数据的能力。

购买声卡时要根据接口的实际需求来选择。下面介绍几种接口类型。

1）线型输入接口，标记为“Line In”。Line In 端口将品质较好的声音、音乐信号输入，通过计算机的控制将该信号录制成一个文件。通常，该端口用于外接辅助音源，如影碟机、收音机、录像机及 VCD 回放卡的音频输出。

2）线型输出端口，标记为“Line Out”。它用于外接音箱功放或带功放的音箱。

3）话筒输入端口，标记为“Mic In”。它用于连接麦克风（话筒），可以将自己的歌声录下以实现基本的“卡拉 OK 功能”。

4）扬声器输出端口，标记为“Speaker”或“SPK”。它用于插外接音箱的音频线插头。

5）MIDI 即游戏摇杆接口，标记为“MIDI”。声卡上带有一个游戏摇杆接口来配合模拟飞行、模拟驾驶等游戏软件，这个接口与 MIDI 乐器接口共用一个 15 针的 D 型连接器（高档声卡的 MIDI 接口可能还有其他形式）。该接口可以配接游戏摇杆、模拟方向盘，也可以连接电子乐器上的 MIDI 接口，实现 MIDI 音乐信号的直接传输。

6）光纤输出接口，光纤输出是一种数字音频输出的方式，可以传输无损音频。

特别提醒：

声卡和网卡的采购要确认主板是否有与之匹配的插槽，PCI 的金手指只能对应 PCI 插槽，PCI-E X1 可以兼容 PCI-E X4/X8/X16。

根据上述内容，结合所学知识，通过互联网搜索等方式帮助各类用户筛选出适合的声卡和网卡产品，并将详细性能指标填入表 2-36 中。

表 2-36 所选声卡（网卡）性能指标

用户	品牌 + 型号	价格	性能指标				
用户 A							
用户 B							
用户 C							
用户 D							

知识提炼

声卡（Sound Card）也叫音频卡，是计算机多媒体系统中最基本的组成部分，是实现声波/数字信号相互转换的一种硬件。声卡是把来自话筒、磁带、光盘的原始声音信号加以转换，输出到耳机、扬声器、扩音机、录音机等音响设备，或通过音乐设备数字接口（MIDI）发出合成乐器的声音。

一、声卡的组成及工作原理

声卡是由数字信号处理芯片、A/D 和 D/A 转换器、总线接口芯片、音乐合成器、混音器等部分组成。

（1）数字信号处理芯片

数字信号处理芯片可以完成各种信号的记录和播放任务，还可以完成许多处理工作，如音频压缩与解压缩运算、改变采样频率、解释 MIDI 指令或符号，以及控制和协调直接存储器访问（DMA）工作。

（2）A/D 和 D/A 转换器

声音原本以模拟波形的形式出现，因此必须转换成数字形式才能在计算机中使用。为实现这种转换，声卡含有把模拟信号转换成数字信号的 A/D 转换器，使数据可存入磁盘中。

为了把声音信号输出给喇叭或其他设备播出，声卡则通过 D/A 转换器把计算机中以数字形式表示的声音信号转换成模拟信号播出。

（3）总线接口芯片

总线接口芯片指在声卡与系统总线之间传输命令与数据的元件。

（4）音乐合成器

音乐合成器是负责将数字音频波形数据或 MIDI 消息合成为声音的元件。

（5）混音器

混音器可以将不同途径（如话筒或线路输入、CD 输入）的声音信号进行混合。此外，混音器还为用户提供软件控制音量的功能。

声卡的工作原理是从话筒中获取声音模拟信号，通过模数转换器（ADC）将声波振幅信号采样并转换成一串数字信号，存储到计算机中。重放时，这些数字信号送到数模转换器（DAC），以同样的采样速度还原为模拟波形，放大后送到扬声器发声，这一技术称为脉冲编码调制技术（PCM）。

无论是独立声卡，还是集成声卡，其基本架构和基本工作原理都是相似的，即都包括输入和输出两部分。

（1）输入部分

麦克风接收外界声音后产生模拟信号，模拟信号通过插座接口输入声音，进行模拟信号到数字信号的转换，接着交由主芯片进行数字信号处理，再由总线传入系统。

（2）输出部分

CD 或播放器软件对音源解码后，所得到的数字信号通过总线通道输入声卡，主芯片对数字信号进行处理，然后通过 DAC 进行数字信号到模拟信号的转换，最终通过插座接口输出到耳机或音箱等播放设备，成为人们听到的声音。

对于声卡的输出功能，还有一种情况，就是数字输出。声卡的主芯片对数字信号进行处理后，通过声卡上的同轴输出接口或光纤输出接口进行输出，此时所输出的信号仍为数字信号，需要额外的解码器对信号进行解码，并转换为模拟信号，才能被播放设备进行播放。现在市场上有些独立声卡在设计上比较极端，只带有数字输出接口，而无模拟输出接口，消费者选购时应注意。

二、声卡的发展历程

世界上第一块声卡称为 ADLIB 魔奇音效卡，如图 2-42 所示，于 1984 年诞生于英国的 ADLIB AUDIO 公司。ADLIB 魔奇音效卡是单声道的，而且音质比较糟糕，但它的诞生开创了计算机音频技术的先河。

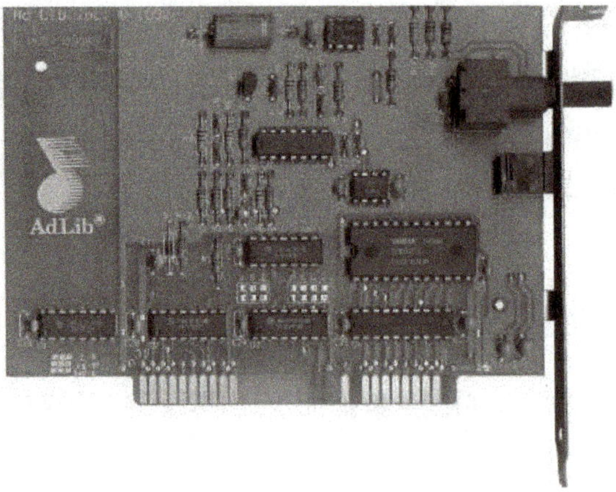

图 2-42　ADLIB 魔奇音效卡

真正把声卡带入个人计算机领域的，是由新加坡创新公司董事长沈望傅先生发明的Sound Blaster“声霸卡”。该声卡在当时引起了轰动，PC终于可以“说话”了。后来的Sound Blaster 16（如图2-43所示）拥有16位的复音数（指在回放MIDI时由声卡模拟出的能同时模拟发声的乐器数目），该声卡能较为完美地合成音频效果，具有划时代的意义。

图2-43　Sound Blaster 16

第二次重大变革是Sound Blaster 64 Gold（如图2-44所示）采用了EMU8000音频芯片的SB 64 Gold（技术）。其性能让人吃惊，让人们认识到声卡发出的声音也能如此动听，当然价格也比较昂贵。EMU8000芯片支持64位复音数、镀金的接线端子、120db的动态范围、96db的信噪比。由于声卡使用了ISA总线，限制了PC音频系统的发挥，只能实现虚拟的3D音频技术，而且在播放中，由于使用了低带宽的ISA总线，因此在信噪比和保真度方面还有一定的问题。

图2-44　Sound Blaster 64 Gold

经过两次变革，创新（Creative）公司在声卡界慢慢主导了行业中的标准。当然其他公司的声卡也出了几个精品，像ESS的ESS688F、Topstar的Als007等，它们都是以极为低廉的价格提供了与Sound Blaster 16相近的性能。

第三次声卡大变革是由于Sound Blaster 64 Gold使用的ISA总线带宽太窄了，限制了声卡的发展，因此PCI声卡诞生了。第一个PCI声卡是S3的Sonics Vibes，它拥有一个32位复音的波表生成器，支持Microsoft Direct Sound和Direct Music加速，并且附带了SRS 3D音效和Infinipatch Downloadable音色库下载标准。但是它与DOS环境不兼容，音频回放时存在爆音。回放MIDI时的噪声和相对拙劣的回放效果，使得PCI声卡产品饱受争议。

但随着Sound Blaster推出了Sound Blaster Live，如图2-45所示，凭借超高性价比使PCI声卡迅速占领市场。Sound Blaster Live采用了PCI总线结构，声卡与系统的连接有了更大的带宽，能实现一些ISA声卡上没有能力实现的效果，如可使用Downloadable（能够下载）的音色库，拥有更为逼真的3D音效、更好的音质和信噪比等，这些都把PC音频推向了另一个高峰。

图2-45　Sound Blaster Live

当今，PC音频的进一步发展将主要体现在4个方面：PCI声卡向PCI-E声卡过渡；逼真的回放效果；高质量的3D音效；转向USB音频设备。

三、声卡的性能指标

声卡的性能指标包括采样的位数、采样的频率、信噪比、失真度、声道等。

（1）采样的位数

采样位数可以理解为声卡处理声音的解析度，是指声卡在采集和播放声音文件时所使用的数字声音信号为二进制位数，客观地反映了数字声音信号对输入声音信号描述的准确程度。采样的位数有8位、16位、24位、32位。8位代表2的8次方——256，16位则代表2的16次方——64K。一段相同的音乐信息，16位声卡能把它分为64K个精度单位进行处理，而8位声卡只能处理256个精度单位。由此可见，位数数值越大，解析度就越高，录制和回放的声音就越真实。

（2）采样的频率

采样的频率是指录音设备在1s内对声音信号的采样次数。采样频率越高，声音的还原就越真实、越自然。一般声卡的采样频率为22.05kHz、44.1kHz、48kHz、96kHz。

（3）信噪比

信噪比指声音输出的有效信号与噪声信号的比值，由百分比表示，计量单位是 dB。其值越高，说明因设备本身原因而造成的噪声越小。

（4）失真度

失真度可表征处理后的信号与原始波形之间的差异情况，为百分比值。其值越小，说明声卡越能真实地记录或再现音乐作品的原貌。

（5）声道

声卡所支持的声道数是衡量声卡档次的重要指标之一，声道已从早期的单声道发展到现在的环绕立体声道，环绕立体声道中的 5.1 声道已广泛运用于各类传统影院和家庭影院中，一些比较知名的声音录制压缩格式，如杜比 AC−3（Dolby Digital）、DTS 等，都是以 5.1 声音系统为技术蓝本的。

现在 7.1 声道已经开始普及，它在 5.1 声道的基础上又增加了中左和中右两个发音点，以求达到更加完美的境界。

四、网卡的组成及工作原理

网卡，即网络接口控制器，主要充当计算机和网络缆线之间的连线或物理接口。数据在计算机总线中并行传输，而在网络的物理缆线中以串行的比特流方式传输。网卡承担串行数据和并行数据间的转换功能，负责将计算机中的数字信号转换成电信号或光信号。

网卡由主芯片、BootROM 槽、数据泵、晶振、LED 指示灯、网线接口、总线接口等组成，如图 2-46 所示。因为在网络上的每一个计算机都必须拥有一个独一无二的 MAC 地址，所以电气电子工程师学会（IEEE）会为销售商生产的每一个网卡分配唯一的 MAC 地址。它有独一无二的 48 位串行号，被写在卡上的一块 ROM 中。也就是说，世界上不会有两个拥有同样地址的网卡。

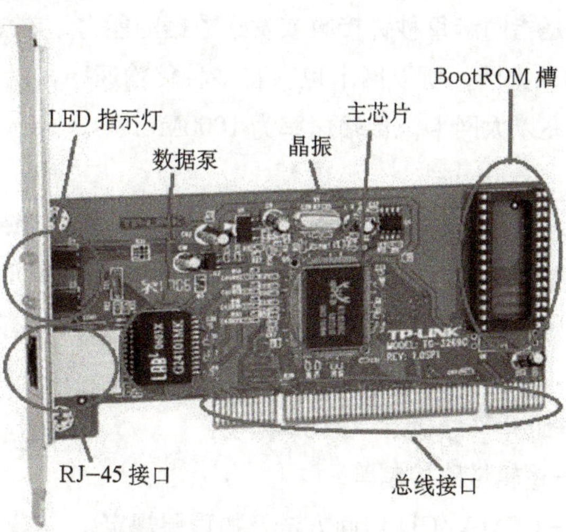

图 2-46 网卡的基本结构

(1) 主芯片

主芯片是网卡的控制中心，一块网卡性能的好坏和功能的强弱主要看主芯片的质量。

(2) BootROM 槽

BootROM 槽即无盘启动 ROM 接口，用来通过远程启动服务来构造无盘工作站。

(3) 数据泵

数据泵的作用为传输数据和隔离使用网线连接的不同网络设备间的不同电平。数据泵还能对设备起到一定的防雷保护作用。

(4) 晶振

晶振即石英振荡器，提供基准频率。

(5) LED 指示灯

LED 指示灯用来指示网卡的不同工作状态。例如，ACT 指示灯闪烁时，表示该端口有数据收发；LNK 指示灯长亮时，表示表面链路正常。

(6) 网线接口

目前一般使用 8 芯线的 RJ-45 接口。

(7) 总线接口

总线接口用于将网卡与计算机主板相连接，内置式网卡需要通过“金手指”的总线接口插在计算机主板的扩展槽中，有 ISA、PCMCIA、PCI、PCI-E 等几种总线类型，现在主流的有 PCI、PCI-E 接口。

五、网卡的性能指标

网卡的性能指标主要有传输速率、网络标准、是否支持全双工 / 半双工、远程唤醒、网络接口类型等。

(1) 传输速率

网卡的传输速率是指网卡每秒钟接收或发送数据的能力，单位是 Mbit/s(兆位 / 秒)。由于存在多种规范的以太网，所以网卡也存在多种传输速率，以适应它所兼容的以太网。目前网卡的主流为千兆以太网卡，传输速率为 1000Mbit/s。

(2) 网络标准

按照技术规范，局域网 (LAN) 可划分为以太网 (Ethernet)、令牌环 (Token Ring)、令牌总线 (Token Bus) 和光纤分布式数据接口 (FDDI)。它们所遵循的都是 IEEE (电子电气工程师学会) 制定的以 802 开头的标准，目前共有 11 个与局域网有关的标准，它们分别如下。

IEEE 802.1——通用网络概念及网桥等。

IEEE 802.2——逻辑链路控制等。

IEEE 802.3—— CSMA/CD 访问方法及物理层规定。

IEEE 802.4——ARCnet 总线结构、访问方法及物理层规定。

IEEE 802.5——Token Ring 访问方法及物理层规定等。

IEEE 802.6——城域网的访问方法及物理层规定。

IEEE 802.7——宽带局域网。

IEEE 802.8——光纤局域网（FDDI）。

IEEE 802.9——ISDN 局域网。

IEEE 802.10——网络的安全。

IEEE 802.11——无线局域网。

（3）是否支持全双工／半双工

网卡的全双工（Full Duplex）是指网卡在发送数据的同时也能够接收数据，两者同步进行，这好像人们平时打电话一样，说话的同时也能够听到对方的声音。目前的网卡一般都支持全双工。

半双工就是指一个时间段内只有一个动作发生，举个简单例子，一条窄窄的马路，同时只能有一辆车通过。若遇到两车对向行驶，就只能让一辆车先过，等到它通过后再让另一辆车通过。这个例子形象地说明了半双工的原理。早期的对讲机以及集线器等设备都是基于半双工的产品。随着技术的不断进步，半双工将逐步退出历史舞台。

（4）远程唤醒

远程唤醒（Wake-on-LAN，WOL）是由网卡配合其他软硬件通过局域网实现远程开机的一种技术。无论被访问的计算机离用户有多远、处于什么位置，只要处于同一局域网内，就能够随时被启动。这种技术非常适合具有远程网络管理要求的环境，如果存在这种需求，在选购时应注意网卡是否具有此功能。

（5）网络接口类型

网卡最终是要与网络进行连接的，所以也就必须有一个接口使网线通过它与其他计算机网络设备连接起来。不同的网络接口适用于不同的网络类型，目前常见的接口主要有以太网的 RJ-45 接口、细同轴电缆的 BNC 接口和粗同轴电缆的 AUI 接口、FDDI 接口、ATM 接口等。而且有的网卡为了适用于更广泛的应用环境，提供了两种或多种类型的接口，如有的网卡会同时提供 RJ-45、BNC 接口或 AUI 接口。

其中，RJ-45 接口类型的网卡是常见的且应用广泛的一种，这主要得益于双绞线以太网应用的普及。因为 RJ-45 接口类型的网卡应用于以双绞线为传输介质的以太网中，它的接口类似于常见的电话接口 RJ-11，但 RJ-45 是 8 芯线，而电话线的接口是 4 芯的，如图 2-47 所示。在网卡上还自带两个状态指示灯，通过这两个指示灯的颜色可初步判断网卡的工作状态。

图 2-47　RJ-45 接口与 RJ-11 接口

项目评价 PROJECT EVALUATION

（一）任务完成度评价表

任务	要求	权重	分值
CPU 选购	能够结合不同用户的实际情况来明确 CPU 采购需求和采购方式，学会解读 CPU 产品的品牌、型号和性能指标参数，具备 CPU 选购能力；了解 CPU 的发展历程，理解 CPU 结构原理、性能指标和体系结构	20	
内存选购	能够结合不同用户的实际情况来明确内存采购需求和采购方式，学会解读内存产品的品牌、型号和性能指标参数，具备内存的选购能力；了解内存的发展历程，理解内存的分类、结构特性、性能指标	15	
主板选购	能够根据用户应用需求，运用主板的选购技巧，综合分析计算机各硬件与主板间的兼容性来选择合适的主板产品；理解主板的结构、分类、工作原理和插槽、芯片组等特性	15	
显卡与显示器选购	能够根据用户应用需求，综合分析显卡和显示器的品牌、型号、技术参数等情况，完成显卡与显示器的选型；理解显卡的类别、结构、接口特性和显示器的主要技术参数	15	
硬盘选购	能够结合不同用户的实际情况来明确硬盘的采购需求和采购方式，学会解读硬盘产品的品牌、型号和性能指标参数，具备硬盘选购能力；了解硬盘的发展历程，理解硬盘的结构与数据存储过程	15	
声卡与网卡选购	能够结合不同用户的实际情况来明确声卡和网卡的采购需求、采购方式，学会解读声卡和网卡产品的品牌、型号和性能指标参数，具备声卡和网卡的选购能力；了解声卡的发展历程，进一步理解声卡和网卡的结构与工作原理	10	
总结与汇报	呈现项目实施效果，做项目总结汇报	10	

（二）项目总结

项目学习情况：

心得与反思：

项目三

计算机系统常见故障与解决办法

项目概述

当今社会，计算机使用的频率越来越高，发生硬件故障与软件故障的概率也越来越大。如何预防、诊断、排除计算机系统故障，保障系统高效、稳定运行，是计算机维护人员的重要工作和职责。本项目以微型台式计算机为对象，围绕常见硬件故障、驱动程序的安装与维护、病毒与木马的查杀、注册表设置与优化、组策略设置与优化、浏览器故障解决、系统运行提速这 7 项具有一定代表性和可操作性的工作任务展开介绍。

通过任务的实施和拓展，知识的梳理和提炼，读者能初步掌握微型台式计算机日常硬件、软件维护的技能，并具备安全、规范意识，还可具备分析和解决实际问题的能力。

任务一

常见计算机硬件故障排除

任务描述

信息技术类专业的小董被大家称为“计算机医生”，常常会有人向他寻求帮助，请教计算机故障的解决方法。面对各种各样的计算机故障，小董有时也会感到力不从心，亟须掌握计算机硬件故障分析方法，从而更好地检测与处理各类故障。

通过本任务的学习，读者能够甄别计算机故障类别，梳理计算机硬件故障检测流程，分析与排除 CPU、主板、内存、硬盘、显卡、声卡、显示器、光驱等部件的常见故障，并能建立维护档案。在实践操作的基础上，进一步了解计算机故障检测和排除的基本原则，综合分析造成计算机故障的原因，总结常见硬件故障的检测与处理方法。

任务实施

一、甄别计算机硬件故障类别

根据引起故障的来源不同，故障可以分为“硬件故障”（或称“硬故障”）和“软件故障”（或称“软故障”）。

“硬件故障”是指计算机硬件系统使用不当或硬件物理损坏所造成的故障。在这些硬件故障之中又有“真故障”和“假故障”之分。

“真故障”是指各种板卡、外设等元器件出现电气故障或者机械故障等物理故障，这些故障可能导致板卡或外设的功能丧失，甚至造成计算机系统无法启动。造成这些故障的原因多数与外界环境、操作方法等有关。

“假故障”是指计算机系统中的各部件和外设完好，但由于硬件安装与设置、外界因素影响等原因（如电压不稳、超频处理等），计算机系统不能正常工作。例如，没有正确安装内存条会导致无法正常开机。

计算机的硬件系统包括主机系统和外部设备，计算机硬件故障也因此包括“主机硬件故障”和“外部设备故障”。一般来说，硬件故障现象和可能引起故障的原因见表 3-1。

表 3-1 硬件故障现象及可能引起故障的原因

硬件故障现象	可能引起故障的原因
显示屏幕出现花屏	此类故障多是显卡发生故障而造成的
显示器显示故障	此类故障可能是显示器受潮或被磁化而引起的
计算机频繁死机	此类故障多是某些硬件不兼容或散热不良而造成的
计算机无故重启	此类故障多是电源工作不稳定或电压不稳而造成的
通电启动时主板报警	此类故障可能是不同的计算机部件引起的，需要根据不同的报警声音进行综合分析

二、梳理计算机硬件故障检测流程

计算机硬件故障检测流程如图 3-1 所示，可根据该流程来检测计算机是否存在故障，并在表 3-2 中记录相应数据。在找到故障的根源后，收集该硬件的相关资料。

表 3-2 计算机硬件故障检测结果记录

主要故障现象	
故障根源	

可根据具体的故障现象，定位故障所在部位，提出合理的解决方案，采用相关故障排除方法，实现故障的有效解决。

三、排除计算机主机硬件故障

（一）常见 CPU 故障分析与排除

1. CPU 温度问题

故障现象：一台计算机在运行时，CPU 温度上升，计算机整体可用性降低，软件运行速度慢，原本能够顺畅使用的计算机变得卡顿，最终因 CPU 温度过高出现死机或黑屏等现象。

故障分析：CPU 是计算机中的“发热大户”，如果其散热器功能不强，导致热量不能及时散发出去，使得 CPU 长时间在高温状态下工作，就会出现“电子迁移”现象。计算机运行不稳定，运算出错的状况也会相应增加。而且长期高温的状态会使 CPU 永久性损坏。主板监控功能可以获得 CPU 工作温度，但要注意 CPU 的核心温度无法准确测量，主板测温的结果仅供参考。一般情况下，40℃以内都属于 CPU 正常的工作温度。

解决方法：从硬件角度来说，在较低的环境温度下使用计算机、重新涂抹散热硅脂、

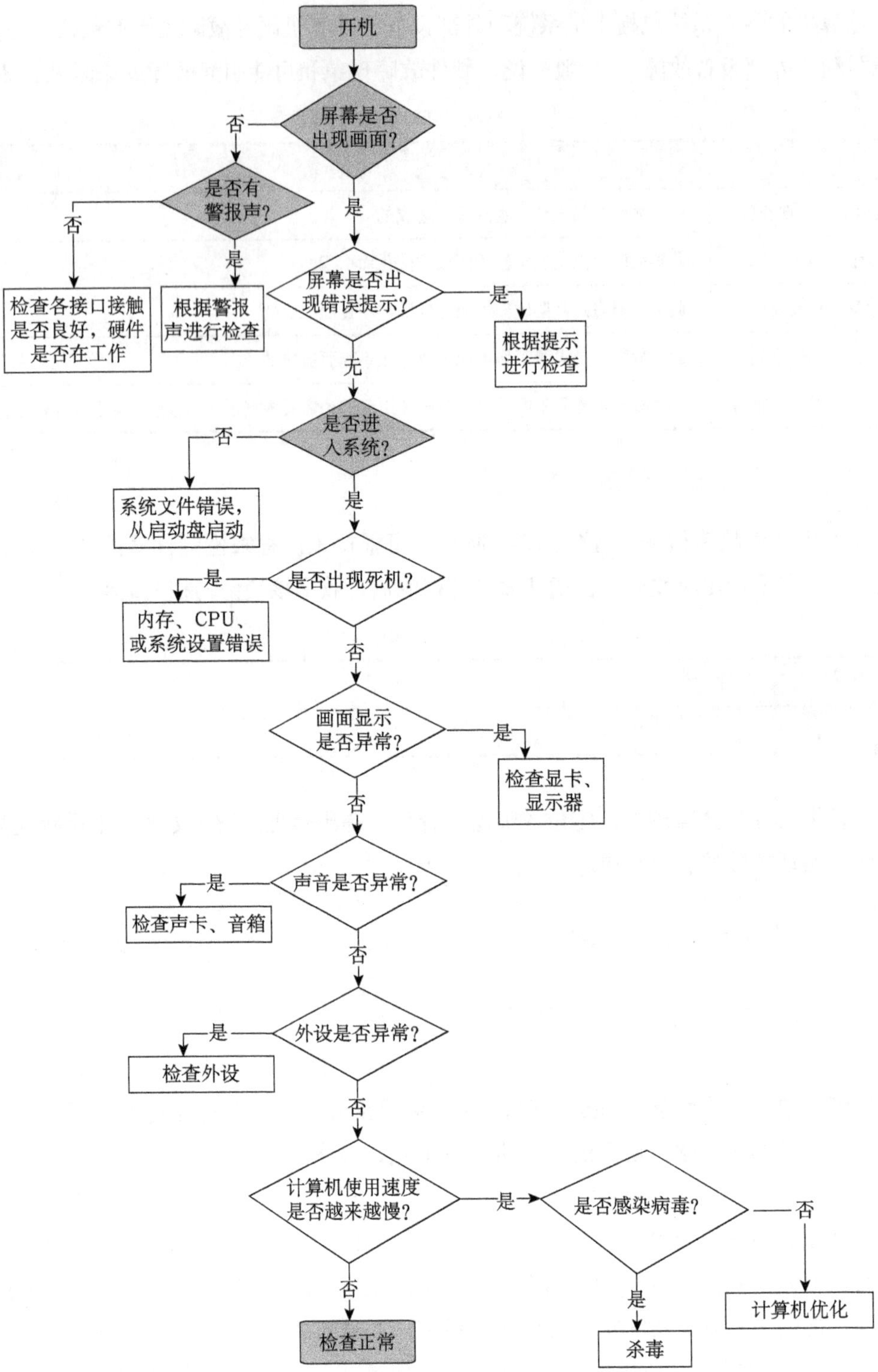

图 3-1　计算机硬件故障检测流程

给计算机的散热风扇清理灰尘等，都可以在一定程度上解决问题。当然，更换一个质量较好、转速较高的 CPU 风扇效果更佳。从软件角度来说，可以采用对 CPU 降频、关闭后台软件、关闭 Turbo Boost、阻止部分程序大量调用独立 GPU 等方法，但其副作用是牺牲性能。

(1) 通过 Windows 自带的电源计划来降低 CPU 温度

步骤一：单击“开始”→“所有程序”→“控制面板”选项，如图 3-2 所示。

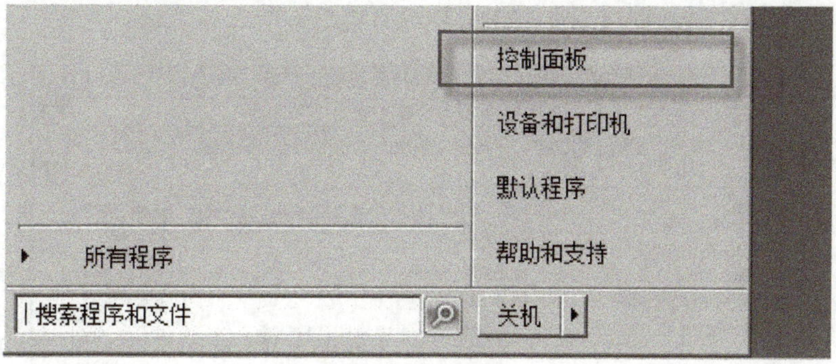

图 3-2 打开控制面板

步骤二：修改查看方式，单击“查看方式”旁的下拉按钮，在弹出的下拉列表中单击“大图标”选项，如图 3-3 所示，找到“电源选项”图标并单击，如图 3-4 所示。

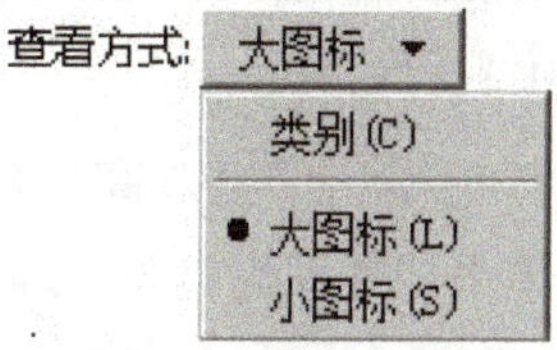

图 3-3 切换为“大图标”

图 3-4 “电源选项”图标

步骤三：在打开的“电源选项”窗口中选择“首选计划”中的“节能”单选按钮，如图 3-5 所示。尽可能降低计算机性能以节能，从而减少热量的产生，降低 CPU 温度。

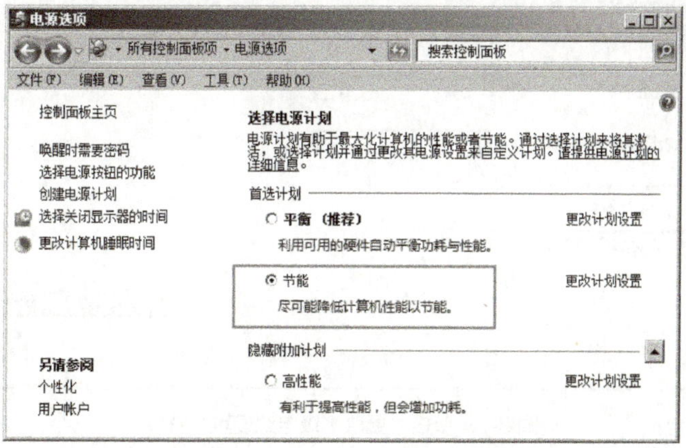

图 3-5 “首选计划”中的“节能”单选按钮

Turbo Boost 英特尔睿频加速技术，是 Intel 为解决 CPU 瞬时处理压力过大而设计的加速技术，可以理解为自动超频。有些应用，如 Chrome，由于频繁地触发 Turbo Boost，因此会产生过多的热量，导致计算机温度上升。此时，可关闭 Turbo Boost。

(2) Windows 关闭 Turbo Boost

步骤一：进入“控制面板”，修改查看方式，单击“查看方式”旁的下拉按钮，在弹出的下拉列表中单击“大图标”选项，找到“电源选项”图标并单击，进入“电源选项”窗口，单击“更改计划设置”按钮，如图 3-6 所示。

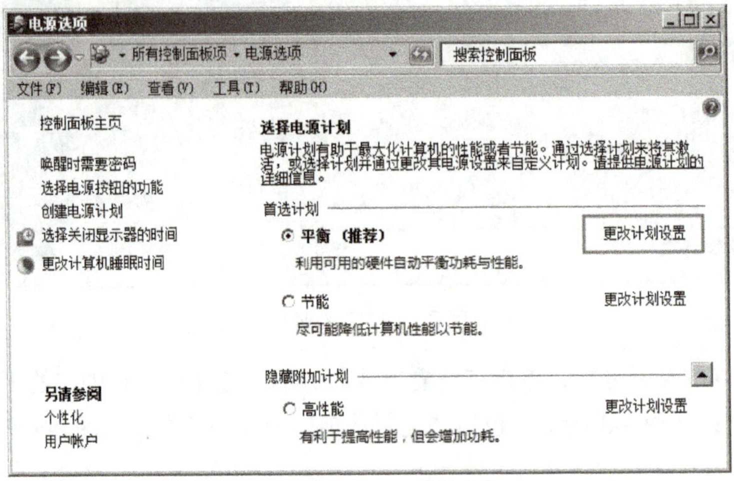

图 3-6　单击“更改计划设置”按钮

步骤二：在弹出的“编辑计划设置”窗口中单击“更改高级电源设置”链接，如图 3-7 所示。在弹出的“电源选项”对话框中单击“处理器电源管理”→“最大处理器状态”选项，将“设置”值调整到 99%，如图 3-8 所示。

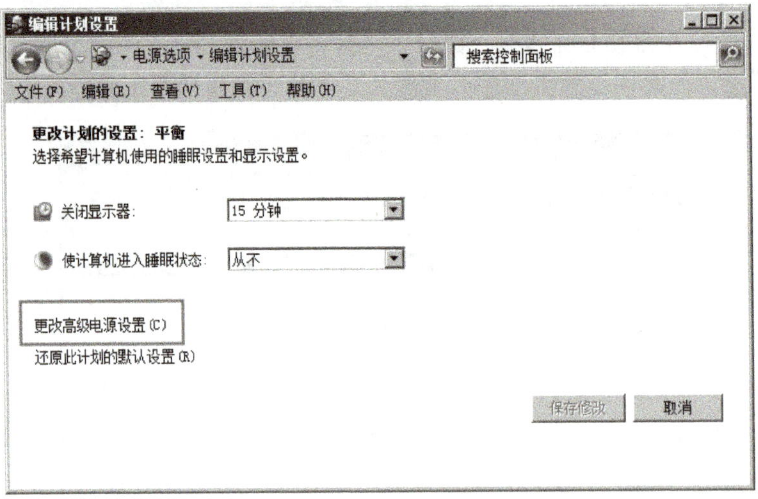

图 3-7　单击“更改高级电源设置”链接

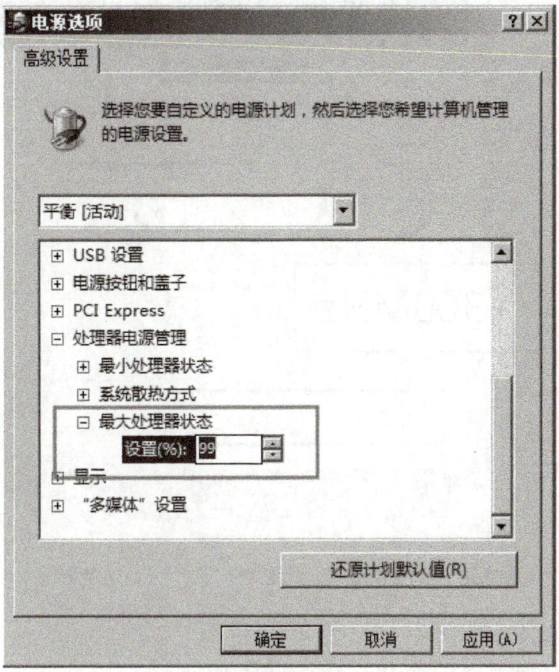

图 3-8 设置“最大处理器状态”的“设置”值

(3) 选购优良的散热器帮助 CPU 降温

元件运行产生大量热量，散热器可以有效地降低温度，其运行功效主要取决于导热铜管的设计、传热底座的做工、散热鳍片的大小和风扇产生的风量。导热铜管越粗（大部分是 6mm，也有少量 8mm 的）、数量越多，传热底座越平整，散热鳍片越多，风扇产生的风量越大，散热能力越好。鉴于当前市场中的散热器品牌杂多，质量参差不齐，建议选购时认准大品牌。千元以下，可优先选择风冷散热器，相对划算且安全。另外，要留意机箱的限高，查看机箱是否能够容纳下散热器，同时还要注意散热器支持的平台等信息。散热器风量用 CFM 表示，风量越大，散热效果越好。

知识链接 CPU 温度检测

与计算机的显示器、网卡、显卡、电源、硬盘等设备相比，CPU 的损坏概率要低得多。因为 CPU 在设计时，提供了软件预先报警功能，可及时监控并阻止温度上升。若效果不佳，硬件就会在危急时刻自动切断电源，进一步阻止 CPU 温度上升。

这里以实时监测 CPU 和 GPU 温度的软件 NZXT CAM 为例进行介绍。NZXT CAM 能够查看计算机在做什么。从处理器负载到带宽消耗，NZXT CAM 知道哪些应用程序正在使用计算机的哪个部分，可以快速查找所有问题，以确保计算机处于最佳性能。另外，玩家在游戏中也可以使用该软件，通过稳定的游戏叠加层，低影响地跟踪 FPS、温度、带宽等，图 3-9 所示为其界面。

该监测软件可供用户免费下载，下载地址：https://www.nzxt.com/camapp。

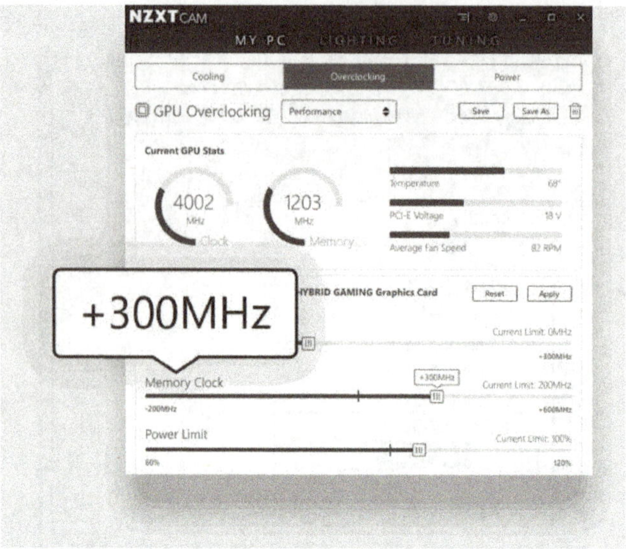

图 3-9　CPU 和 GPU 测温软件 NZXT CAM 的界面

2. CPU 超频问题

故障现象：CPU 超频导致计算机无法启动或频繁重启。

故障分析：对 CPU 进行合理的超频，不仅不会影响计算机的正常运行，还会提升性能，因此超频成为许多用户提升计算机性能的一种手段。但是，过度超频会产生大量热量，导致“电子迁移”现象，从而损坏 CPU 内部芯片。

解决办法：当无法进入 BIOS 设置选项解决 CPU 降频时，可以打开机箱，在主板上找到给 CMOS 放电的跳线，一般在 CMOS 电池的旁边，将其设置为“CMOS 放电”，或取下 CMOS 电池，稍微等待几分钟，再将跳线或是电池复位并重启计算机即可。有些主板上有超频失败专用重置选项，也可以进行降频操作。

下面介绍 CMOS 放电的几种方法。

方法一：取电池放电法。

打开机箱，在主板上找到 CMOS 电池，在其安装位置的侧面找到一个金属片，只要轻轻一按即可让 CMOS 电池弹起，如图 3-10 所示。

图 3-10　CMOS 电池

方法二：切换跳线放电法。

CMOS 放电跳线一般为 3 个引脚，位于主板 CMOS 电池插座附近，并附有电池放电说明，跳线帽连接在标识为“1”和“2”的引脚上，露出引脚“3”时，为“Normal”，即正常的使用状态；当跳线帽连接在标识为“2”和“3”的引脚上时，露出引脚“1”，是“Clear CMOS”，即清除 CMOS。

使用镊子或其他工具将跳线帽连接在标识为“2”和

“3”的引脚上，可清除用户在 BIOS 内手动设置的各项参数值，恢复成主板出厂时的默认设置。静待片刻，再拔下跳线帽，重新插回“1”“2”引脚。注意，如果没有将跳线帽恢复到 Normal 状态，则无法启动计算机，并会有报警声提示。

如图 3-11 所示，可以看到电池的放电说明。

图 3-11　电池放电说明

方法三： 短接电池插座的正负极。

对于一些主板来讲，即使将供电电池取出很久，也不能达到 CMOS 放电的目的。此时，通过短接电池插座正负极来对 CMOS 放电可以有效解决这一问题。拔下电源线，给主板断电，将主板上的 CMOS 供电电池取出，然后使用可以有导电性能的物品，如螺钉旋具、镊子等，短接电池插座上的正极和负极，使电池短路，如图 3-12 所示，从而达到 CMOS 放电的目的。

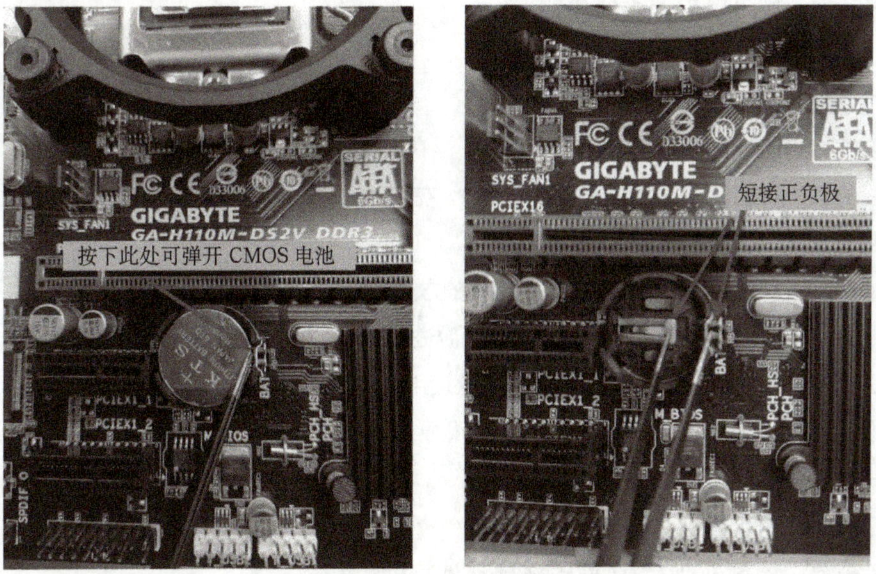

图 3-12　使用镊子短路正负极进行放电

3. CPU 引脚问题

故障现象：某用户的计算机一直能够正常使用，有一天却突然无法开机，屏幕无信号输出显示，认定为显卡出现故障。用替换法检查后，发现显卡并无问题，则推测是显示器出现故障。经检查后，显示器一切正常。拔下插在主板上的 CPU，仔细观察并无烧毁痕迹，但是无法点亮机器，后来发现该 CPU 为铜材料制造，外层镀金的 CPU 引脚均发黑、发绿，有氧化的痕迹和锈迹。图 3-13 所示为正常的 CPU 引脚。

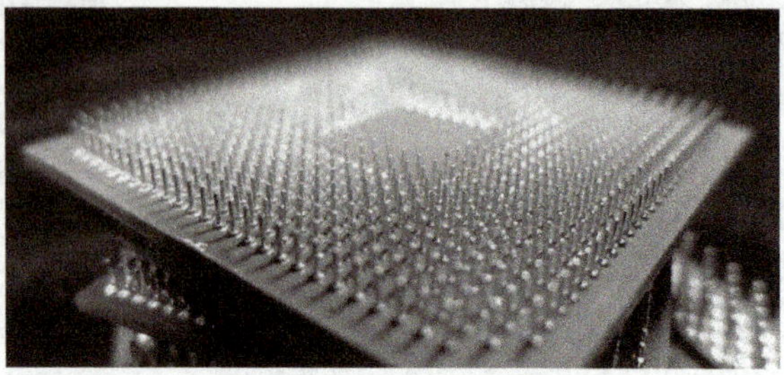

图 3-13　正常的 CPU 的引脚

故障分析：可能是因为制冷片将芯片的表面温度降到了结露点之下，导致 CPU 长期在潮湿环境中工作。而裸露的铜引脚在此环境中与空气中的氧气发生反应，生成了铜锈，日积月累，大量锈斑造成接触不良，从而引发这次故障。此外，不排除某些劣质主板因 CPU 插槽质量不好造成的接触不良情况，需要用户自行固定 CPU 和插槽的接触，即可解决。

解决办法：用牙刷和镊子等工具对 CPU 引脚做清洁工作，进行修复，计算机即可正常通电工作了。此外，修复 CPU 引脚的过程中还可能存在一种情况：在插拔 CPU 过程中发现 CPU 插座的引脚变形或是引脚断裂。此时可以用镊子复位，将断的引脚焊接上，如果断脚丢失，则可以用大头针代替。

试一试：

焊接引脚式 CPU 断脚的操作步骤如下。

步骤一：将 CPU 断脚所在位置的表面清理干净，在断面上用焊锡和松香迅速上锡，使锡能均匀地附着在断面上。

步骤二：将 CPU 断掉的引脚清理干净，用同样的方法上锡。

步骤三：将 CPU 固定在桌面上，可以利用双面胶进行固定，左手用镊子夹住断脚，使上锡的一段与 CPU 断脚处相接，右手快速用电烙铁将二者焊接在一起，可以多使用一些松香，使焊接出的接点小而光滑。

4. CPU 松动问题

故障现象：检测不到 CPU 而无法启动计算机。

故障分析：主板上的一些可插拔芯片容易接触不良，这类故障极易发生在 CPU 芯片、内存芯片以及各种扩展槽上，如 AGP 扩展槽普遍存在插不紧的问题。所以，应检查

CPU 是否插入到位，特别是采用 Slot 插槽的 CPU。

解决办法：重新安装 CPU，并检查 CPU 插座的固定杆是否固定完全。

（二）常见主板故障分析与排除

主板作为决定计算机整体性能的关键性部件，对计算机系统性能的稳定性起着至关重要的作用。虽然主板本身的故障率不是很高，但其上承载的硬件架构和软件系统一旦发生故障，就会直接影响计算机系统的整体工作。所以，很多时候需要借助主板的信息来判断是否由其他硬件设备故障导致计算机使用问题的产生。

引起主板故障的主要原因如下。

1）人为故障：人为操作不当，如带电插拔板卡或是在安装板卡和插入插头时用力不当，造成对接口、芯片等的损害。

2）环境不良：静电常造成主板上的芯片（特别是 CMOS 芯片）被击穿。另外，主板遇到电源损坏或电网电压瞬间产生的尖峰脉冲时，主板供电插头附近的芯片往往也会损坏。另外，如果主板上布满了灰尘，那么容易造成信号短路。

3）器件质量问题：由芯片和其他器件质量不良导致的损坏。

1. 在 BIOS 设置时死机

故障现象：频繁死机，即使在 BIOS 设置时也会出现死机现象。

故障分析：存储着重要硬件数据的 BIOS 是主板中比较脆弱的部分，极易受到破坏，一旦受损就会导致系统无法运行。排除病毒感染和 CMOS 芯片灰尘过多的原因，造成故障的原因一般有两个：主板散热不良；主板缓存有问题。

解决办法：

①如果死机后发现 CPU 周围的主板元件温度异常的高，用手触摸有明显灼热感，那么可以考虑这是由于主板散热不好而发生的故障，可采取更换大功率风扇的方案解决。②如果是主板缓存有问题，那么可以进入 BIOS 进行设置，将 Cache（缓存）禁用即可。但是禁用缓存会在一定程度上使计算机运行速度降低。③如果仍然不能解决故障，则需要更换主板、CPU。

2. CMOS 参数丢失

故障现象：每次开机总是提示需要设置 CMOS，CMOS 设置后再次开机，仍然存在此现象。开机后提示“CMOS Battery State Low”，有时可以启动，使用一段时间后则会死机。

故障分析：此类故障现象一般是由于主板电池电压不足而导致 CMOS 供电不足引起的。

解决方法：一般情况下，更换电池即可。如果主板电池在更换后还是不能解决问题，则应该检查主板 CMOS 跳线是否有问题。如果将主板上的 CMOS 跳线错设置为清除选项或者设置成外接电池，那么也会导致 CMOS 参数无法保存的情况。若以上原因都不是，则需考虑主板电路是否出现问题，需要返厂维修。

3. 主板上键盘接口不能使用

故障现象：开机自检时出现提示“Keyboard/Interface Error”（如图 3-14 所示）后死机，拔下键盘，重新插入后又能正常启动系统，使用一段时间后键盘无反应。

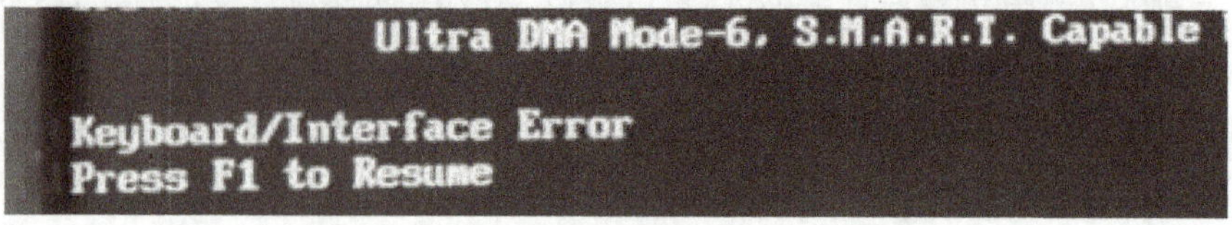

图 3-14 “Keyboard/Interface Error”提示

故障分析：出现这种现象，一般是因为键盘、鼠标和计算机连接时多次插拔而导致接口松动，使键盘、鼠标与主板接触不良。

解决办法：拆下主板，用电烙铁重新将接口焊接好即可。如果还是存在故障，则考虑是否因带电拔插键盘而引起主板上的一个保险电阻（Fn）断开，可替换电阻再进行检测。

4. CMOS 检查出错

故障现象：开机后，屏幕显示错误信息“CMOS checksum error–Defaults Loaded”，如图 3-15 所示。

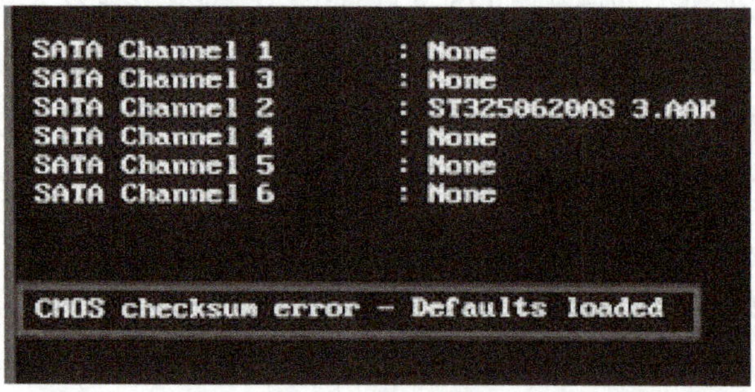

图 3-15 “CMOS checksum error–Defaults loaded”提示

故障分析：错误信息的意思是“CMOS 整体检查发现错误，载入默认设置”。通常，出现这种状况的原因是电池电量不足。

解决方法：可以尝试先更换电池，如果问题依然存在，则可能是 CMOS RAM 有问题，可以联系经销商或相关客户服务单位进行维修。

5. 主板接口损坏

故障现象：启动计算机后，可以正常运转 1min 左右，然后自动停止，无论是单击鼠标、使用键盘输入内容，或是其他操作，都没有任何反应。

故障分析：根据故障现象分析，造成此故障的原因可能是用户带电插拔相关硬件，此时用户可以使用多功能卡代替，但在代替之前必须先禁止主板上自带的 COM 口与并行口，有的主板需要将 IDE 口都禁止才能正常使用。

解决办法：可以更换主板或使用多功能卡代替主板上受损的接口。

（三）常见内存故障分析与排除

内存作为计算机的主要部件之一，其性能好坏直接决定计算机能否安全、稳定地工作。下面介绍在实际操作过程中常见的内存故障及故障排除方法。

1. 开机无显示

故障现象：计算机开机无任何反应，显示器无任何显示。

故障分析：内存条的金手指镀金工艺不佳，或经常插拔内存条而使金手指在使用过程中因为接触空气而出现氧化生锈现象，从而导致内存条和主板接触不良，从而产生此类故障。另外，内存条损坏或者主板内存插槽有问题也会造成接触不良，使开机无显示。

解决办法：将内存条拔下，用橡皮擦来回擦拭其金手指部位，注意不要用酒精等溶剂进行清洗。擦完后，把内存条重新插回插槽。注意内存条的缺口位置，找准位置后，稍用力将内存条按入内存条插槽中，此时内存条插槽两端的扣会自动跳回，将内存条锁住。特别注意，不正确的安装会导致内存条和主板接触不良。

2. Windows 注册表无故损坏

故障现象：系统经常无故提示 Windows 注册表损坏，并要求用户恢复，如图 3-16 所示。

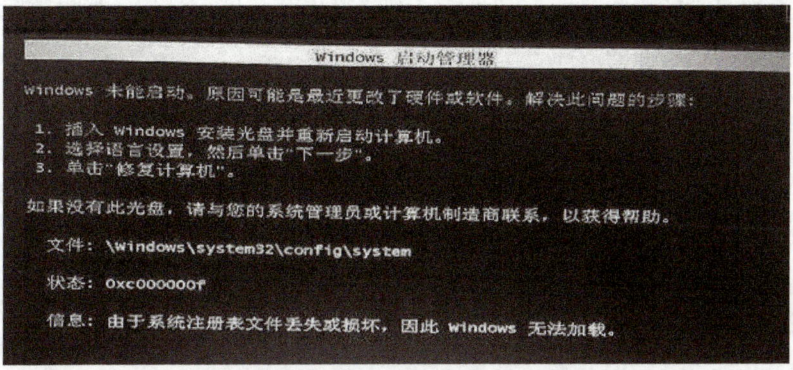

图 3-16　Windows 注册表损坏的屏幕提示

故障分析：此类故障一般都是由于内存条质量不佳引起的，很难通过修复内存条来恢复。

解决办法：唯一的办法就是更换内存条。

3. 随机性死机

故障现象：系统总是处于不稳定的状态，随时都有死机的可能，在执行大型程序的时候，死机的现象尤为突出。

故障分析：此类故障一般是由于采用了几种不同芯片的内存条造成的。各内存条速度不同，产生了一个时间差，从而导致死机。另外，也有可能是内存条与主板接触不良而引起计算机随机性死机，但此类现象比较少见。

解决办法：可以在 CMOS 中进行设置，通过调整内存读取速度使不同型号的内存条速度尽量保持一致，从而减少时间差。更推荐更换成相同型号的内存条。

4. 内存加大后性能降低

故障现象：原本使用一个内存条可以正常运行，但为了升级计算机性能，增加了一个内存条，结果系统性能反而降低，开机时要检测 3 遍内存才能通过，且检测时间很长。

故障分析：系统性能降低一般是由于主板与内存条不兼容引起的，常见于高频率的内存条用于某些不支持此频率内存条的主板上。

解决办法：当出现系统性能降低的故障后，可以试着在 CMOS 中设置内存的速度，使其相应降低。如果要减少自检时间，可以在 BIOS 中设置，单击“Advanced BIOS Features”→“Quick Power Self Test”选项，将其设置为 Enabled 即可。

5. 开机提示“Error：Unable to Control A20 Line”

故障现象：计算机开机后系统报错，不能正常启动，屏幕上显示“Error：Unable to Control A20 Line”。

故障分析：此提示信息说明内存存在问题，可能是内存条硬件故障、硬件间接触不良，或者是主板的控制电路有问题，也有可能是灰尘和锈迹导致的。

解决方法：首先查看内存条和主板的外观，查看是否有过多的灰尘和锈迹，重新插拔进行清理，查看是否能排除故障。若不能，则更换内存条进行测试；如果故障消失，则说明是内存条质量问题引起的故障。

小提示：

灰尘对计算机的影响

有些计算机故障，往往是由于机器内灰尘较多引起的，这就要求在维修过程中注意观察故障机内部、外部是否有较多的灰尘。如果是，应该先进行除尘，再进行后续的判断、维修。

四、排除计算机外设硬件故障

（一）常见硬盘故障分析与排除

硬盘是计算机的主要部件，安装着计算机的操作系统，所以当硬盘出现故障时，计算机就不能正常工作。了解硬盘的常见故障，可以避免硬盘中的重要数据资料丢失。

1. 开机报错“HDD Controller Failure”

故障现象：系统启动后，屏幕出现错误信息“HDD Controller Failure”。

故障分析：错误信息的意思是“硬盘控制器启动失败”。此种情况下，硬盘本身故障的可能性比较低，硬盘的数据线或电源线没有正确连接或者出现接触不良的可能性较高。如果新接上的硬盘不被接受，那么一个常见的原因就是硬盘上的主从跳线。这要求在一条硬盘线上接两个硬盘设备时要分清楚主从关系。

解决办法：打开机箱检查硬盘的连线情况，重新将硬盘的数据线和电源线插好。在确认硬盘跳线没有问题的情况下，可以更换硬盘的电源线或数据线来解决此类故障。如果在自检时听到硬盘有周期性的噪声，那么就表明硬盘的机械控制部分或者传动臂出现问题。图 3-17 是硬盘的盘面和传动臂。

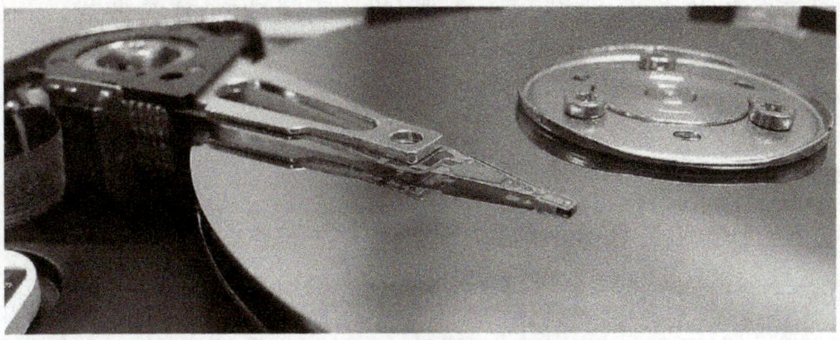

图 3-17　硬盘盘面和传动臂

2. 开机报错“Missing operating system”

故障现象：系统无法正常启动，且显示错误提示“Missing operating system”如图 3-18 所示。

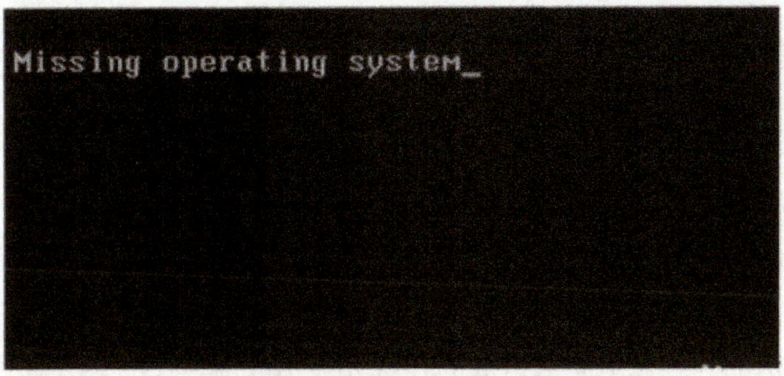

图 3-18 “Missing operating system”提示

故障分析：错误信息大意为“操作系统丢失”。这种故障通常是由于 DOS 引导文件损坏、主引导程序损坏、分区表损坏、分区有效位错误引起的。其中，DOS 引导记录位于逻辑 0 扇区，是由高级格式化命令 FORMAT 生成的。

解决办法：在修复硬盘引导文件后无法排除故障，可以尝试通过软件修复损坏的硬盘分区来排除，例如，可以使用 Fdisk、NDD、PartitionMagic 等。此外，要排除这种故障，可以进入 BIOS 重新设置第一启动项为“Hard Drive”，从硬盘启动。如果不能解决，可以设置 U 盘为第一启动项，将 U 盘启动盘插入后进行重装系统。

3. 启动时出现怪音

故障现象：某计算机硬盘在使用过程中的噪声很大，不定时发出有规律的“咔哒”声。

故障分析：硬盘在工作时都会有一定的噪声，如果硬盘发出“噌噌”的声音，说明是正常现象。如果出现类似“炒豆子”的声音，那么只要不影响性能，也属于正常现象。但如果出现“咔哒咔哒”的声音，则意味着硬盘出现故障——硬盘轴承带动传动臂与盘片发生了碰撞，此时磁头已经不在正常的轨道上。若不及时将磁头归位，那么时间一长硬盘很可能彻底报废。

解决办法：硬盘必须紧固，不能只用一两颗螺钉固定；固定硬盘的螺钉不能太长，也不能太短，不能拧得太紧，以防损伤电路板和盘体。当硬盘出现怪音时，要第一时间备份文件资料。如果硬盘最后出现功能性故障，则建议送修或者更换硬盘。

小提示：

拆卸计算机时注意“电”

不能带电操作：在拆卸计算机进行检测和故障排除时，一定要先将主机电源拔除，然后做好相应的安全保护措施。除了 SATA 接口和 USB 接口的硬件外，其他硬件不要进行热插拔，以保证自身和设备的安全。

小心静电：为了保护自身和计算机部件的安全，在进行检查和故障排除之前最好戴上防静电手套。

（二）常见显卡故障分析与排除

显卡作为计算机中的图像专业处理硬件，一旦出现故障，将直接导致显示器不能正常显示信息。

1. 开机无显示或死机

故障现象：启动计算机时，显示器出现黑屏现象。

故障分析：此类故障一般是因为显卡与主板接触不良或者主板插槽有问题而导致的。对于一些集成显卡的主板，如果显存共用主存，则需注意内存条的位置，一般内存条要插在第一个内存插槽上。因显卡原因造成的开机无显示故障，AWARD BIOS 在开机后一般会发出一长两短的蜂鸣声。出现死机故障，一般是主板与显卡不兼容或主板与显卡接触不良的原因。另外，显卡与其他扩展卡不兼容也会造成死机。

解决办法：①判断是否是由显卡接触不良引发的故障。关闭电源并打开机箱，将显卡拔出，清理灰尘，用橡皮擦擦拭显卡的金手指，再重新插好显卡，查看故障是否排除。②如果故障依旧，那么可能是显卡硬件的问题，一般是芯片或显存损坏。将显卡装到正常的计算机上测试，开机仍出现显示屏黑屏或死机，则可确认是显卡的问题，应更换显卡。

2. 显示器花屏，看不清字迹

故障现象：计算机正常开机，正常运行，但是一开机就出现花屏情况，屏幕看不清字迹。图 3-19 所示就是花屏情况的一种。

故障分析：花屏一般是由于显卡故障引起的，可以先从显卡下手，排除故障。如果是新换的显卡，则可能是显卡的质量不好或不兼容，也有可能是没有安装正确的驱动程序。如果是旧显卡加显存的话，则有可能是新加的显存和原来的显存型号参数不一所致。

图 3-19　花屏情况

解决办法：检查显卡是否存在散热问题，如果确实有问题，则需要换风扇或在显存上加散热片。如果平常操作都没有故障，只在某些程序运行时花屏，则考虑显示驱动与程序不兼容，可更新驱动或者更换显卡来排除故障。

3. 屏幕出现异常杂点或图案

故障现象：窗口中出现一些异常的竖线或不规则的小图案。

故障分析：此类故障一般是由于显卡的显存出现问题或显卡与主板接触不良造成的。

解决办法：清洁显卡金手指部位和主板显卡插槽后重新安装显卡或更换显卡。

（三）常见声卡故障分析与排除

1. 声卡无声

故障现象：声卡安装过程一切正常，设备都能正常识别，也没有插错槽，但却依然无法发出任何声音。

故障分析：可从几个方面进行检查。音箱或者耳机与主机是否正确连接；音箱或者耳机性能是否完好；音频连接线有无损坏；Windows 音量控制中的各项声音通道是否被屏蔽。

解决办法：①驱动程序默认输出静音时，可单击“静音”图标。②调整 PnP 卡所使用的系统资源，使各卡互不干扰。打开“设备管理”选项，即使没有看见黄色的冲突标志，但是声卡不发声，说明冲突还是存在的，只是系统没有检查出来，可以更换声卡进行检测。③若一个声道无声，可检查声卡到音箱的音频线是否短路。

2. 播放 CD 无声

故障现象：播放 VCD 正常，但播放 CD 却无声。

故障分析：可能没有连接好 CD 音频线，这条 4 芯线是 CD-ROM 和声卡附带的。音频线的一头与声卡上的 CD IN 相连，另一头则与 CD-ROM 上的 Analog 音频输出相连。需要注意，早期声卡上的 CDIN 类型有所不同。

解决办法：必须用适当的音频线与之配合使用。

3. 爆音

故障现象：声卡在放音过程中出现间歇干扰声。

故障分析：根据机器配置，可分为 3 种情况。① PCI 显卡和 PCI 声卡争夺 BUS Master

引起的。②声卡与 VIA 主板的兼容问题。③ CD−ROM 的数字音频输出引起爆音。

解决办法：①使用模拟方式输出 CD 信号，但音质会有所下降；②平时关闭 CD DIGITAL 通道，当欣赏 CD 时再打开。

（四）常见显示器故障分析与排除

显示器是计算机系统中主要的输出设备。当显示器出现故障时，即使计算机仍在正常运行，用户也不能对计算机进行操作。

1. 液晶显示器不能开机

故障现象：显示器不能开机。

故障分析：显示器不能开机，可能原因有 3 种情况。①电源线没有插紧。②电源开关损坏。③电源电路中的保险丝、开关管等元件损坏。

解决办法：①检查显示器电源是否插紧。②检查元器件有无明显烧痕和接触不良，更换烧坏元器件，排除接触不良。③检查电源开关是否正常。④检查保险丝、开关管。

2. 显示器黑屏

故障现象：计算机主机正常运行，连接的显示器却没有图像，呈黑屏状态。

故障分析：显卡损坏或显示器断线等原因造成没有信号传送到显示器，显示器的指示灯会不停地闪烁，提示没有接收到信号。另外，显示器分辨率的设置超过最大值、硬件冲突等也会引起黑屏。

解决办法：更换显示器与主机之间的数据线，检测是否是由数据线引起的故障。若未排除故障，则可以通过更换显示器来进行排除。若仍未排除，则考虑更换显卡进行故障排除。

3. 颜色显示不正常

故障现象：计算机开机后，显示器颜色显示不正常，如图 3-20 所示。

图 3-20　显示器颜色显示不正常

故障分析：引起该故障的原因多为显卡与显示器信号线接触不良、显示器自身故障、显卡损坏等。CRT 显示器如果与有磁性的物体过分接近，显示器被磁化，也会出现此类现象。显示器被磁化后还可能会引起显示画面出现偏转的现象。

解决办法：检查并排除接触不良现象，检查液晶显示器周围有无磁场，将显示器转移，使其脱离磁场影响。利用目前大多数显示器都有的消磁功能也可以解决部分偏色问题。如果多次消磁后依然存在，则需要交由专业消磁团队进行消磁。

（五）常见光驱故障分析与排除

1. 光驱不读盘

故障现象：光驱无法正常读盘，显示器显示错误信息“驱动器 X 上没有磁盘，插入磁盘再试”，或显示“CDR101：NOT READY READING DRIVE X ABORT.RETRY.FALL?”。或者偶尔几次进出盒后能读盘，但不久又不读盘。

故障分析：有可能是病毒引起的无法读盘。

解决办法：首先应该检测病毒，用杀毒软件对全盘进行病毒查杀。如果没有发现病毒，那么检查光驱驱动程序是否被破坏。如果以上两步都没有发现问题，则需要拆卸光驱进行维修。

2. 开机检测不到光驱

故障现象：打开计算机，发现开机后总是检测不到光驱或者检测失败。

故障分析：这种情况有可能是光驱数据线接头松动、硬盘数据线损毁或光驱跳线设置错误引起的。

解决办法：先检查数据线是否松动，如果有松动就将其重新插好。如果不能排除故障，那么用一根新的数据线替换进行测试。如果故障依然存在，则检查光盘跳线设置。如果有错误，那么将其更改。

（六）维修档案建立

用户一旦遇到计算机使用故障，应务必认真观察故障发生时所呈现的状况，较为准确地描述出故障现象，然后根据故障现象进行全面的分析，提出多种可能性，并按照一定的顺序采用一定的方法逐一排除，最终解决故障。同时，反思并总结故障原因、注意事项和处理方法。作为计算机维护人员，可在计算机故障的诊断与处理过程中建立较为完善的档案资料。

知识提炼

一、计算机故障检测的原则

计算机故障检测所要遵循的原则有先软后硬、先假后真、先外后内、由大到小、由表及里、先电源后负载、先静态后动态、先一般故障后特殊故障、先简单后复杂、先公共性故障后局部性故障、先主要故障后次要故障。

先软后硬：计算机故障包括硬件故障和软件故障两种。排除软件故障比硬件故障更容易，所以首先应分析操作系统和应用软件是否产生故障，通过检测软件或工具软件排除软件故障的可能，然后开始检查硬件的故障。

先假后真：对于计算机出现的某一故障，可能只是由于电源没开、数据线没有连接等假故障造成的，在排除假故障后才将其作为真故障处理。

先外后内：应首先检查外部设备是否正常（如打印机、键盘、鼠标等是否存在故障），然后查看电源的插接、信号线的连接是否正确，再排除其他故障，最后才拆卸机箱，检查内部的主机部件是否正常，尽可能不盲目拆卸部件。

计算机故障检测应做到归类演绎，即在处理故障时，善于运用已掌握的知识或经验将故障进行分类，然后寻找相应的方法进行处理。在处理故障之后还应认真记录故障现象和处理方法，以便日后查询，并借此不断提高自身的故障处理水平。

二、计算机故障排除的原则

注意安全：安全第一，这是处理故障最基础的原则。因此，在拆卸计算机并排除故障时，应首先检查电源是否切断，并做好相应的安全保护措施，以保证用户自身和计算机部件的安全。

充分观察：即充分了解计算机所用操作系统和应用软件的相关知识，以及产生故障部件的工作环境、工作要求和近期所发生的变化等情况。

仔细分析：在动手处理故障之前，应先根据故障的现象分析该故障的类型，以及应选用哪种方法进行处理，切忌盲目动手，造成故障的扩大。

三、计算机故障的原因分析

1. 对计算机进行不当操作或维护失败

1）安装错误：计算机硬件在主板中都有固定的接口或插槽，安装错误可能会使硬件因为接口或插槽的额定电压不同而引发短路。

2）板卡被划伤：计算机中的板卡一般都是分层印制的电路板，如果不慎划伤，可能会将其中的电路或线路切断，导致短路故障甚至烧毁板卡。

3）安装不当：安装显卡、声卡等硬件时，需要将其用螺钉固定到适当位置。如果安装不当，就可能导致板卡变形，最后因为接触不良导致故障。

4）安装时受力不均：硬件在安装时，如果将板卡插入插槽中时用力不均，则可能损坏插槽或板卡，导致接触不良甚至板卡不能正常工作。

5）带电插拔：除了现在流行的 SATA 和 USB 接口的设备外，计算机的其他硬件都是不能带电插拔的，容易造成短路，将硬件烧毁。另外，按照安全用电的标准，也不应该带电插拔硬件，因为这样可能对人身造成伤害。

6）带静电触摸硬件：静电有可能造成计算机中各种芯片的损坏。在维护硬件前，应当用手接触暖气管或水管等可以放电的物体，将身体的静电放掉后再接触计算机中的部件。另外，在安装计算机时应该将机壳用导线接地，可以有效防止静电。

7）错误地修改BIOS参数：错误地修改BIOS设置中的某些参数也有可能导致故障。如修改了CPU的报警温度，将温度范围缩小，那么在正常使用的情况下，系统可能自动报警，并可能自动重新启动计算机。

8）删除系统文件：在对操作系统进行维护时，有时需要删除一些多余的垃圾文件，但有些文件是不能删除的，如系统盘的“Windows”文件夹中的大多数文件，还有一些软件的安装文件等。如果删除了这些文件，将导致操作系统和软件不能启动等故障。

2. 不适合的环境

1）电源：计算机的正常工作电压应在220V的±10%之间，频率应在50Hz的±5%之间，并且不能有较大幅度的波动，同时应具有良好的接地。

2）湿度：计算机正常工作的环境湿度应在30%~80%之间，湿度过高容易使元件受潮并引起短路，湿度过低则容易产生静电，造成硬件损坏。

3）电磁波：计算机在工作时会产生大量的电磁波，同时又对电磁波的干扰较为敏感，较强的电磁波干扰可能会造成硬盘数据丢失、显示器抖动等故障。

3. 硬件质量

1）假货：有些不法商家为了牟取暴利，使用质量差的元件仿制品牌产品。选购时应该注意产品的标码、防伪标记和制造工艺等。

2）电路设计有缺陷：硬件的电路设计应该遵循一定的工业标准，如果电路设计有缺陷，就很容易在使用过程中发生故障。因此，建议选购品牌硬件产品，它们在产品设计和质量上都有保证。

3）电子元件质量较差：计算机硬件的生产应该遵循一定的工业标准，有些硬件厂商为了追求更高的利润，使用一些质量较差的电子元件。这些元件达不到设计要求，就可能影响产品的质量，甚至造成故障。

4. 兼容性

1）硬件之间的兼容性：硬件都是由很多不同部件构成的，硬件之间出现了兼容性问题，其结果是不可调和的。通常在计算机组装完成后，第一次开机使用时就会出现硬件兼容性问题，解决的办法就是更换硬件。

2）软件之间的兼容性：软件是由程序组成的，其兼容性问题主要是由于操作系统自身的某些设置、拒绝运行软件中的某些程序而引起的。解决办法是下载并安装软件的补丁程序。

四、常见硬件故障的检测与处理方法

计算机维修的基本方法有观察法、软件诊断法、插拔法、最小系统法、替换法、诊断卡法、敲打法等。

1. 观察法

观察是维修及判断过程的最基本的方法，它贯穿于整个维修过程。观察时要全面、认真。观察的内容包括计算机使用环境，硬件配置情况，各插头、连接器、开关是否良好，风扇是否转动，机箱内部的积灰是否严重，以及故障的提示信息等。

1）眼看：观察有无打火花、烧焦冒烟、保险丝熔断、虚焊、脱焊、断线、短路、元件锈蚀、板卡变形、接插件插错或插歪、型号不配套等现象。

2）耳听：听机器是否发出异常响声及扬声器报警声来判断故障的部位。

3）鼻闻：即闻一下是否有烧焦的气味，查看是出自主机还是显示器，便于发现故障和确定短路设备位置。

4）手摸：通过手摸查验机器某部件温度是否正常、拨动一下有关插件查看是否松动。

2. 软件诊断法

当计算机出现运行不稳定的情况时，可以使用专用的检测软件来对计算机软硬件进行检测，如 3D Mark、鲁大师等，通过查看这些软件反复测试而生成的报告文件，就可以比较轻松地找到一些由于运行不稳定而引起的计算机故障。

3. 插拔法

插拔法是通过将怀疑有故障的板卡或接头拆卸，将接触部分（如金手指）清洁干净再重新安装来寻找故障位置的方法，就是通过将插件或芯片“拔出”或“插入”来寻找故障原因的一种方法。有一些大中规模的集成电路组件，如 CPU、RAM、ROM 等，也安装在插座上，也可用插拔法找出故障所在。

4. 最小系统法

最小系统法可分为硬件最小系统法和软件最小系统法，指的是能使计算机开机或运行所必需的最基本硬件和软件环境。

硬件最小系统法是通过主板报警声和开机自检信息来判断这几个核心配件是否可以正常工作。由组成基本硬件环境的电源、主板、CPU、内存条、显卡、显示器、键盘、硬盘等来看，最小系统分为以下 3 类。

1）启动型：电源 + 主板 +CPU+ 内存。

2）点亮型：电源 + 主板 +CPU+ 内存 + 显卡 + 显示器。

3）进入系统型：电源 + 主板 +CPU+ 内存 + 显卡 + 显示器 + 硬盘 + 键盘。

软件最小系统法则一般用来判断计算机能不能正常地启动和运行操作系统，有时还需要通过系统的安全模式实现检测。

在软件最小系统下，可根据需要添加或更改适当的硬件。例如：在判断音视频方面的故障时，应需要在软件最小系统中加入声卡；在判断网络问题时，就应在软件最小系统中加入网卡等。最小系统法，主要是要先判断在最基本的软硬件环境中系统是否可正常工作。如果不能正常工作，则可判定最基本的软硬件部件有故障，从而起到故障隔离的作用。最小系统法与逐步添加法结合，能较快速地定位发生在其他软件的故障，提高维修效率。

5. 替换法

替换法是指用好的部件去代替怀疑有故障的部件，以判断故障现象是否消失的一种维修方法。好的部件可以是同型号的，也可能是不同型号的。下面介绍替换的一般顺序。①根据故障的现象来考虑需要进行替换的部件或设备。②按先简单后复杂的顺序进行替换，如先内存、CPU，后主板。如果要判断打印故障，则可先考虑打印驱动是否有问题，再考虑打印电缆是否有故障，最后考虑打印机或接口是否有故障等。③最先考查、怀疑与有故障的部件相连接的连接线、信号线等，之后是替换怀疑有故障的部件，接着是替换供电部件，最后是替换与之相关的其他部件。④从部件的故障率高低来考虑最先替换的部件。故障率高的部件先进行替换。

6. 诊断卡法

诊断卡法是利用专用的主板诊断卡对硬件系统进行检查的方法。具体使用方法是将主板诊断卡插在主板的相应卡槽，开机后诊断卡上的指示灯或者数码管会显示出计算机的故障代码，根据故障代码可以轻松鉴别出有故障的部件。

7. 敲打法

敲打法一般用在怀疑某设备有接触不良的故障时，通过振动、适当的扭曲（连接线）甚至轻轻敲打的方法使故障复现或消失，从而判断出故障的位置。对由于组件、插接件接触不良或元器件虚焊等而出现的一些时隐时现的故障，采用这种方法很有效。

任务二

驱动程序的安装与维护

任务描述

小董重装了计算机系统，出现了一些状况：计算机不能正常上网，音箱无法播放音乐，新换的无线鼠标无法正常使用，屏幕上提示需要安装设备驱动程序。这些现象会不会是因为没有安装驱动程序造成的呢？但目前他对设备驱动程序是一知半解的。

通过本任务学习，读者能学会查看驱动程序的安装状态，并能熟练安装和卸载驱动程序。在实践操作的基础上，进一步了解驱动程序的作用和获取方式，熟知硬件驱动程序的安装流程。

任务实施

一、查看驱动程序安装状态

当计算机操作系统安装完成后，首要的工作就是要安装硬件设备的驱动程序。由于目前大众普遍使用的 Windows 操作系统里都内置了常见的驱动程序，因此用户可以利用“设备管理器”进行查看，检查哪些硬件设备的驱动程序没有安装或不能正常使用，进而有目的地进行诊断和补充安装。

步骤一：单击“开始”按钮，在“搜索程序和文件”的文本框内输入“设备管理器”进行查询，在列表中找到并单击“设备管理器”选项，如图 3-21 所示。

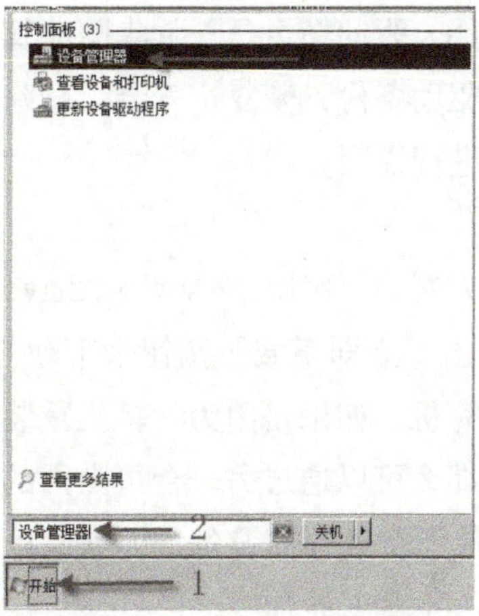

图 3-21　查找“设备管理器”

步骤二：打开“设备管理器”窗口。默认情况下，能够正常工作的硬件设备都会被折叠收起，如图 3-22 所示。单击设备前的加号或小三角可展开设备列表，从而可查看到硬件设备的型号；出现异常情况的硬件会自动展开。黄色问号表示该硬件未能被操作系统所识别。黄色的感叹号表示该硬件未安装驱动程序或驱动程序安装不正确。红色的叉号表示该硬件可能被手动禁用或已经损坏。图 3-23 所示为音频设备的驱动出现异常。

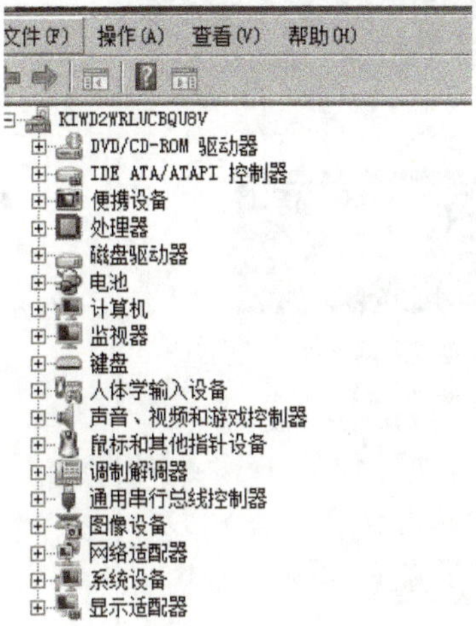

图 3-22　查看硬件设备正常情况

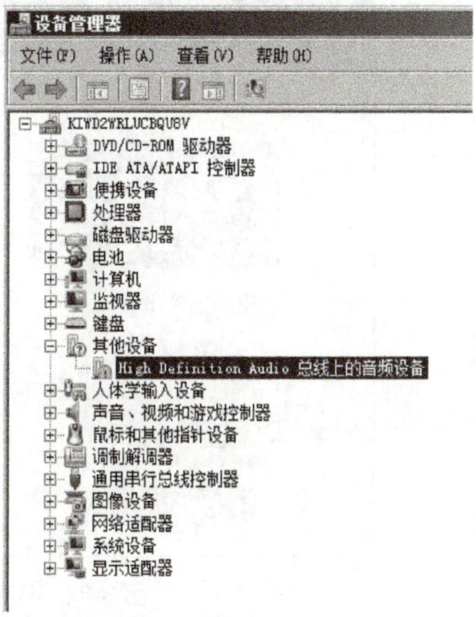

图 3-23　查看设备异常情况

二、安装驱动程序

一般来说，硬件设备会将相应的硬件驱动程序以光盘的形式附带在产品包装盒中。如果光盘已经丢失，可以到官方网站下载，也可以运用驱动精灵、驱动天使（超级兔子）、驱动人生等软件检测硬件的型号，下载驱动程序并安装。

“驱动之家”网站能提供驱动程序下载、新闻资讯浏览和产品评测等服务，用户可以从该网站下载“驱动精灵”软件。驱动精灵是一款集驱动管理和硬件检测于一体的驱动管理和维护工具，能为用户提供驱动备份、恢复、安装、删除、在线更新等实用功能。下面以“驱动精灵”安装驱动为例进行说明。

1. 安装驱动精灵软件

步骤一： 打开驱动精灵官方网站（http://www.drivergenius.com），首页如图 3-24 所示。用户可以在首页直接单击“立即下载”按钮来下载“驱动精灵标准版”，驱动精灵适用于网卡驱动正常的普通计算机。如果是因为计算机重装过系统或者其他情况而导致计算机未能正确安装网卡驱动，那么可以通过另一台可上网的计算机来下载“驱动精灵网卡版”，再将其放入 U 盘或者其他便携式存储设备，回到原计算机中安装。各大驱动软件基本都配有网卡版，用户可以放心下载安装程序。

图 3-24　驱动精灵网站首页

步骤二： 在计算机中找到并双击名为“DGSetup_Home_BZ.exe”的“驱动精灵标准版”的安装程序。如果查找软件有困难，则可以通过计算机搜索文件名进行查找，一般可以方便地找到安装文件保存的位置。

步骤三： 一键安装。在安装前要注意一些选项的选择。由于默认地址安装在 C 盘，容易拖慢计算机的运行速度，建议更改安装盘并选择驱动程序的安装位置。另外，应注意是否附带了其他软件，如果不需要，则可以取消选择，例如，再次单击图 3-25 中用框线标记的复选框中的“√”，可以取消附带软件的安装，然后单击“一键安装”按钮即可。

步骤四： 完成驱动精灵安装，单击“立即体验”按钮可以直接打开软件，此时桌面上出现驱动精灵的快捷方式。

2. 使用驱动精灵安装驱动程序

步骤一： 双击运行桌面上的“驱动精灵”快捷方式，再单击“立即检测”按钮，开始检测计算机中存在的设备问题，并显示检测进度。图 3-26 所示是“驱动精灵”的初始界面。

图 3-25　安装相关选项的选择

图 3-26　“驱动精灵”初始界面

步骤二： 检测完毕后将会呈现检测的概要情况，如图 3-27 所示。单击“修复”按钮可以修复问题。单击“升级”按钮可以将已经安装过的版本低的驱动程序升级到高版本。一些原来计算机上没有安装的驱动程序，会在检测后提醒用户进行安装，单击“安装”按钮即可。用户要根据实际的需求进行选择。

图 3-27　检测的概要情况

3. 管理驱动程序

步骤一： 启动“驱动精灵”，检测计算机后，选择“驱动管理”选项卡，可以显示驱动安装情况，如图 3-28 所示。

图 3-28 驱动安装情况

步骤二：可以选择多个需要升级的驱动一起升级，也可以分别单击驱动后的“升级”按钮。此外，单击“升级”按钮后的下拉按钮，打开下拉列表，可以查看驱动的详细信息，进行备份驱动、卸载驱动，查找驱动所在的位置。有备份记录的驱动还可以进行驱动还原操作。

三、卸载驱动程序

如果某些硬件设备不再使用，那么可以将其驱动卸载。另外，在更新和升级驱动时，往往要把旧驱动卸载掉。

步骤一：启动“驱动精灵”，选择“驱动管理”选项卡。

步骤二：使用鼠标单击需要卸载的驱动程序后的“升级”按钮后的下拉按钮，弹出下拉列表，如图 3-29 所示，在弹出的下拉列表中单击“卸载”选项。

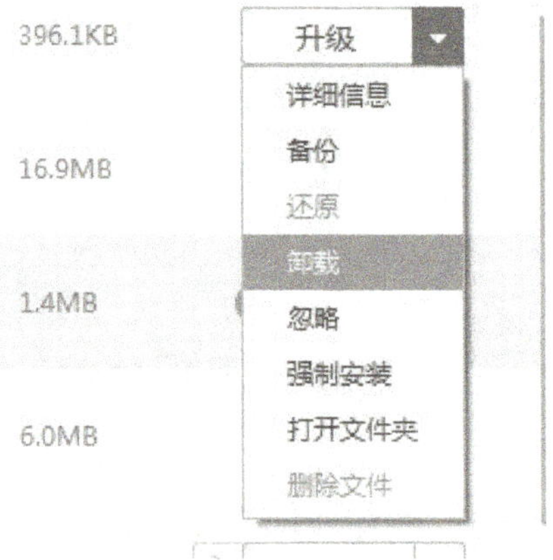

图 3-29 单击“卸载”选项

步骤三： 弹出“驱动卸载”提示框，提示是否确认卸载这个设备，如图3-30所示，单击“继续卸载”按钮即可卸载驱动程序。

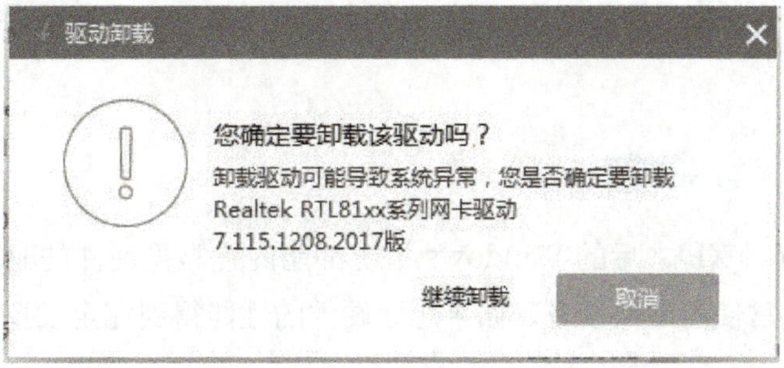

图3-30 “驱动卸载”提示框

如果出现误删，在还未关闭的“驱动精灵”窗口中已卸载的驱动仍然显示，右击驱动所在的这一栏，出现“安装驱动”命令，选择后即可进行自动安装，如图3-31所示。安装完毕提示“重启计算机”。

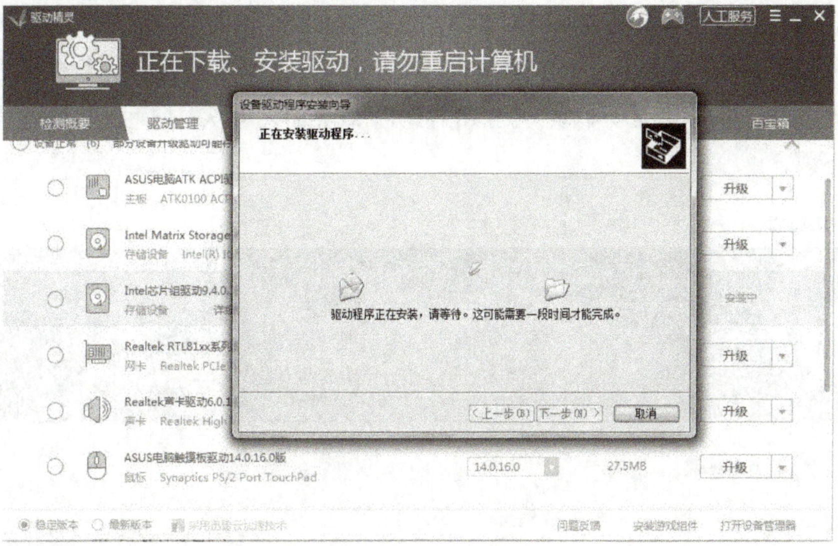

图3-31 安装驱动程序

知识提炼

驱动程序（Device Driver）全称为“设备驱动程序”，是一种可以使计算机操作系统和设备进行通信的特殊程序，相当于硬件的接口。操作系统只有通过这个接口，才能识别和控制相应的硬件设备工作，发挥出硬件设备的功能。例如，让声卡播放音乐，操作系统会先发送相应指令到声卡驱动程序，声卡驱动程序接收后，马上将其翻译成声卡能听懂的电子信号命令，从而让声卡输出音频信号，使音箱播放音乐。驱动程序是硬件厂商根据操作系统编写的配置文件，其中包含相关硬件设备的信息，因此可以使计算机与硬件设备进行通信。

驱动程序在系统中的地位十分重要，但并不是所有硬件都需要手动安装驱动程序，例如，硬盘、显示器、光驱、PS/2 接口的键盘和鼠标等 BIOS 及操作系统能识别的设备，就不需要另外安装驱动程序。操作系统和 BIOS 的版本越高，不需额外安装驱动程序的设备就会越多。

一、硬件驱动程序的获取

目前，Windows XP 之后的 Windows 系统都能内置常见硬件的驱动程序，用户无须进行安装就可以正常使用硬件设备。如果想让硬件的性能得到完全发挥，建议使用硬件厂商配套的硬件驱动。

安装硬件设备的驱动前应该先了解该硬件设备的产品型号，这样可以准确找到其对应的驱动程序。通常，用户可以通过以下几种方法获取驱动程序。

1. 硬件生产商提供

硬件生产商在提供各类计算机硬件设备的同时也会在包装盒中以光盘形式附送该设备的驱动程序，由于近些年计算机在配置时常常不再配置光驱，因此光盘的使用率不高，用户可以找到硬件生产商的官方网址，找到其提供驱动下载的页面，根据硬件型号选择使用的驱动进行下载及安装。图 3-32 是“华硕”提供的驱动下载界面，可以根据计算机的型号查找适合的驱动并下载。

图 3-32 “华硕”驱动下载页面

2. 系统内置

Windows XP、Windows 7、Windows 8、Windows 10 等操作系统都内置了常用的设备驱动，因此 CPU、主板、内存、光驱、键盘、鼠标、显示器等设备一般不需要安装驱动也可以正常工作，而显卡、声卡、网卡等却一定要安装驱动，否则便无法正常工作。另外，系统中的“Windows Update”更新服务如果是打开状态的，那么系统可以对驱动进行自动更新。

3. 到驱动网站下载

用户可以通过访问驱动之家、驱动人生等综合类驱动程序网站的驱动下载页面来获取驱动程序，也可以在驱动之家下载驱动精灵软件，进行驱动的管理、更新和维护。

二、硬件驱动程序的安装流程

硬件设备的驱动程序安装通常需要遵循一定的先后顺序，否则会造成资源冲突，从而导致频繁死机，甚至出现系统崩溃。一般情况下，驱动程序的安装可以按照以下的几个步骤进行。

1）安装主板驱动程序：因为所有部件都插在主板上，因此只有主板正常工作，其他部件才能正常工作。新买来的主板通常配备了设备相应的驱动光盘，使用该光盘即可安装主板驱动程序。将光盘放入光驱会自动显示驱动安装文件，一般双击 setup.exe 文件就能打开驱动程序安装界面，依照提示逐步进行操作即可完成。

2）安装 DirectX 和操作系统补丁：操作系统本身存在的漏洞易被攻击，为防止被攻击及破坏，正版操作系统会在使用中自动更新补丁，不需用户刻意去更新。

3）安装板载芯片驱动程序：主板上若集成了声卡、网卡、显卡芯片，则必须为这些板载设备安装相应的驱动程序，才能使它们正常地进行工作。通常，在主板驱动程序光盘中会附带这些板载设备的驱动程序。

4）安装外设驱动程序：安装摄像头、打印机、鼠标以及其他计算机外部设备的驱动器。

知识链接 什么是 DirectX

DirectX（Direct Extension，DX）是由微软公司创建的多媒体编程接口，是一种应用程序接口（API）。DirectX 可让以 Windows 为平台的游戏或多媒体程序获得更高的执行效率，加强 3D 图形和声音效果。同时，DirectX 为设计人员提供了一个共同的硬件驱动标准，让游戏开发者不必为每一品牌的硬件来写不同的驱动程序，有效降低了用户安装及设置硬件的复杂度。目前，DirectX 已被广泛使用于 Microsoft Windows、Microsoft XBOX、Microsoft XBOX 360 和 Microsoft XBOX ONE 电子游戏开发。

任务三

病毒与木马查杀

任务描述

小董在浏览了一篇关于 WannaCry 勒索病毒的报道后，发现当前计算机安全的最大威胁仍然是计算机病毒。自从“熊猫烧香”病毒爆发之后似乎没有听到过计算机病毒大爆发的消息，WannaCry 勒索病毒的出现让他决定好好学习病毒与木马的查杀。

通过本任务的学习，读者能够运用系统自带的工具和第三方工具检测与清除木马、病毒，运用防火墙实施访问控制，防止恶意攻击。在实践操作的基础上，进一步了解计算机病毒特点、分类，能够识别计算机病毒，提高计算机安全防护意识和能力。

任务实施

一、检测与清除木马、病毒

近几年，网络安全已经上升到国家战略的高度，在众多安全企业的不懈努力下，网络安全防御机制迅速壮大，国内的网络环境也更加安全了，但是网络安全问题仍是暗潮汹涌，广大用户对病毒查杀仍不可放松警惕。

（一）利用系统自带的工具进行木马、病毒查杀

可利用 Windows 系统自带的工具进行木马、病毒查杀，现以 Microsoft Security Essentials（MSE）软件为例。

1. 软件获取

用户可以用 Windows Update 获取 MSE 软件，也可以到微软官方的下载中心

进行下载，如图 3-33 所示。

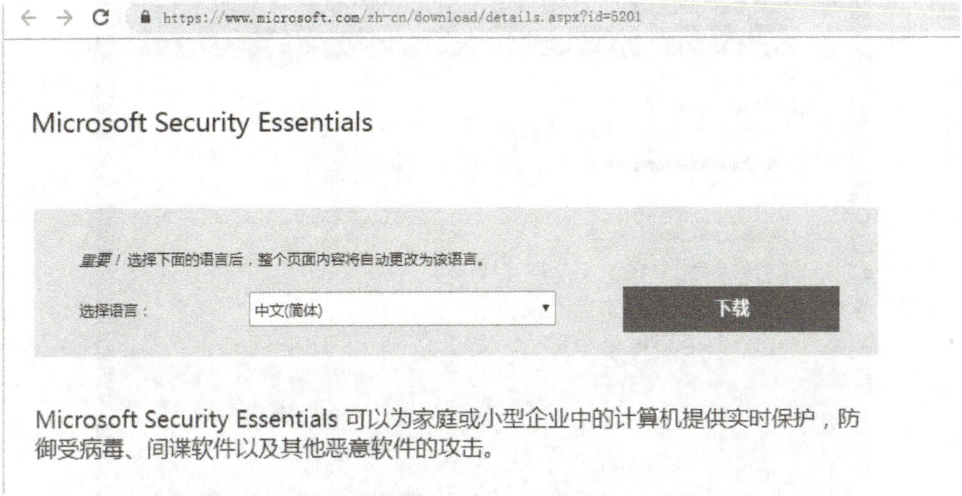

图 3-33 MSE 下载界面

由于安装多个防病毒或反间谍软件会发生冲突，影响计算机性能，因此安装 MSE 前需要先卸载其他具有相似功能的软件。

2. 更新病毒库

第一次安装 MSE 软件时需要进行病毒和间谍软件库的更新。在图 3-34 所示的 MSE 软件更新界面中选择“更新”选项卡，单击“更新定义”按钮，软件就开始自动更新“病毒和间谍软件定义”。

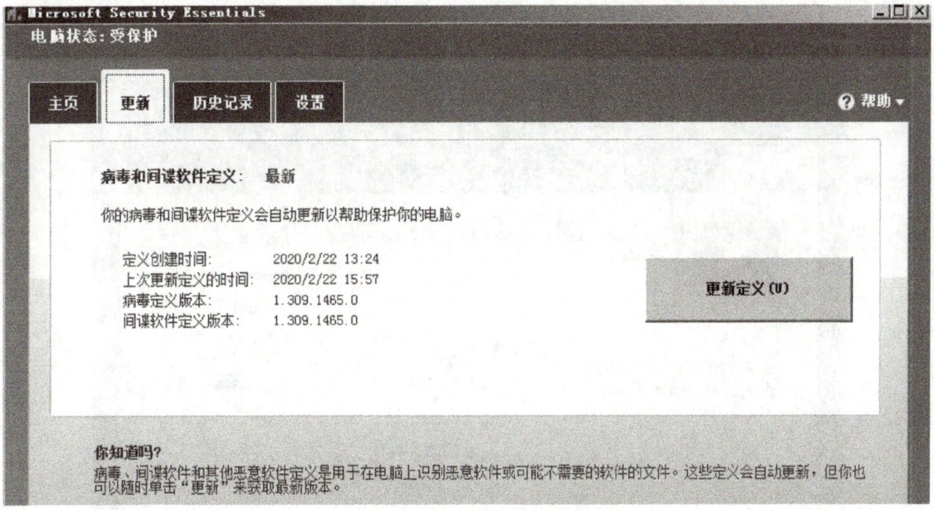

图 3-34 MSE 软件更新界面

3. 扫描病毒

在 MSE 软件更新界面中选择“主页”选项卡，单击“立即扫描”按钮，即可进入“快速扫描”模式来扫描病毒和间谍软件，如图 3-35 所示。“快速扫描”即对系统盘进行扫描。

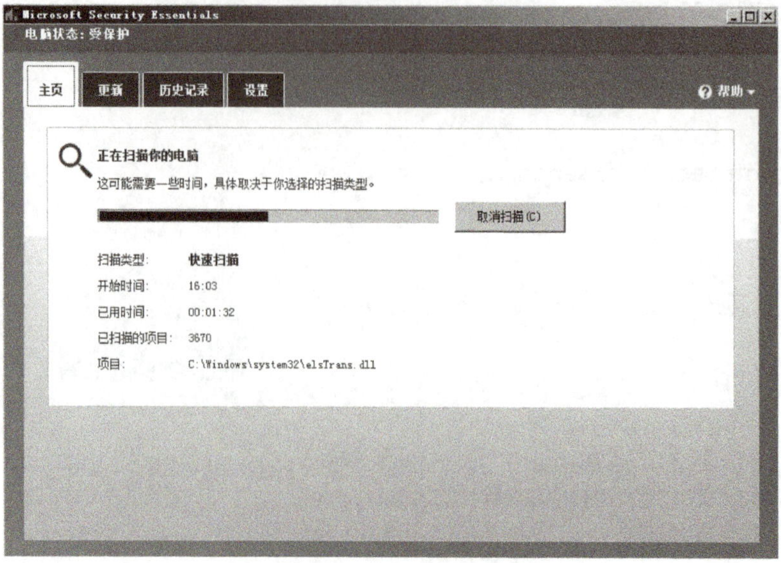

图 3-35　MSE 软件快速扫描界面

除了“快速扫描”模式，还有“完整扫描”“自定义扫描”模式。在“完整扫描”模式下会对所有磁盘进行扫描，用时相对较长。在“自定义扫描”模式下需要选定扫描区域，针对性较强，适合扫描下载的文件。

4. 分析与风险处理

扫描完成后，MSE 会给出扫描结果。若计算机的状态良好，会反馈绿色的“√”图标。若扫描出危险项，界面如图 3-36 所示，提示计算机存在风险，单击“清理计算机”按钮可进行风险处理。

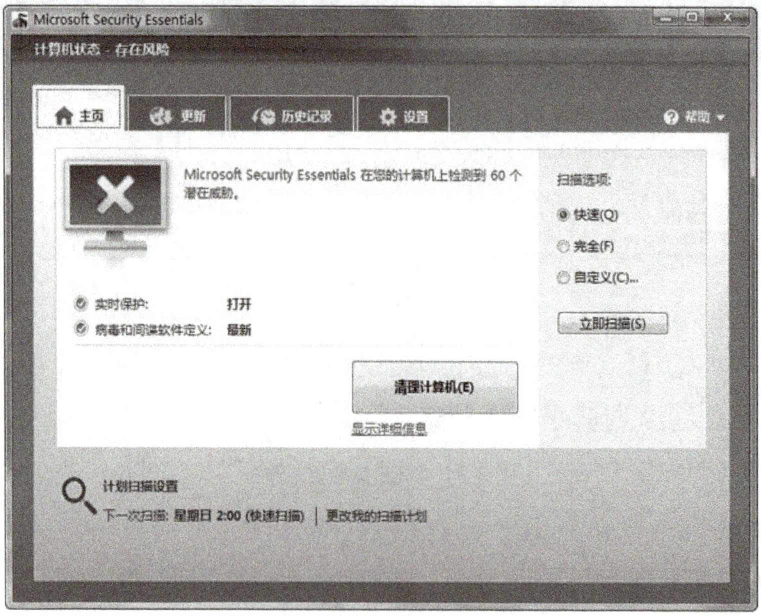

图 3-36　扫描出危险项后的界面

处理完成后，计算机图标重新恢复为绿色，提示计算机受到保护，如图 3-37 所示。

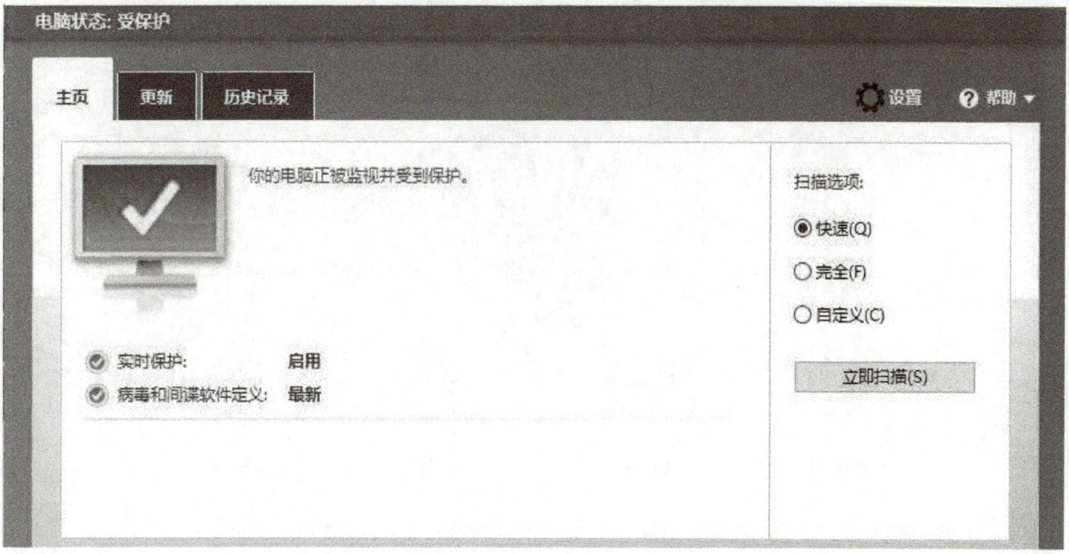

图 3-37 危险项处理后的界面

知识链接 认识 Windows Defender

对于 Windows 8 之前的系统，MSE 主要提供杀毒保护功能，Windows Defender 主要提供恶意程序防护，具备反间谍软件的功能。而对于 Windows 8 之后的系统，Windows Defender 有效整合了 Windows Defender 功能和 MSE 功能。所以，对于使用 Windows 8 以前系统的用户，需要启用 Windows Defender、Windows 防火墙和 UAC。UAC 可协助防止未经授权的恶意软件进行安装或变更计算机。

（二）利用第三方安全软件进行木马、病毒查杀

在网络安全领域，第三方安全软件扮演了重要的角色，下面以一款“火绒”杀毒软件为例来介绍木马、病毒查杀。

1. 获取软件

前往火绒官网，个人用户单击“火绒安全软件 5.0”选项，在计算机端下载并安装该软件，安装完成后的主页如图 3-38 所示。

2. 扫描病毒

单击“病毒查杀”→“快速查杀”选项，进入快速扫描界面，如图 3-39 所示。

图 3-38　火绒主页

图 3-39　火绒快速扫描界面

3. 分析和风险处理

扫描结束后，软件给出扫描结果。扫描出来的风险项如图 3-40 所示，用户可以根据实际情况自行选择处理方式，也可以直接单击“立即处理”按钮对扫描出来的风险项进行处理。

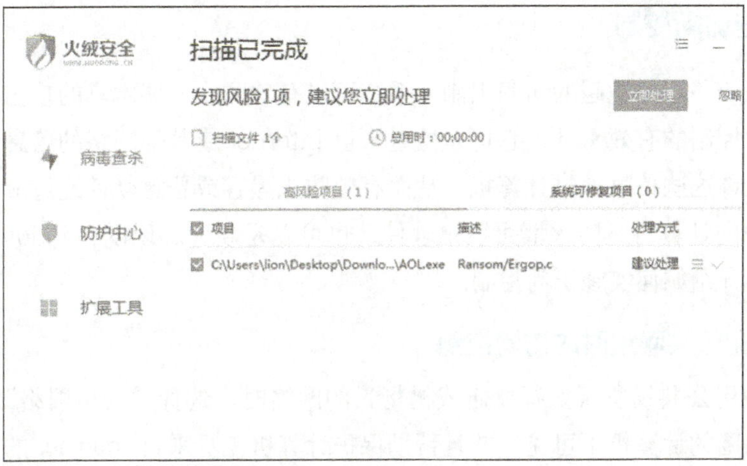

图 3-40　扫描结果

若扫描后未发现风险，界面如图 3-41 所示，单击“完成”按钮结束扫描。

图 3-41　火绒未发现风险时的界面

除了“火绒”之外，还有许多第三方安全软件，如“360 杀毒软件”“瑞星杀毒软件”等。这些安全软件的木马、病毒查杀方法大同小异，用户可以在很短的时间内适应上手。

比一比：

PC 端中文杀毒软件病毒查杀能力横向测评

赛可达实验室于 2019 年 12 月对 16 款 PC 端中文杀毒软件进行测试，其中，在病毒查杀模块中选取我国流行的 20318 个病毒样本，使用杀毒软件对病毒样本进行静态扫描查杀，再通过运行静态扫描未检出的病毒样本来检测杀毒软件的实时查杀能力，得出产品最终查杀率与得分。病毒查杀模块以 30 分为满分，各软件得分情况可通过扫描了解。

二、实施访问控制

通过加强一些不可逾越的访问限制，系统可以有效防止一些木马的攻击。网络防火墙就是实施访问控制的有效工具。它可以检查来自 Internet 或其他网络的信息，根据防火墙设置阻止或允许这些信息通过计算机，从而有效防止黑客或恶意软件通过 Internet 或其他网络访问用户的计算机。防火墙可以是软件，也可以是硬件。现以 Windows 系统自带的防火墙为例，介绍如何实施访问控制。

（一）使用公共网络时的访问控制

用户在使用公共场所（如餐饮店或机场）的网络时，选择“公用网络”，可以使用户的计算机对周围的计算机不可见，并且帮助保护计算机免受来自 Internet 的任何恶意软件的攻击。

1. 打开“Windows 防火墙”

单击“开始”→“控制面板”→“系统和安全”→“Windows 防火墙”选项，进入“Windows 防火墙”窗口，如图 3-42 所示。

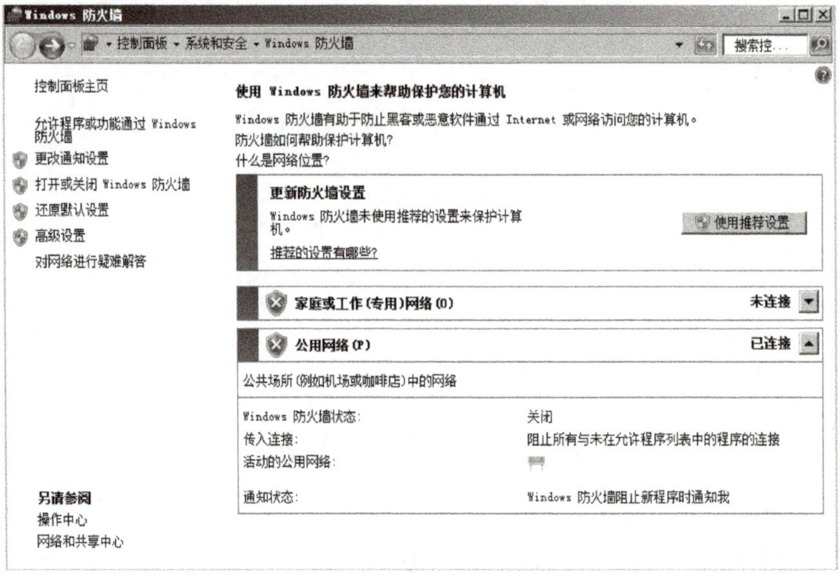

图 3-42 “Windows 防火墙”窗口

单击左侧区域中的“打开或关闭 Windows 防火墙”选项，进入“自定义设置”界面，如图 3-43 所示。在“公共网络位置设置”选项区域中选择“启用 Windows 防火墙”单选按钮，勾选“阻止所有传入连接，包括位于允许程序列表中的程序”复选框。

2. 设置网路位置

单击“开始”→“控制面板”→“网络和 Internet”→“网络和共享中心”选项，打开“网络和共享中心”窗口。如图 3-44 所示，单击“查看活动网络”选项区域中的网络位置按钮，设置成“公用网络”。

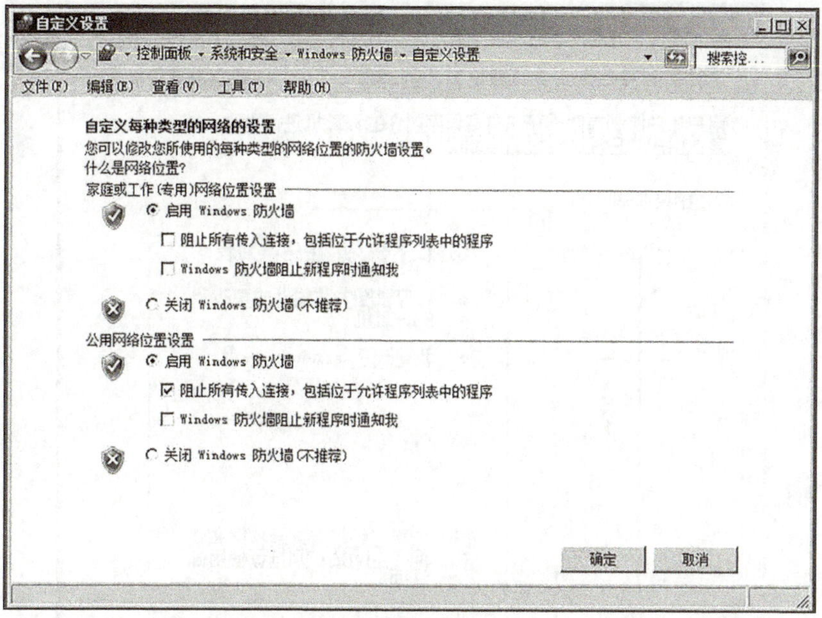

图 3-43 启用或关闭防火墙功能的“自定义设置”界面

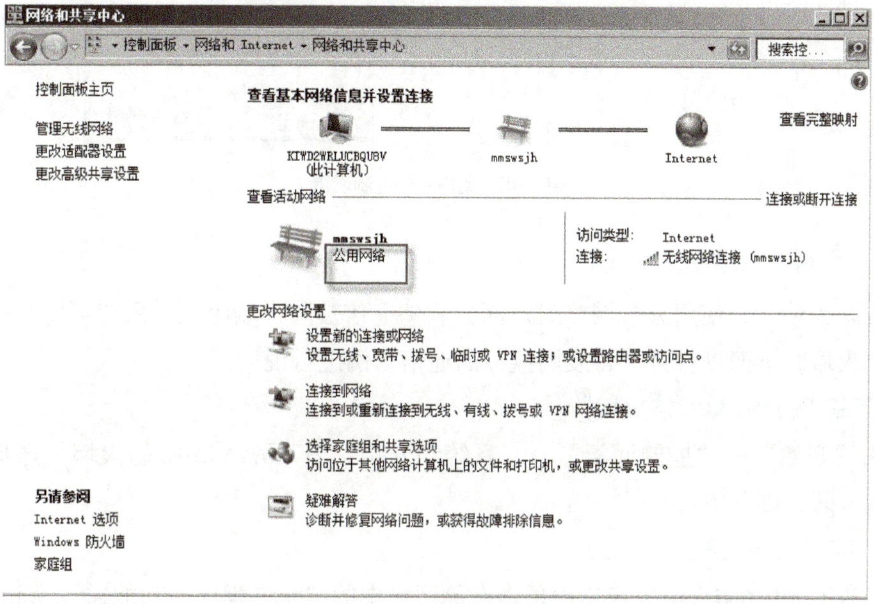

图 3-44 设置网络位置

3. 打开 UAC 控制

UAC（User Account Control，用户账户控制）可以帮助防止恶意软件和间谍软件在未经许可的情况下对计算机进行安装或对计算机进行更改。

单击“开始”→“控制面板”→“用户账户和家庭安全”→“用户账户”→“更改用户账户控制设置”选项，在打开的“用户账户控制设置”对话框中将滑块拖动到“始终通知”，如图 3-45 所示。

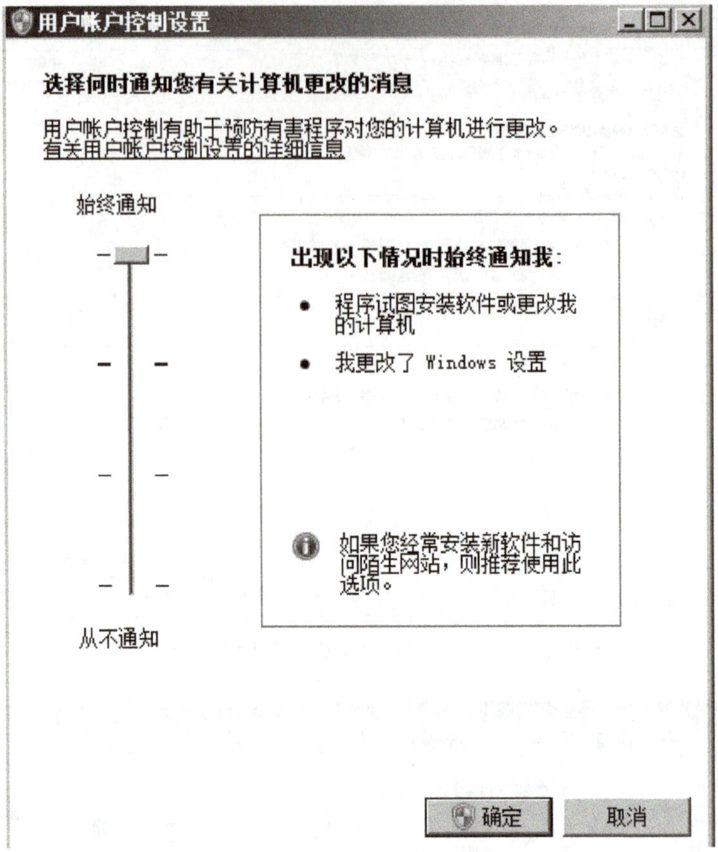

图 3-45　用户账户控制设置

（二）允许程序通过防火墙

打开防火墙后，使用公共网络时，部分软件通信被防火墙阻挡，用户可以允许某些软件通过防火墙。下面以打开“百度网盘”的通信为例进行说明。

1. 打开“Windows 防火墙”

单击“开始”→“控制面板”→“系统和安全”→“Windows 防火墙”选项，进入“Windows 防火墙”窗口。

2. 打开“允许的程序”窗口

在“Windows 防火墙”窗口中单击左侧区域中的“允许程序或功能通过 Windows 防火墙”选项，打开“允许的程序”窗口，如图 3-46 所示。

3. 勾选允许的程序

在“允许的程序和功能”列表框中，查找“百度网盘”程序，勾选程序名称前的复选框，然后勾选“家庭 / 工作（专用）”与“公用”列的复选框，如图 3-47 所示。

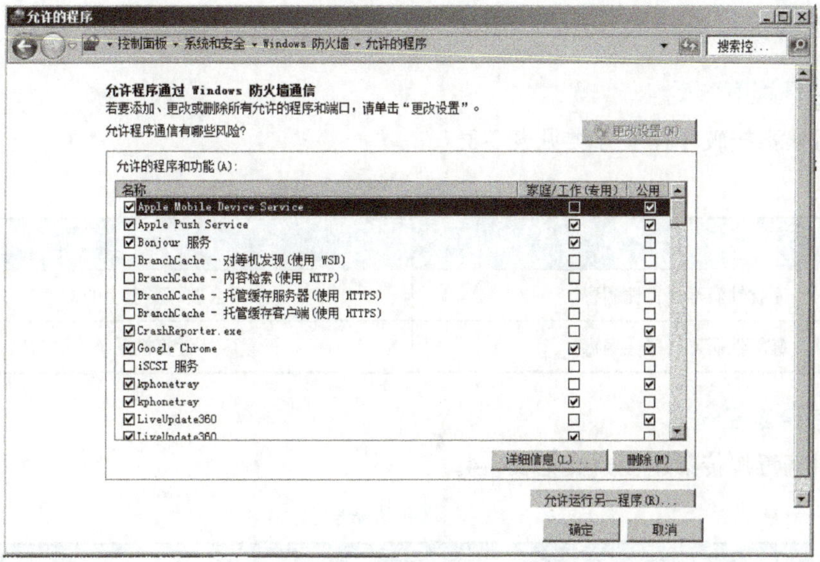

图 3-46 "允许的程序"窗口

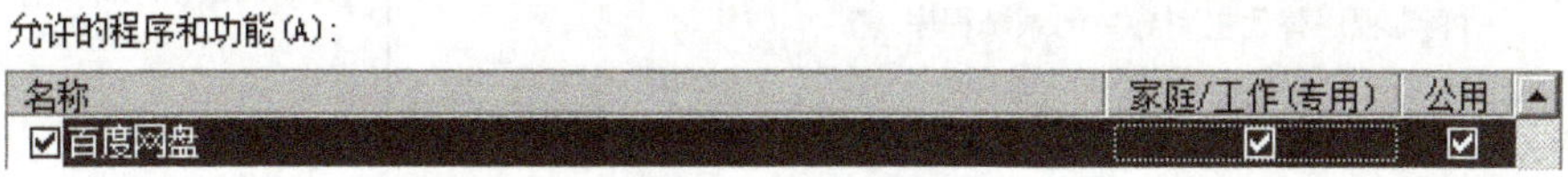

图 3-47 选择允许的程序

知识提炼

计算机病毒，是指编制的或者在计算机程序中插入的破坏计算机功能或者数据、影响计算机使用并且能够自我复制的一组计算机指令或者程序代码，是当前计算机安全的最大威胁。

一、计算机病毒特点

计算机病毒具有传染性、隐蔽性、破坏性、寄生性、非法性等，如图 3-48 所示。其中，最主要的特点是传染性。

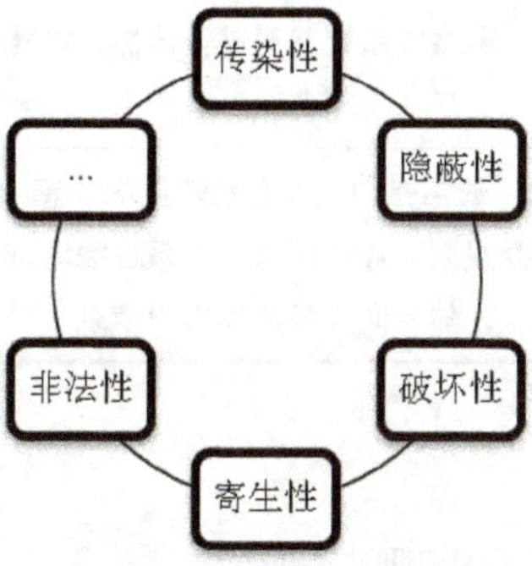

图 3-48 计算机病毒特点

二、计算机病毒分类

1. 按破坏程度分类

计算机病毒按破坏程度分类见表 3-3。

表 3-3　按病毒的破坏程度分类

分类	区别
干扰性病毒（良性病毒）	不会破坏磁盘上的信息
破坏性病毒（恶性病毒）	严重破坏计算机系统中的信息

2. 按传染途径分类

计算机病毒按传染途径分类见表 3-4。

表 3-4　按病毒的传染途径分类

分类	特点	代表
引导区病毒	隐藏在硬盘的引导区，感染硬盘的主引导记录（MBR），使用病毒程序替代主引导中的系统程序	火炬病毒、小球病毒
文件型病毒	感染扩展名为 .com、.exe、.drv、.bin、.ovl、.sys 等的可执行文件	CIH 病毒
混合型病毒	既能传染磁盘引导区，又能传染可执行文件	新世纪病毒、One–half 病毒
宏病毒	寄存于 Word 文档和模板文档的计算机病毒，是一种特殊的文件型病毒	美丽莎病毒、新爱虫病毒
网络病毒	感染速度快，扩散面广，传播方式复杂多样，难于彻底清除，破坏性大	脚本病毒、电子邮件病毒、蠕虫病毒、特洛伊木马程序

网络病毒中的蠕虫病毒和特洛伊木马程序较为特殊，单独进行说明，见表 3-5。

表 3-5　蠕虫病毒和特洛伊木马程序

分类	特点	代表
蠕虫病毒	前缀是 Worm，是一种通过间接方式复制自身的非感染型病毒，通过网络或系统漏洞进行传播，传播速度惊人	冲击波（阻塞网络）、小邮差（发带毒邮件）
特洛伊木马程序	前缀是 Trojan，通常指伪装成合法软件的非感染型病毒，不进行自我复制，通过网络或者系统漏洞进入用户的系统并隐藏，然后向外界泄露用户信息	特洛伊木马程序

三、计算机病毒的识别

计算机若被病毒感染，有可能出现以下症状。

1）计算机异常死机或不能正常启动，出现蓝屏或程序无法响应。

2）系统运行速度降低。程序装入时间增加，文件运行速度下降，磁盘访问时间比平常增加，系统引导时间增加。

3）内存空间、磁盘空间明显减少，正常情况下可以运行的程序突然因为内存不足而无法装入。

4）屏幕显示异常，屏幕显示出不是由正常程序产生的画面或字符串，显示混乱。

5）磁盘出现莫名其妙的文件和坏区，卷标也发生变化。

四、计算机病毒的预防

对计算机病毒宜采取“预防为主”的方针，防患于未然。这就要求用户养成良好的使用计算机的习惯。以下措施可供参考。

1）安装防病毒或病毒预警软件。

2）定期检查。及时更新安全补丁，修复系统漏洞。

3）慎用网上下载的软件。

4）收到陌生可疑邮件，应谨慎处理。

5）慎用外来移动存储设备。

6）定期备份重要文件。

7）准备无毒的系统启动盘，并设置写保护。

8）尽快将系统升级到最新版本。

任务四

注册表设置与优化

任务描述

小董在掌握了计算机病毒和木马的查杀方法之后，发现大部分的木马和病毒都要通过修改注册表来实现开机的自启动。因此，他认为如果懂得注册表的基本操作，也许可以通过查询注册表获知计算机是否中了木马和病毒，并能针对性地清除这些木马和病毒。

通过本任务学习，读者能够通过设置和优化注册表实现系统软/硬资源的维护与管理，满足个性化设置需求。在实践操作的基础上，进一步了解注册表五大根键结构与功能，理解注册表的数据类型。

任务实施

用户可以通过修改注册表中的配置信息实现系统设置的调整。但如果注册表信息在配置过程中受到破坏，那么轻则系统启动异常，重则整个系统完全瘫痪，因此，用户在修改注册表前一定要先进行备份。

一、设置注册表

1. 打开注册表编辑器

方法一： 按下 <Win+R> 组合键，在打开的“运行”对话框的“打开”文本框中输入“regedit”，如图 3-49 所示。单击“确定”按钮，进入“注册表编辑器”窗口，如图 3-50 所示。

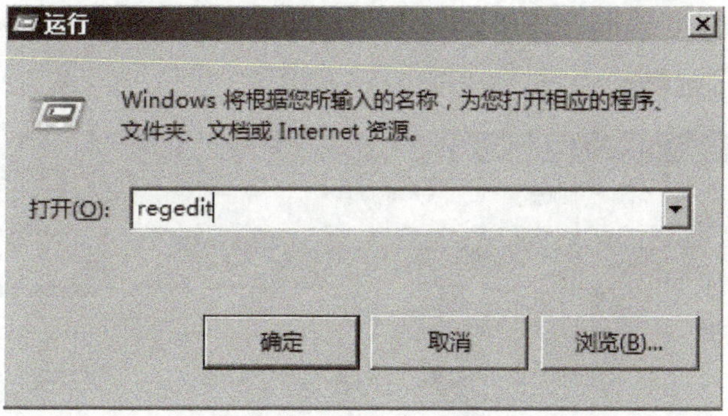

图 3-49 输入“regedit”

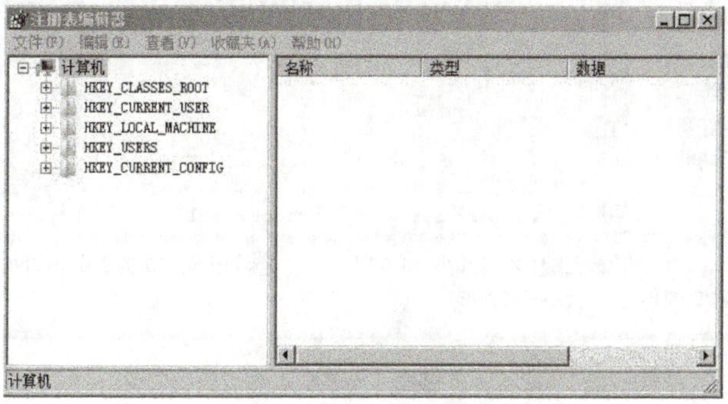

图 3-50 “注册表编辑器”窗口

方法二：单击“开始”按钮，在“搜索程序和文件”文本框中输入“regedit”，搜索注册表编辑器可执行文件，如图 3-51 所示，单击列表中的“regedit.exe”程序，进入“注册表编辑器”。

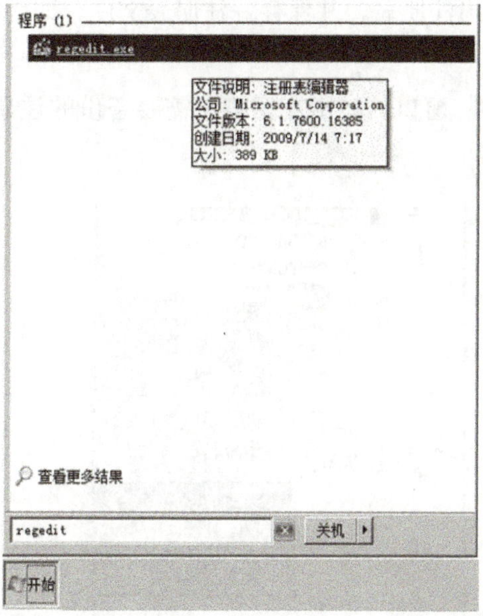

图 3-51 搜索注册表编辑器可执行文件

方法三： 在 Windows 目录下手工查找“regedit.exe”程序，如图 3-52 所示，双击打开“注册表编辑器”窗口。

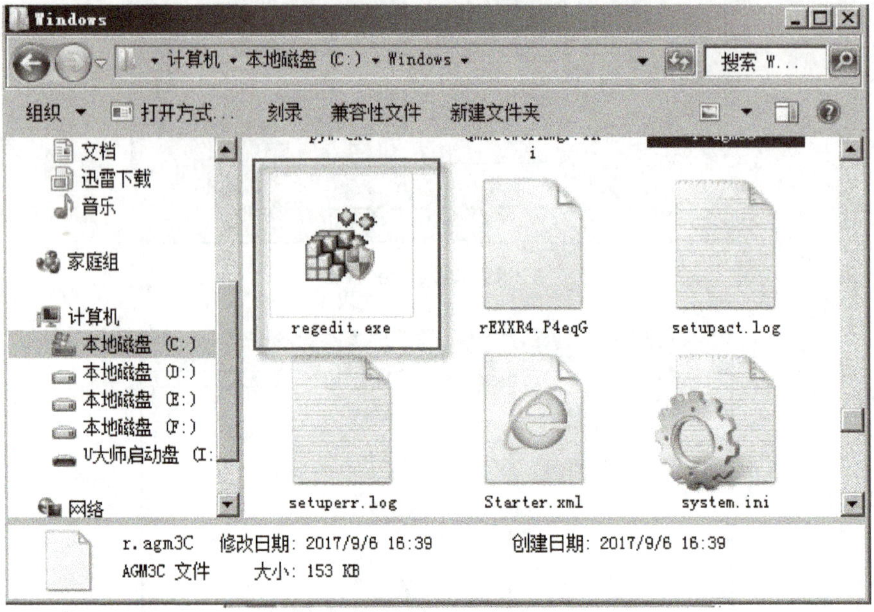

图 3-52　手工查找注册表编辑器可执行文件

2. 备份注册表

如果注册表遭到破坏，那么 Windows 系统就面临崩溃的危险，系统将不能正常运行。因此，为确保 Windows 系统安全，用户需要在系统运行稳定的情况下对注册表进行一次备份，以便出现故障时能及时恢复。

从注册表编辑器中导出注册表，并保存好注册表文件，即为注册表备份操作。

(1) 备份指定注册项

打开“注册表编辑器”窗口，右击左窗格中需要备份的注册项，单击“导出”命令，如图 3-53 所示。

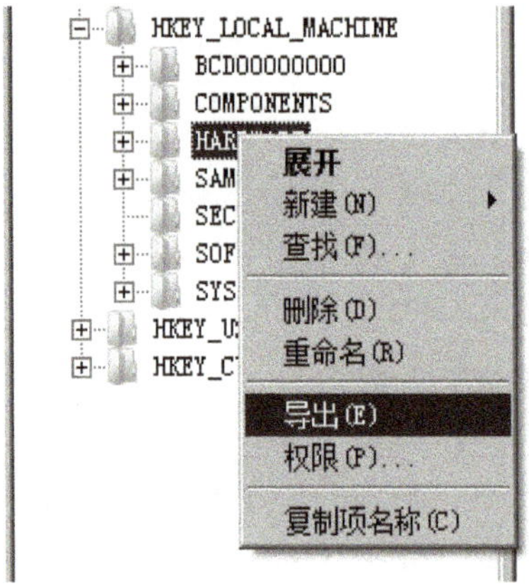

图 3-53　单击“导出”命令

在弹出的“导出注册表文件”对话框中选择导出文件的位置，输入导出文件的名称，单击“确定”按钮，如图 3-54 所示。所导出的注册表文件扩展名为 .reg。

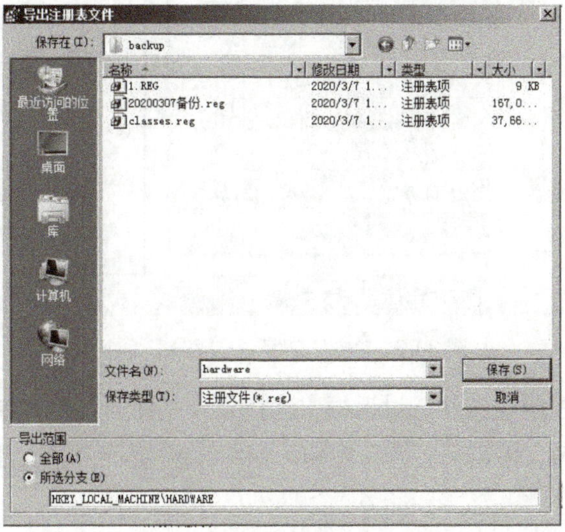

图 3-54　导出注册表文件

（2）备份整个注册表

除了对某一个需要备份的注册项进行备份外，还可以备份整个注册表，单击菜单栏中的“文件”→“导出”命令，如图 3-55 所示。

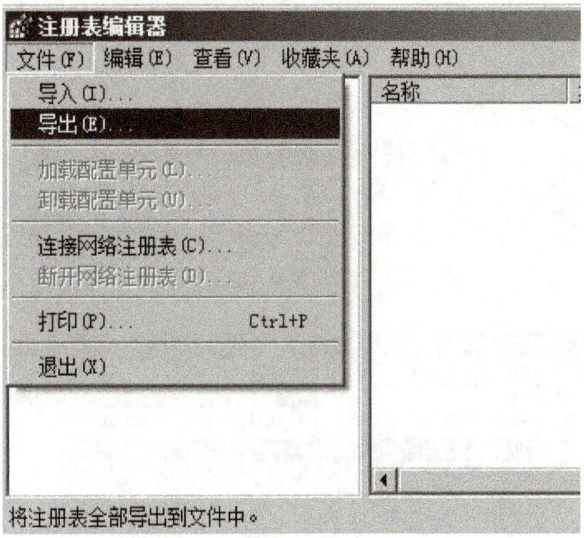

图 3-55　单击“文件”→“导出”命令

3. 恢复注册表

可使用以下两种方法将备份的注册项或注册表文件恢复成系统工作状态的注册表。

方法一：打开“注册表编辑器”窗口，单击菜单栏中的“文件”→“导入”命令，如图 3-56 所示。

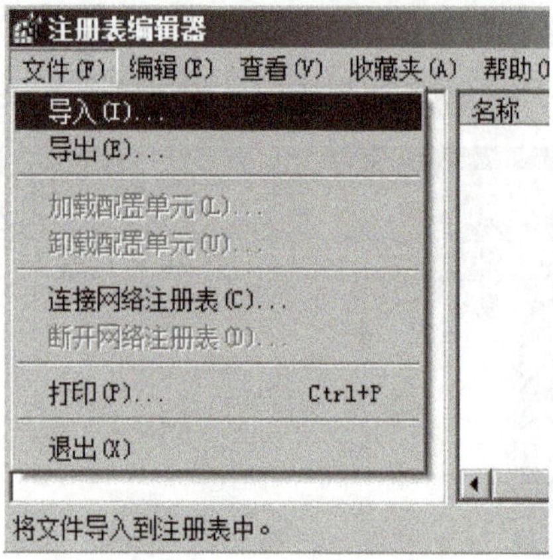

图 3-56 单击“文件”→“导入”命令

在弹出的“导入注册表文件”对话框中选择导入文件的位置，单击要导入的文件或输入要导入文件的文件名，单击“打开”按钮，如图 3-57 所示。导入注册表文件时，会出现图 3-58 所示的界面。

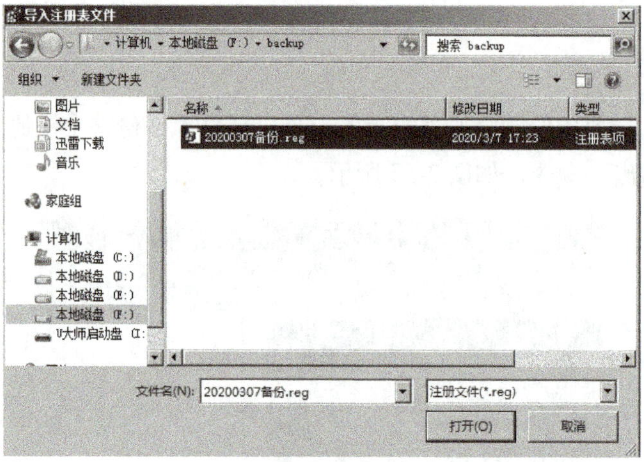

图 3-57 选择所要导入的注册表文件

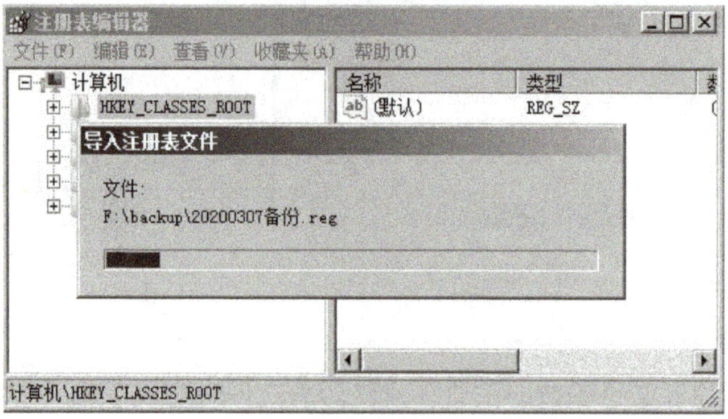

图 3-58 正在导入注册表文件界面

方法二：找到并双击备份的注册表文件，即可恢复注册项或注册表。

试一试：

"部分数据未成功写入注册表"的处理方法

将导出的完整注册表或整个根键（如"HKEY_CLASSES_ROOT"下的注册表内容）导入注册表编辑器的时候，如果出现错误提示"无法导入注册表：部分数据未成功写入注册表。系统或其他进程正在打开某些项"，那么该问题应该如何应对?

Windows 系统给出的官方建议是可以进入安全模式进行导入操作，但是如果用户实际操作后发现仍然不能实现导入，此时，用户可以对需要修改的子键进行备份后导入。

根键：注册表中最底层的键，类似于磁盘上的根目录，通过"HKEY"来表示。

子键：子键位于根键下，也可以嵌套于其他子键中。在注册表的五大根键中，有若干的子键，而每个子键中又可以嵌套成千上万个子键。

二、优化注册表

通过注册表的修改能实现系统许多方面的优化，现仅举几例以供学习。

案例一：创建快捷方式时不显示"- 快捷方式"内容。

打开"注册表编辑器"窗口，单击"HKEY_CURRENT_USER"→"Software"→"Microsoft"→"Windows"→"CurrentVersion"→"Explorer"选项，然后右击，单击"新建"命令，命名为"link"，设置类型为二进制值 REG_BINARY（存在则不用新建），右击"link"，单击"编辑二进制数值"命令，拖动鼠标选中数值，修改为"00 00 00 00"，如图 3-59 所示。

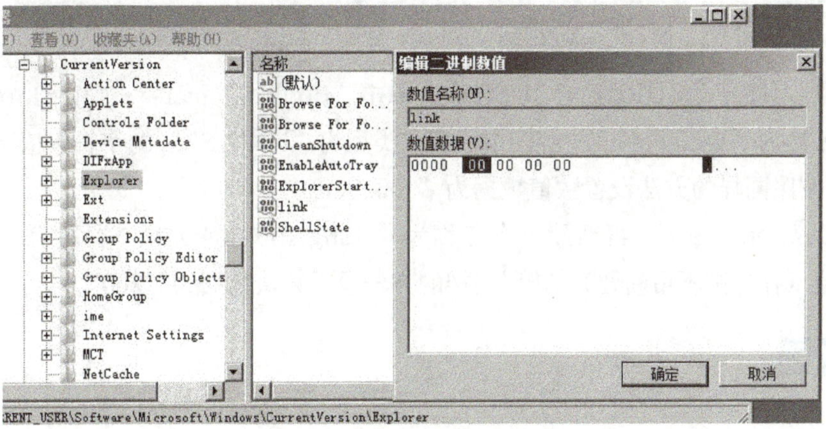

图 3-59 修改"link"数值数据

案例二：自动关闭"停止响应"的程序。

打开"注册表编辑器"窗口，单击"HKEY_CURRENT_USER"→"Control Panel"→"Desktop"选项，在右窗格空白处右击，单击"新建"→"字符串值"选项，创建一个名称为“AutoEndTasks”、类型为“RNG_SZ”的值。右击“AutoEndTasks”，单击“修改”命令，在“编辑字符串”对话框中修改数值数据为“1”，如图 3-60 所示，单击“确定”按钮。

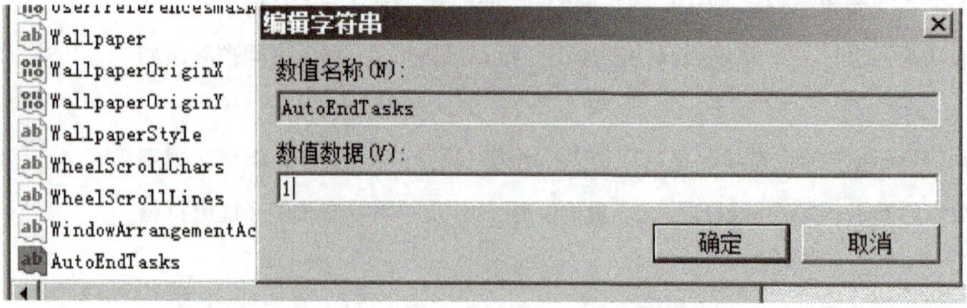

图 3-60　修改“AutoEndTasks”数值数据

案例三：加快开关机时间。

打开“注册表编辑器”窗口，单击“HKEY_LOCAL_MACHINE”→“SYSTEM”→“CurrentControlSet”→“Control”选项，新建一个名称为“WaitToKillServiceTimeout”、类型为“RNG_SZ”的字符串值（存在则不用新建）。右击“WaitToKillServiceTimeout”，在“编辑字符串”对话框中设置数值数据为“1000”，如图 3-61 所示。

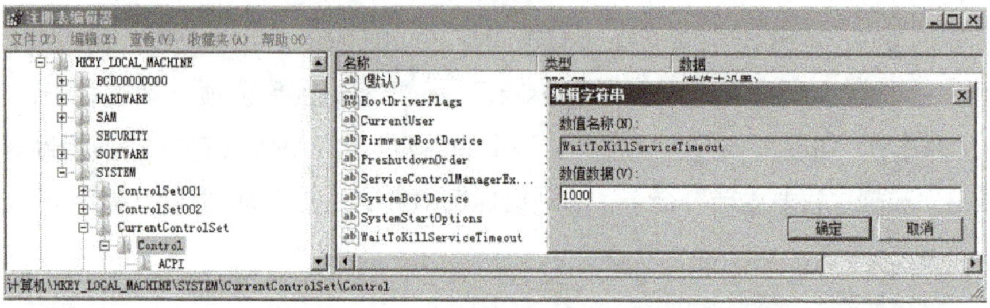

图 3-61　修改“WaitToKillServiceTimeout”数值数据

切换到“HKEY_CURRENT_USER”，单击“Control Panel”→“Desktop”选项，新建一个名称为“WaitToKillAppTimeout”、类型为“RNG_SZ”的字符串值（存在则不用新建），按照同样的方法设置数值数据为“1000”。

在“Desktop”键下，再新建一个名称为“HungAppTimeout”、类型为“RNG_SZ”的字符串值（存在则不用新建），按照同样的方法设置数值数据为“200”。

知识提炼

一、注册表

注册表（Registry）是 Windows 系统中一个重要的数据库，存储着 Windows 系统和应用程序的各种配置信息。注册表采用的是二进制形式，可以同时管理多个用户，轻松实现远程管理。随着软件的安装与删除，会在注册表中留有无用的信息。

1. 注册表的作用

注册表中存放着软／硬件的各种参数，直接控制着 Windows 的启动、硬件驱动程序的装卸和一些 Windows 应用程序的运行，从而在整个系统中起着核心作用。它包括以下内容。

1）软／硬件的有关配置和状态信息，应用程序和资源管理器外壳的初始条件、首选项和卸载数据等。

2）联网计算机整个系统的设置和各种许可。

3）文件扩展名与应用程序的关联。

4）硬件部分的描述、状态和属性、性能记录。

5）其他底层的系统状态信息，以及其他数据等。

2. 认识注册表的组成

注册表由注册表数据库和注册表编辑器两个部分组成。注册表数据库在 Windows 7 系统中分为用户配置文件和系统配置文件两个部分。其中，用户配置文件包括两个隐藏系统文件 Ntuser.dat 和 Ntuser.ini，以及日志文件 Ntuser.log 等，保存在根文件夹“用户”下，每个用户下相应地都有自己的用户配置文件；系统配置文件包括 Default、Software、System、Appevent.evt、SecEvent.evt 及 SysEvent.evt 等多个隐藏系统文件及相应的 .log 文件等，系统配置文件存放在 Windows 系统根目录下的“System32\Config”中。

二、注册表的五大根键

在注册表中，所有的数据都是通过一种树状结构，以键和子键的方式组织起来的，与目录结构十分类似。每个键都包含了一组特定的信息，五大根键的相关内容见表 3-6。

表 3-6　注册表五大根键的相关内容

根键	记录的内容	重要子键
HKEY_CLASSES_ROOT（种类根键）	启动应用程序所需要的全部信息	/
HKEY_CURRENT_USER（用户键）	用于记录当前登录到计算机上用户的相关信息	1）AppEvents 子键包含了各种应用事件的列表 2）Control Panel 子键与桌面、鼠标等信息有关 3）Software 子键与软件信息相关
HKEY_LOCAL_MACHINE（定位机器键）	包含了本地计算机的所有配置信息，以及硬件、操作系统的数据等	1）HARDWARE 子键与系统使用的浮点处理器、串口等信息有关 2）SOFTWARE 子键与已安装的 32 位应用程序的信息有关 3）SYSTEM 子键与启动时所使用的信息和修复系统时所需的信息有关

（续）

根键	记录的内容	重要子键
HKEY_USERS （用户键）	用于保存默认用户（.DEFAULT）的配置文件与当前登录用户的配置设置	/
HKEY_CURRENT_CONFIG （当前配置键）	该键包含计算机系统硬件的当前配置情况	/

每个根键内都以键和子键的方式组织起对各类数据的访问，类似于资源管理器中的文件夹与子文件夹。键展开后，可以看到下面还包含下一级键或子键，就像文件夹下面还有子文件夹一样。当单击某一键或子键时，右边窗格中显示的是所选键内包含的一个或多个键值（Value）。一个键或子键包含一个或多个键值项，键值项类似于文件夹的文件，它由键值名、键值类型、键值 3 部分组成。根据键值项的不同，键值项分为字符型键值项和数值型键值项两大类。

三、注册表的数据类型

注册表通过键和子键来管理各种信息。注册表中的所有信息都是以各种形式的键值项数据保存下来的。注册表编辑器的右窗格中保存的都是键值项数据。注册表的数据类型见表 3-7。

表 3-7　注册表的数据类型

名称	注册表中的形式	描述	形如
字符串值	REG_SZ	一般用来作为文件描述和硬件标志	"a"="****"
二进制值	REG_BINARY	硬件组件信息以二进制数据存储，以十六进制的格式呈现	"a"=hex:01,00,00,00
DWORD 值	REG_DWORD	由 4 字节（32 位整数）长的数字表示的数据	"a"=dword:00000001
多字符串值	REG_MULTI_SZ	网络协议、多个项目、设备列表可以使用	/
可扩充字符串值	REG_EXPAND_SZ	代表一个可扩展的字符串	/

任务五

组策略设置与优化

任务描述

小董发现几乎所有的系统设置都与注册表息息相关。但是注册表的分支层次非常复杂，项目很多且分布比较散乱。对于一般操作者而言，直接操作注册表可能是一件较为困难的事情。他在查阅资料时发现，除了注册表的方式外，Windows 系统还提供了组策略配置工具，使用该工具可将系统中最重要的配置功能模块化，从而方便用户对系统进行管理。因此，计算机系统管理员需要对组策略多一些了解。

通过本任务学习，读者能够通过设置和优化组策略来更加高效地实现系统软／硬资源的管理与维护，满足个性化设置需求。在实践操作的基础上，进一步了解组策略配置类型、对象和功能。

任务实施

一、设置组策略

用户可以利用注册表编辑器禁用注册表，但是当用户需要重启注册表时，却无法通过修改注册表的相关值来实现。这种情况下，用户可以利用组策略编辑器重启注册表（组策略同时也能禁用注册表）。下面以重启注册表为例介绍组策略的设置方法。

1. 打开组策略编辑器

通过命令行打开“本地组策略编辑器”窗口，这种打开方式十分方便，但只能对本地计算机的组策略进行配置。

方法一：单击“开始”按钮，在“搜索程序和文件”文本框中输入“gpedit.

msc”，按下 <Enter> 键。

方法二： 按下 <Win+R> 组合键，在“运行”对话框的“打开”文本框中输入“gpedit.msc”，如图 3-62 所示。

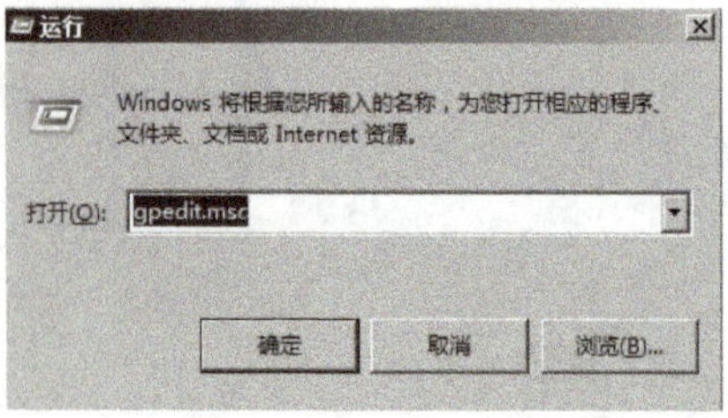

图 3-62　在“运行”对话框中输入“gpedit.msc”

单击“确定”按钮，进入“本地组策略编辑器”窗口，如图 3-63 所示。

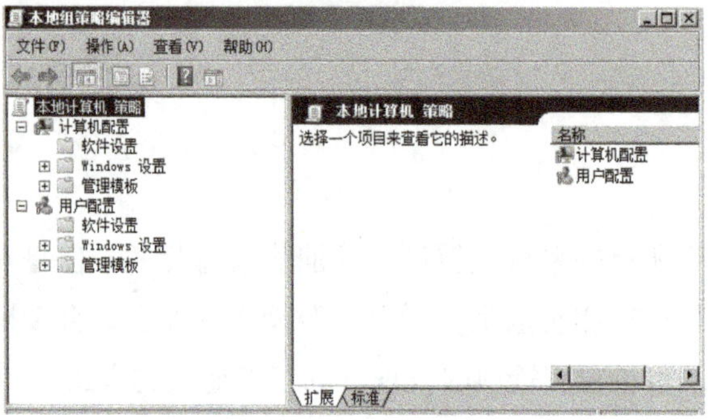

图 3-63　“本地组策略编辑器”窗口

2. 设置组策略

单击“本地组策略编辑器”窗口左窗格中的“用户配置”→“管理模板”→单击“系统”选项，在右窗格中找到并双击“阻止访问注册表编辑工具”项目，如图 3-64 所示。

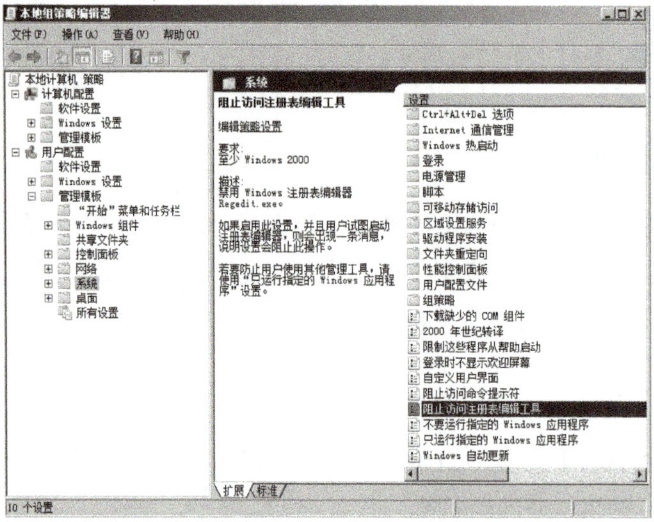

图 3-64　双击“阻止访问注册表编辑工具”项目

在打开的“阻止访问注册表编辑工具”对话框中选中“已禁用”单选按钮，如图 3-65 所示，单击“确定”按钮即可重启注册表。

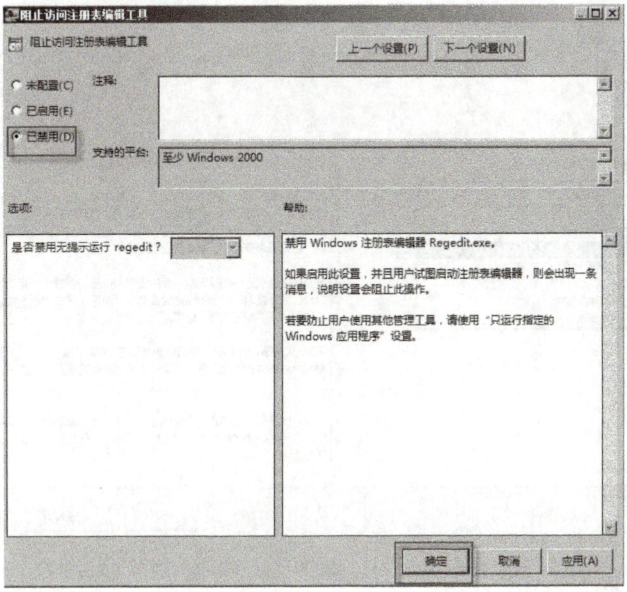

图 3-65 重启注册表

二、优化组策略

用户可以利用组策略对系统安全、个性化、网络、系统软件等方面进行设置，以达到系统优化的目的。组策略的界面相对注册表更加直观，其中有非常直观、清晰的描述，用户可以更加灵活、便捷地进行操作。

下面以几项常见的系统管理需求为例，介绍如何通过组策略配置来实现优化。

1. 利用组策略限制、隐藏访问磁盘分区，保护个人数据

1）打开“本地组策略编辑器”窗口。

2）单击“用户配置”→“管理模板”→“Windows 组件”→“Windows 资源管理器”选项，在右窗格中找到并双击“防止从‘我的电脑’访问驱动器”项目。

3）在打开的“防止从‘我的电脑’访问驱动器”对话框中选中“已启用”单选按钮，并在左下窗格的下拉列表中选择“仅限制 D 驱动器”，如图 3-66 所示，单击“确定”按钮。设置后，打开“计算机”，双击“本地磁盘（D：）”，会弹出“限制”提示框，如图 3-67 所示。

4）在“Windows 资源管理器”窗口的右窗格中找到并双击“隐藏‘我的电脑’中的这些指定的驱动器”项目，选中“已启用”单选按钮，并在左下窗格的下拉列表中选择“仅限制 D 驱动器”，单击“确定”按钮。设置后，打开“计算机”，隐藏“本地磁盘（D：）”，如图 3-68 所示。

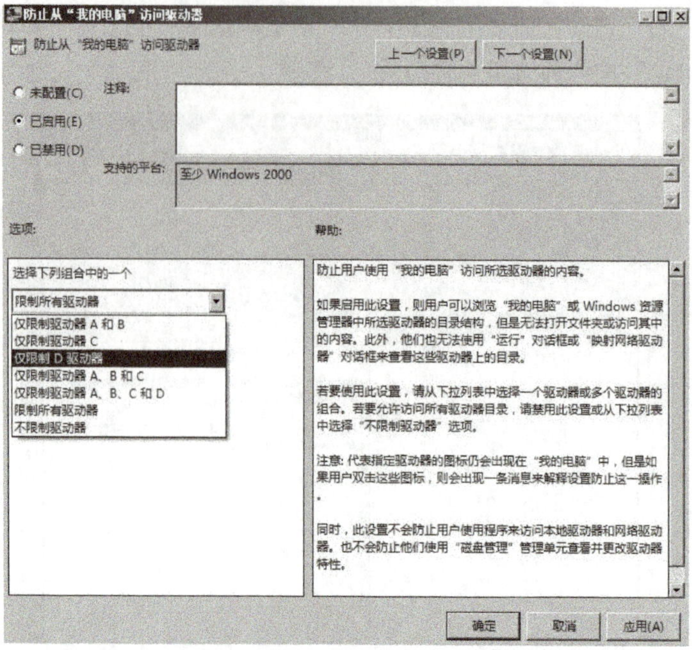

图 3-66　设置“防止从‘我的电脑’访问驱动器”项目参数

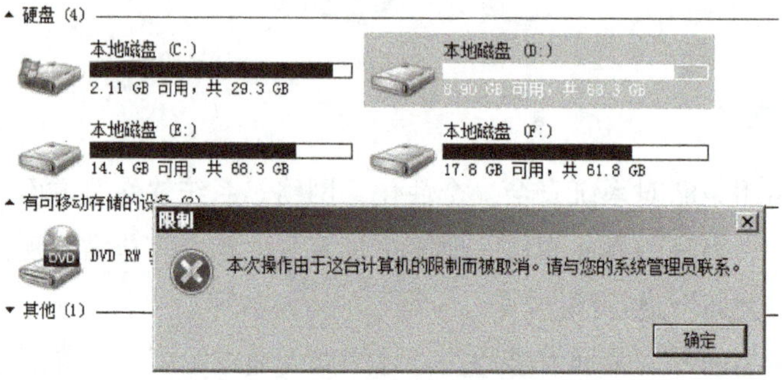

图 3-67　“限制”提示框

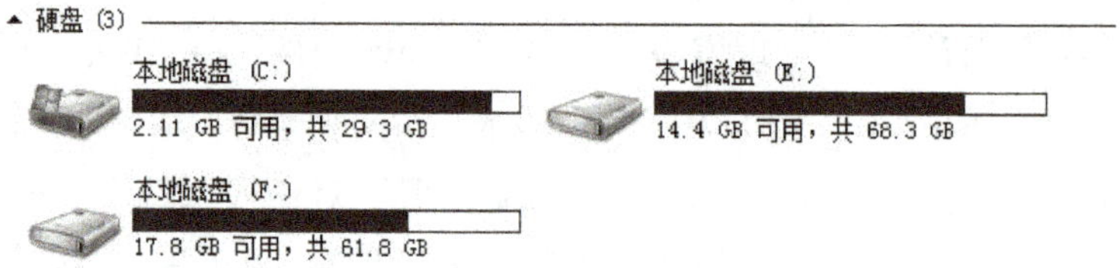

图 3-68　隐藏 D 盘

如果希望隐藏所有的驱动器，包括光驱等，可以选中“限制所有驱动器”选项。

2. 设置系统登录密码错误次数及锁定

1）打开“本地组策略编辑器”窗口。

2）单击“计算机配置”→“Windows 设置”→“安全设置”→“账户策略”→“账户锁定策略”选项，在右窗格中找到并双击“账户锁定阈值”项目，如图 3-69 所示。

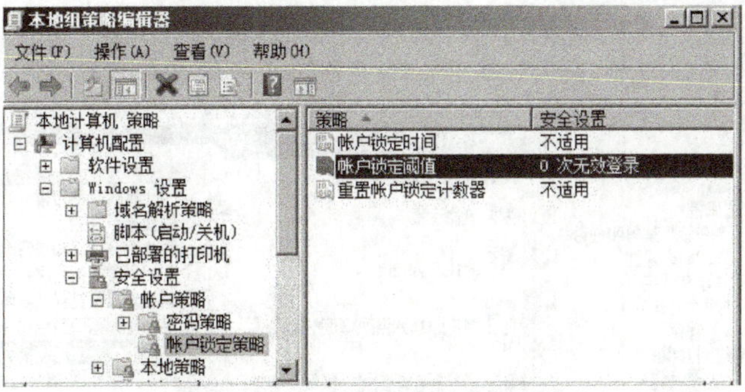

图 3-69　双击“账户锁定阈值”项目

3）在弹出的“账户锁定阈值　属性”对话框中设置登录尝试失败的次数，如图 3-70 所示。

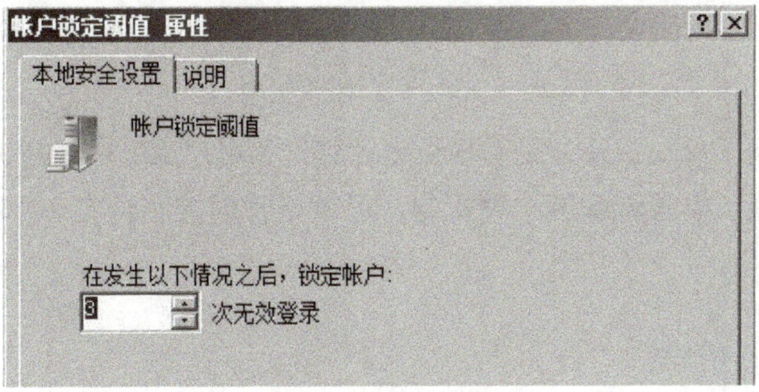

图 3-70　设置尝试登录次数

4）修改尝试登录失败的次数后，弹出“建议的数值改动”对话框，提示建议的账户锁定时间和重置账户锁定计数器，如图 3-71 所示。单击“确定”按钮，账户锁定时间和重置账户锁定计数器会根据建议设置成“30 分钟”和“30 分钟之后”，如图 3-72 所示。用户如果对账户锁定时间和重置账户锁定计数器的建议设置不满意，可以双击这两个项目重新设置。

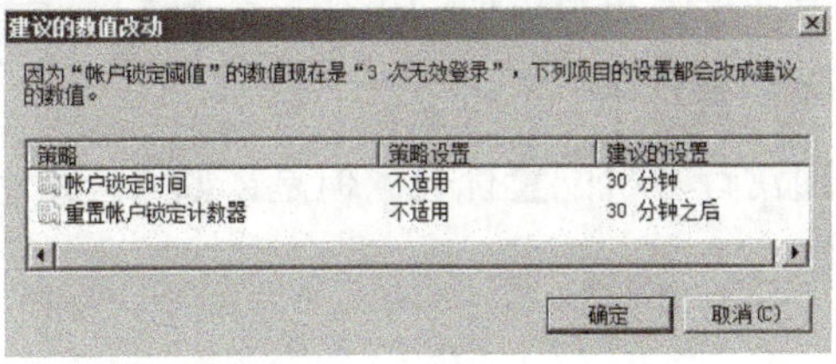

图 3-71　建议的数值改动

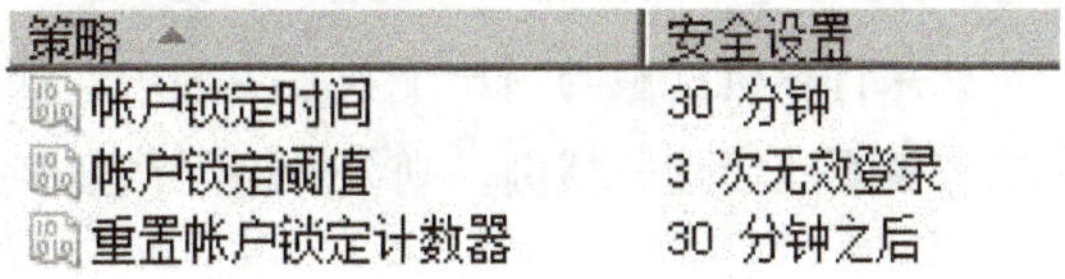

图 3-72　数值改动

3. 禁止更改桌面背景

1）打开“本地组策略编辑器”窗口。

2）单击“用户配置”→“管理模板”→“控制面板”→“个性化”选项，在右窗格中找到并双击“阻止更改桌面背景”项目，如图 3-73 所示。

3）在打开的“阻止更改桌面背景”对话框中选中“已启用”单选按钮，单击“确定”按钮。

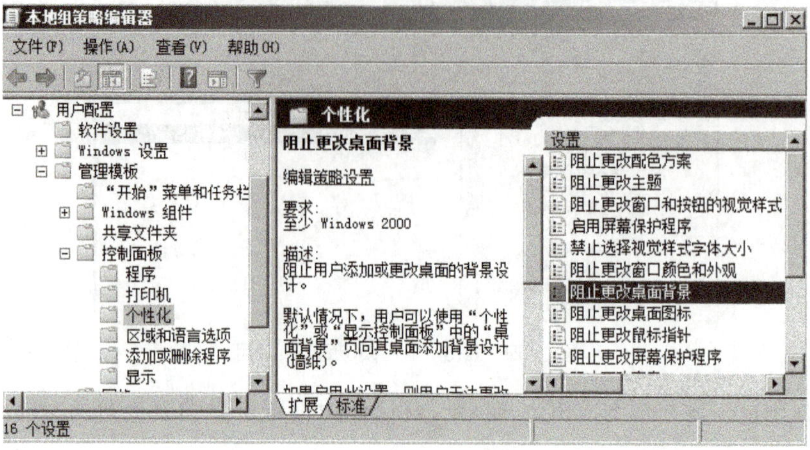

图 3-73 双击“阻止更改桌面背景”项目

知识提炼

组策略（Group Policy，GP）是管理员为计算机和用户定义的用来进行应用程序控制、Windows 系统设置、模板管理的一种机制。组策略管理控制台有 3 种状态，分别是已启用、未配置和已禁用。

一、组策略配置类型

1. 计算机配置

计算机配置包括所有与计算机有关的策略设置。它们用来指定计算机开机与关机脚本、操作系统行为、安全设置、指定的计算机应用选项及应用设置。HKEY_LOCAL_MACHINE 的设置在“计算机配置”下。

2. 用户配置

用户配置包括所有与用户相关的策略设置。它们用来指定用户登录与注销脚本、操作系统行为、桌面设置、安全设置、指定和发布应用选项、应用设置、文件夹重定向选项设置等。HKEY_CURRENT_USER 的设置在“用户配置”下。

如果计算机配置与用户配置发生冲突，那么通常计算机配置优先。但是，如果应用程序的作者不理会这一惯例，则组策略无法强制执行它。

二、组策略对象

组策略的基本单元是组策略对象（GPO），它是一组设置的组合。有两种类型的组策略对象：本地组策略对象和非本地组策略对象。

本地组策略对象包含的设置要少于非本地组策略对象的设置，特别是在“安全设置”下。本地组策略对象不支持“文件夹重定向”和“组策略软件安装”。

组策略作用范围：由组策略对象所链接的站点、域或组织单元启用。

组策略的应用顺序如下。

1）本地组策略对象。

2）站点的组策略对象。

3）域的组策略对象。

4）组织单元的组策略对象。

知识链接 站点、域、组织单元

站点：站点就是一个文件夹，用来存放网页所用到的所有文件和文件夹，包括主页、子页、用到的图片、音频文件等。站点分为本地站点和远程站点。本地站点就是存放在本地计算机里的文件夹，远程站点就是上传后存放在服务器上的文件夹。

域：是由以网络连接在一起的共享用户账号、计算机账号及安全策略的一组计算机所组成的，它们将计算机内的资源共享给其他人使用。

组织单元（OU）：是一个域中的逻辑分支，用于影射一个域所影射的部门。同时也是一个容器对象，可以包含如用户账户、用户组、计算机、打印机等各种对象，甚至可以包括其他的OU。

三、组策略功能类型

通过编辑GPO可以对组策略进行配置，从而对那些影响用户和计算机的策略进行定义。可配置的组策略功能类型见表3-8。

表3-8 组策略功能类型

类型	说明
管理模板	用于配置应用程序以及用户桌面环境的基于注册表的设置，包括用户能够访问的操作系统组件和应用程序
安全设置	用于配置本地计算机、域和网络安全性
软件安装	用于将管理软件的安装、更新和删除操作集中起来的设置
脚本	用于指定在计算机启动和关闭以及用户登录和注销时系统要运行的脚本
远程安装服务	当通过“远程安装服务”（RIS）运行“客户安装向导”时，用于控制用户可用选项的设置
Internet Explorer 维护	用于管理和自定义 Microsoft Internet Explorer 的设置
文件夹重定向	用于将特定的用户配置文件夹存储到网络服务器上的设置

任务六

浏览器故障解决

任务描述

小董喜欢在互联网上冲浪，但在使用浏览器上网的过程中经常会遇到一些小麻烦，所以他希望掌握一些必要的故障排除方法，实现安全上网。

通过本任务学习，读者能够综合运用各种技术和工具来解决浏览器无法打开网页、网页图片不能正常显示、不能下载文件等故障。在实践操作的基础上，进一步了解浏览器的发展史和具体产品，理解 HTTP 的工作过程。

任务实施

人们的生活、工作都离不开浏览器，但浏览器在使用过程中经常会出现打不开网页、图片不能显示、不允许下载文件、提示“Internet Explorer 已停止工作”等故障。解决这些随时会发生的故障是计算机维护人员必须具备的能力。

故障一：网络浏览器打不开网页，但 QQ 等网络通信软件使用正常。

QQ 等网络通信软件能够正常使用，但浏览器却打不开网页，这是用户经常遇到的问题，一般是由于 DNS 解析出错、代理服务器设置问题、病毒等原因造成的。

1. 解决 DNS 解析出错问题

造成“网络浏览器打不开网页，但 QQ 等网络通信软件使用正常”故障的最常见原因是 DNS 服务器解析出错。由于 QQ 使用的是自己的 DNS 服务器，所以在浏览器不能正常访问网站时，它仍能正常使用。

知识链接 什么是 DNS

DNS 为域名系统协议，是一种分布式网络目录服务。在 Internet 上，当一台主机要访问另外一台主机时，必须首先获知其地址，TCP/IP 中的 IP 地址是由 4 段以“.”分开的数字组成的，如 36.152.44.95，然而记起来总是不如名字那么方便，如 www.baidu.com。因此，Internet 采用了域名系统来管理名字和 IP 的对应关系。DNS 主要用于域名与 IP 地址的相互转换，大多数因特网服务依赖于 DNS 而工作。一旦 DNS 出错，就无法连接 Web 站点，电子邮件的发送也会中止。

故障解决方法如下：

打开“控制面板”→单击“网络和 Internet”→“网络和共享中心”选项，单击正使用的网络，在弹出的“网络连接状态”对话框中单击“属性”按钮。

此时弹出“无线网络连接 属性”对话框，如图 3-74 所示。选中“Internet 协议版本 4（TCP/IPv4）”复选框，单击“属性”按钮。

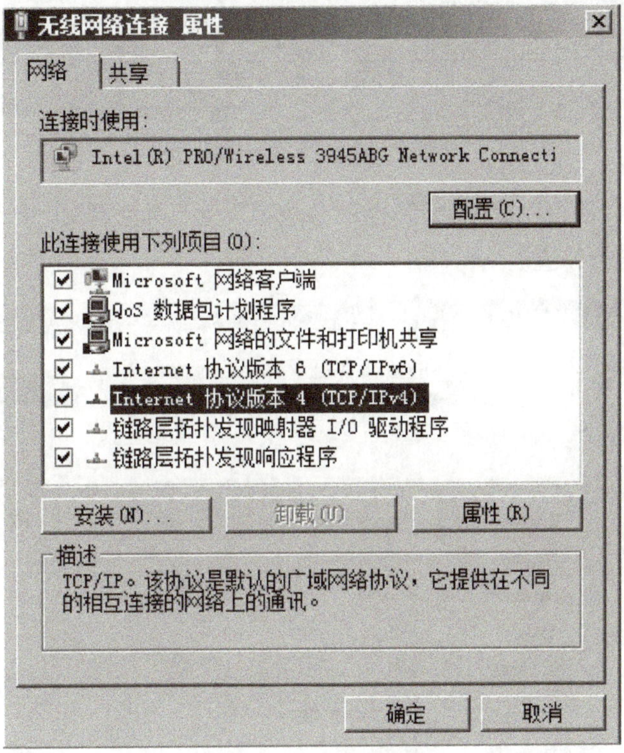

图 3-74 “无线网络连接 属性”对话框

在弹出的“Internet 协议版本 4（TCP/IPv4）属性”对话框中，选择“使用下面的 DNS 服务器地址”单选按钮，并为其指派 DNS 服务器地址。具体地址可通过网络搜索或向当地网络运营商获取，例如，首选 DNS 填写“61.153.177.199”，备用 DNS 服务器填写“61.153.177.197，如图 3-75 所示。

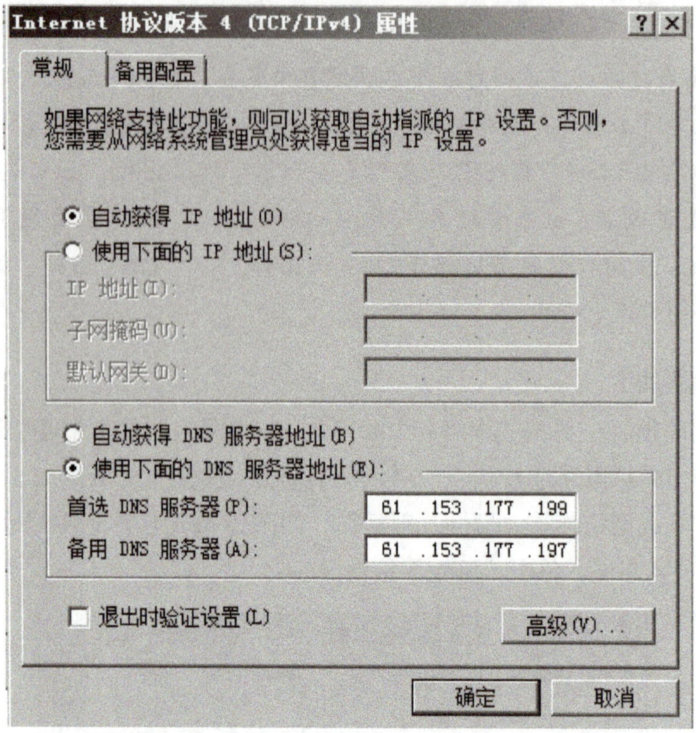

图 3-75　指派 DNS 服务器地址

除了此方法外，还可以使用“360 断网急救箱”等工具来解决，如图 3-76 所示。单击“全面诊断”按钮进行排查。

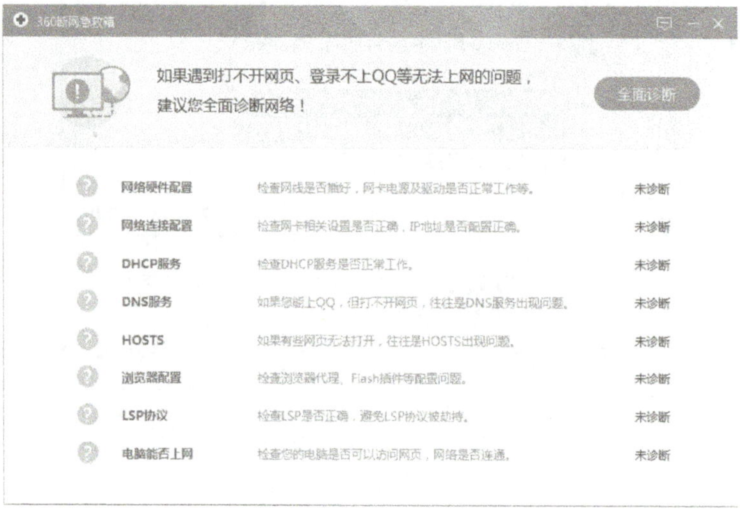

图 3-76　360 断网急救箱

2. 解决代理服务器的设置问题

用户设置了代理服务器也有可能造成网页不能正常打开。而因为 QQ 使用的端口和互联网访问使用的端口不同，所以即使网页打不开，QQ 也可以正常使用。

知识链接 什么是代理服务器

代理服务器可以理解为网络信息的中转站。当使用网络浏览器直接去连接 Web 站点并取得网络信息时，必须送出请求信号到对端，然后对端再把信息传送回来。代理服务器是介于浏览器和 Web 站点之间的服务器。有了它，浏览器就不直接到 Web 站点去取回网页，而是向代理服务器发出请求，由代理服务器来取回浏览器所需要的信息并传送给用户的浏览器。大部分代理服务器都具有缓冲的功能，它不断将新取得的数据包存到本机的存储器上。如果浏览器所请求的数据在本机的存储器上已经存在而且是最新的，那么它就不重新从 Web 站点取数据，而直接将存储器上的数据传送给用户的浏览器，这样就能显著提高浏览速度和效率。除此之外，代理服务器还可以增强网络的安全性。

以 IE 浏览器为例，故障解决方法如下。

右击 IE 浏览器的图标，在弹出的菜单中单击“属性”命令，如图 3-77 所示。

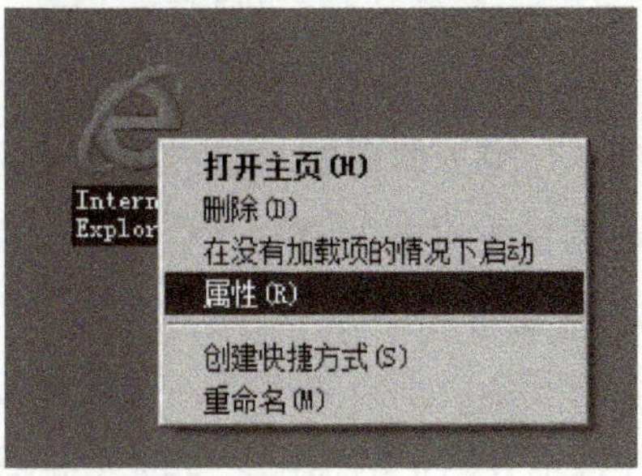

图 3-77 单击“属性”命令

在弹出的“Internet 属性”对话框中单击“连接”选项卡，如图 3-78 所示，单击“局域网设置”按钮。

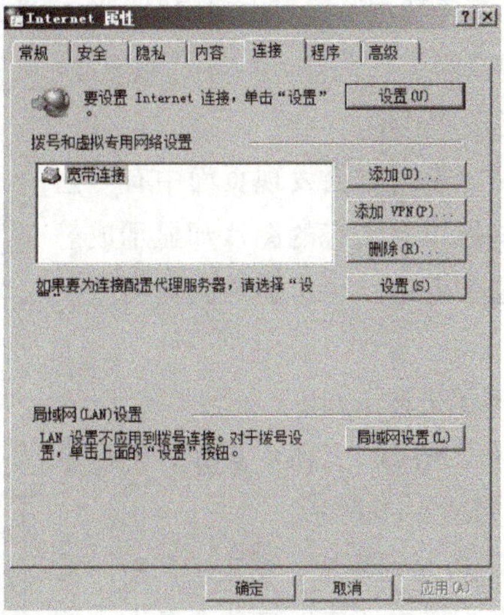

图 3-78 “连接”选项卡

在弹出的“局域网（LAN）设置”对话框中取消勾选“自动检测设置”和“为LAN使用代理服务器（这些设置不用于拨号或VPN连接）”复选框，如图3-79所示，单击“确定”按钮。

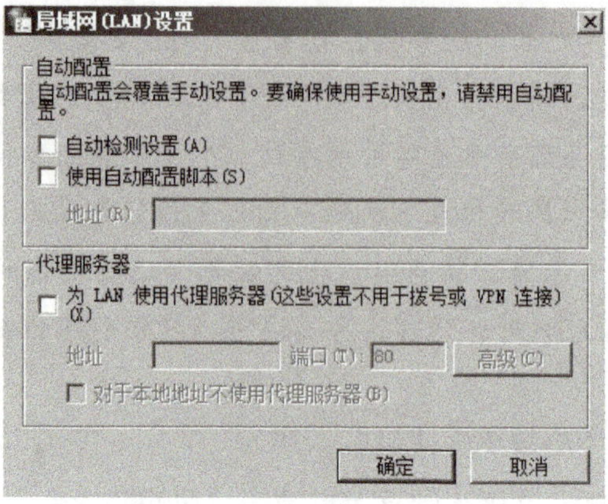

图3-79　局域网设置

3. 分析其他原因

原因一：病毒也能造成打不开网页的现象，如感染相关的浏览器组件、伪装成浏览器插件等。此时打开任务管理器查看浏览器的进程，会发现CPU占用率急剧上升，甚至达到100%，用户需要对计算机进行杀毒操作。

原因二：如果网络防火墙的安全级别设置过高，或是设置了浏览器的安全策略来阻止浏览器的操作，那么也会造成打不开网页的情况，此时需要适当地降低防火墙等级。

原因三：浏览器无法打开网页也有可能是网卡驱动损坏造成的，这时可重新安装网络协议或网卡驱动，使其恢复到默认的配置。

原因四：如果用其他浏览器能打开网页，而某一款浏览器不能，则考虑是这款浏览器的内核损坏或相关组件损坏而导致浏览网页出现问题。这时最好的办法是在网上搜索修复浏览器的工具或直接重装浏览器。

故障二： 网页图片不能正常显示。

用户在打开网页的时候，有时候会发现页面中有一些图片不能正常显示，有一些原本是动态的图片却显示成静止状态。这可能是网速过慢引起的，也可能是浏览器中没有设置显示图片。

以IE浏览器为例，故障解决方法如下。

启动IE浏览器，单击右上角的“工具”按钮，然后单击“Internet选项”命令，如图3-80所示。

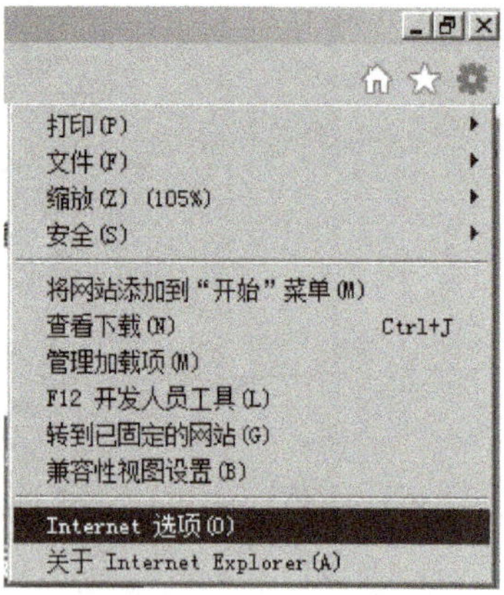

图3-80　单击“Internet选项”命令

在弹出的“Internet选项”对话框中，单击“高级”选项卡，在“多媒体”区域至少选中“启用自动图像大小调整”和“显示图片”复选框。如果网页原本会动的GIF图片不会动了，还需要选中“在网页中播放动画”复选框，如图 3-81 所示。

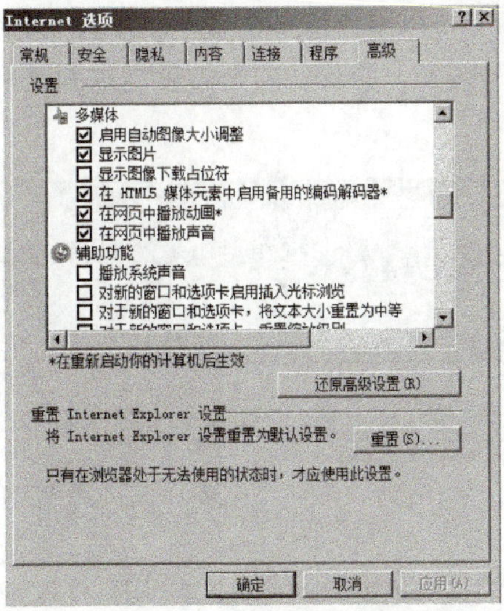

图 3-81 “高级”选项卡

故障三：不能下载文件。

用户设置较高的网页安全级别能保护用户隐私，提高上网安全系数，但有时候也可能因为安全系数设置过高而导致不能下载文件，如图 3-82 所示。

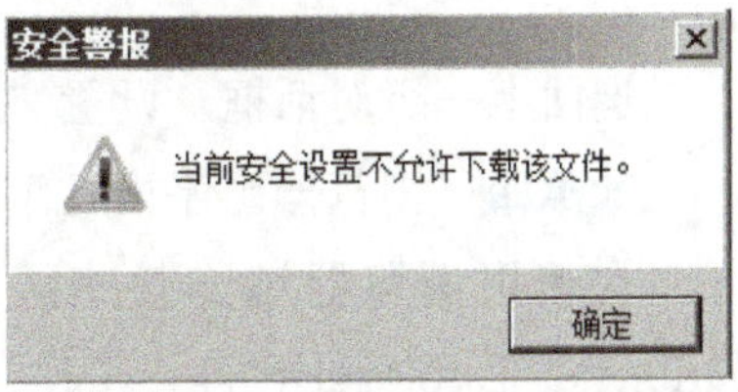

图 3-82 不能下载文件的安全警报

故障解决方法如下。

启动 IE 浏览器，单击浏览器右上角的“工具”按钮，单击“Internet 选项”命令，在打开的对话框中单击“安全”选项卡，单击“Internet”图标，设置“该区域的安全级别”为“中 – 高”，单击“确定”按钮，如图 3-83 所示。

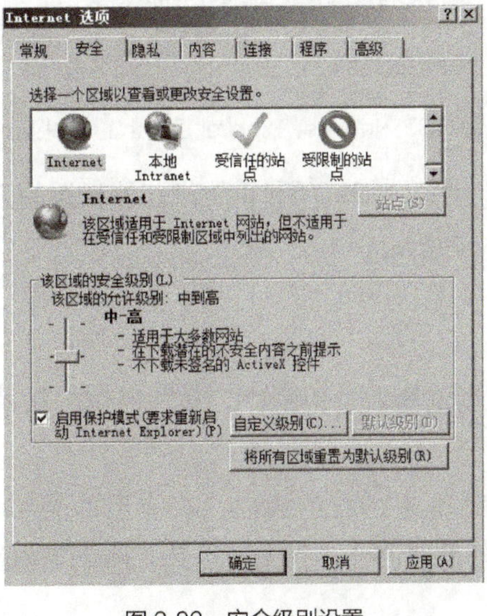

图 3-83 安全级别设置

用户还可以在“安全”选项卡中单击“受信任的站点”图标，单击“站点”按钮，在“受信任的站点”对话框中将可信任的网址输入“将该网站添加到区域”文本框中，如图 3-84 所示。单击“添加”按钮，受信任的网站就添加到“网站”列表框中，单击“关闭”按钮。

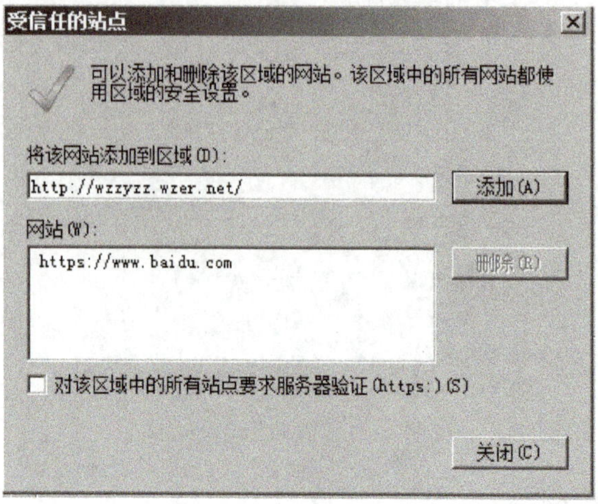

图 3-84 添加受信任的站点

退回上一级对话框，设置“中”安全级别，单击“确定”按钮。

故障四：浏览器已停止工作。

在使用浏览器浏览某些网页时出现错误提示对话框，以 IE 浏览器为例，会提示“Internet Explorer 已停止工作”，如图 3-85 所示。

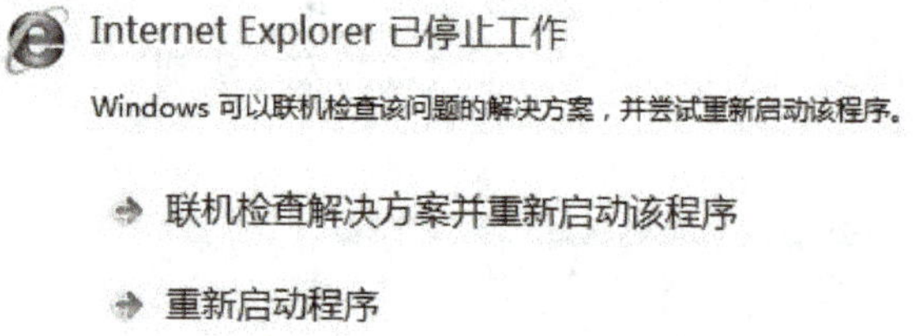

图 3-85 Internet Explorer 已停止工作的提示

用户可以尝试采取减少浏览器加载项和重置浏览器设置的方法来解决该问题。下面以 IE 浏览器为例介绍故障解决办法。

1. 减少加载项

故障解决方法如下。

启动 IE 浏览器，单击浏览器右上角的“工具”按钮，单击“管理加载项”命令，如图 3-86 所示。

在“管理加载项”对话框中，右击插件，在弹出的菜单中单击“禁用”命令，如图 3-87 所示。这样，浏览器的速度会有很大的提升，停止工作的频率也会减小。

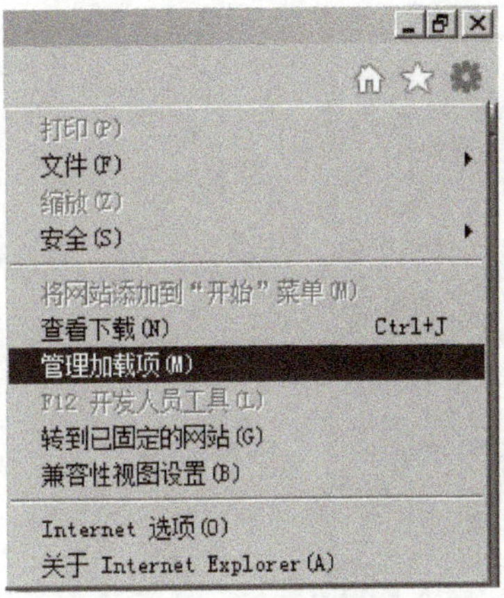

图 3-86 单击"管理加载项"命令

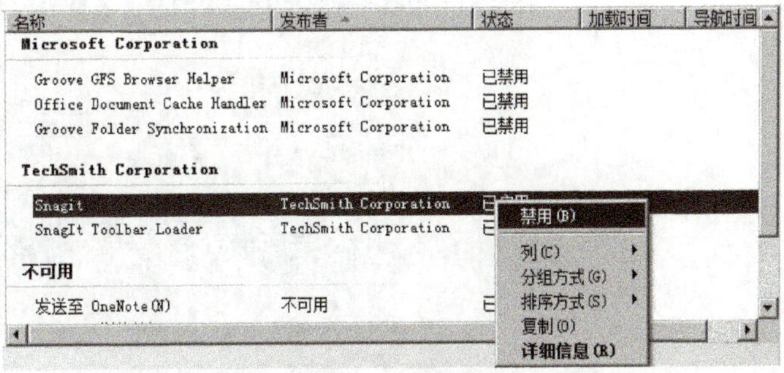

图 3-87 禁用插件

2. 重置 IE 设置

故障解决方法如下。

启动 IE 浏览器，单击浏览器右上角的"工具"按钮，单击"Internet 选项"命令，在弹出的"Internet 选项"对话框中单击"高级"选项卡，在"重置 Internet Explorer 设置"区域中单击"重置"按钮，如图 3-88 所示。

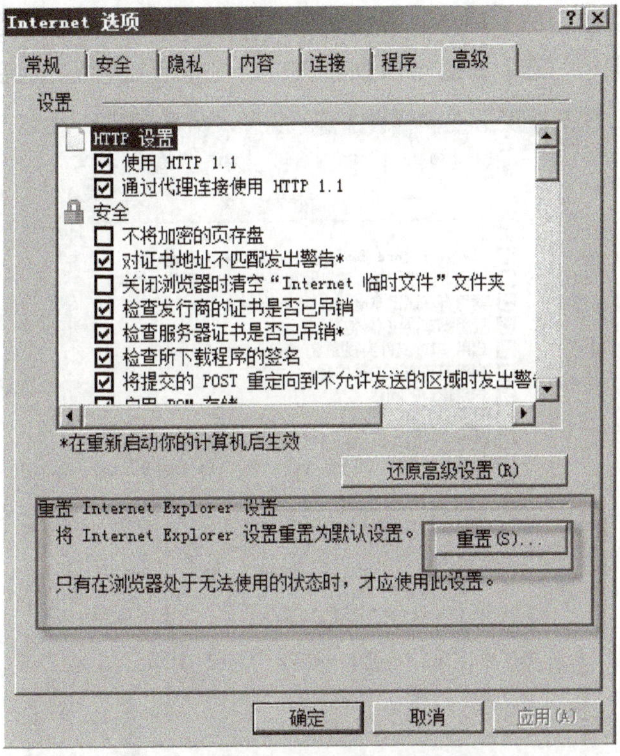

图 3-88 重置 Internet Explorer 设置（1）

在重置之前，一定要关闭其他的窗口，在弹出的"重置 Internet Explorer 设置"对话框中勾选"删除个人设置"复选框，如图 3-89 所示，单击"重置"按钮。在弹出的面板中单击“关闭”按钮，重启浏览器即可。

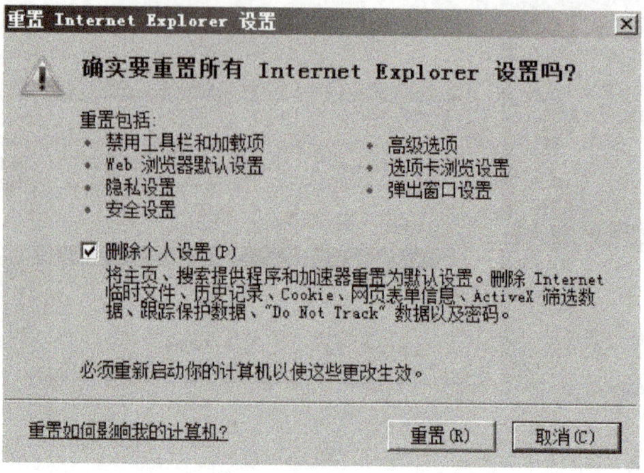

图 3-89　重置 Internet Explorer 设置（2）

3. 取消第三方浏览器扩展与自动崩溃恢复

故障解决方法如下。

启动 IE 浏览器，单击浏览器右上角的“工具”按钮，单击“Internet 选项”命令，在弹出的“Internet 选项”对话框中单击“高级”选项卡。

在“设置”列表框中的“浏览”区域找到“启用第三方浏览器扩展”和“启用自动崩溃恢复”复选框，取消勾选，如图 3-90 所示。单击“确定”按钮，重启计算机。

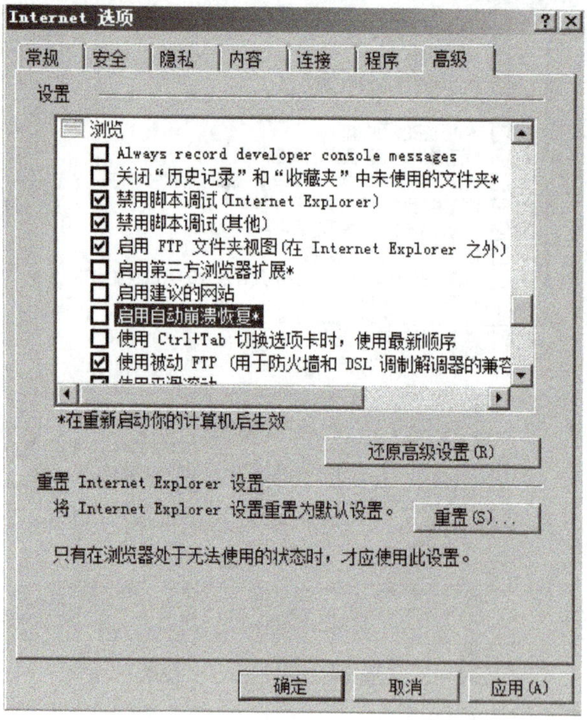

图 3-90　取消第三方浏览器扩展与自动崩溃恢复

知识提炼

一、浏览器发展史

蒂姆·伯纳斯－李（Tim Berners-Lee）于1990年发明了首个网页浏览器“World Wide Web”，成为第一个使用超文本来分享资讯的人，被称为Web之父。当时，网页浏览器根据Gopher和Telnet协议，允许用户浏览别人所编写的网站。这款浏览器还包含一个所见即所得的HTML编辑器。

1993年，Mosaic发布。Internet的流行应该归功于Mosaic。这款浏览器将Web带向了大众。诸如IE、Firefox一类的当代浏览器，仍然在沿用Mosaic的图形化操作界面思想。

1994年，网景公司（Netscape）发布了旗舰产品——网景导航者。错失了互联网浪潮的微软在这个时候匆匆地购入了Spyglass公司的技术，改成Internet Explorer（IE），掀起了软件巨头微软和网景之间的“浏览器大战”。这加快了万维网发展。

1998年，Netscape浏览器走向开源，Mozilla项目成立。

2002年，微软借助同操作系统的捆绑优势，使得IE赢得第一场“浏览器大战”，开始主导浏览器市场，市场份额达到95%。

2003年，苹果Safari浏览器登场，后来被包括Google、Nokia之类的厂商用于手机浏览器。

2004年，Firefox引发第二场浏览器之战，当年年底，成功赢得7.4%的市场份额。

迫于Firefox的压力，微软吸收了Firefox的一些设计思想，于2006年匆匆推出IE 7应战。

2008年，Google发布了自己的浏览器Chrome，凭借轻量、快速、异常稳固的优点，一举成为“浏览器大战”中不可轻视的对手。

当前，随着Windows XP系统的远去，IE浏览器的市场占有率逐渐降低，其他浏览器开始崛起。2019年，谷歌浏览器以45.48%的国内市场份额力压IE的21.79%，成为国内PC端的浏览器龙头。而Windows 10 Edge浏览器也启用了Chrome内核。

二、HTTP及工作过程

HTTP称为超文本传输协议，是Web浏览器和Web服务器之间的应用层协议，是一种用于分布式、协作式和超媒体信息系统的应用层协议。HTTP是万维网的数据通信基础。HTTP的工作过程包括连接、请求、应答、关闭连接4个步骤，如图3-91所示。

1）连接：Web浏览器与Web服务器建立连接。打开一个称为Socket（套接字）的虚拟文件，此文件的建立标志着连接建立成功。

2）请求：Web浏览器通过Socket向Web服务器提交请求。HTTP的请求一般是

GET 或 POST 命令。

3）应答：Web 浏览器提交请求后，通过 HTTP 传送给 Web 服务器。Web 服务器接到后进行事务处理，处理结果又通过 HTTP 传给 Web 浏览器，从而在 Web 浏览器上显示出所请求的页面。

4）关闭连接：当应答结束后，Web 浏览器与 Web 服务器必须断开，以保证其他 Web 浏览器能够与 Web 服务器建立连接。

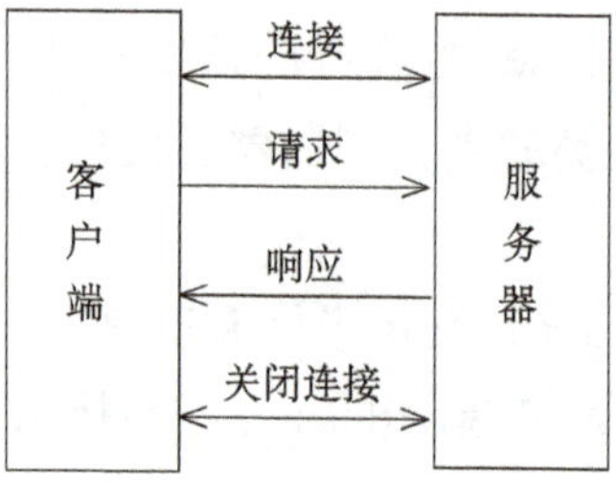

图 3-91　HTTP 协议工作过程

三、浏览器产品介绍

浏览器是网页运行的平台，常用的浏览器有 IE、火狐（Firefox）、谷歌（Chrome）、Safari、Opera 和 Edge，如图 3-92 所示。Edge 浏览器是微软搭载在 Windows 10 系统中的浏览器。浏览器内核的种类很多，常见的浏览器内核可以分为 4 种：Trident、Gecko、Webkit 和 Chromium/Blink。

图 3-92　浏览器图标

（1）Trident（IE 内核）

国内很多双核浏览器的其中一核便是 Trident，美其名曰“兼容模式”。采用该内核的浏览器有 IE、傲游、世界之窗浏览器、Avant、腾讯 TT、猎豹安全浏览器、360 极速浏览器、百度浏览器等。

(2) Gecko（Firefox）

Mozilla FireFox（火狐浏览器）采用该内核。Gecko 的特点是代码完全公开，因此其可开发程度很高，全世界的程序员都可以为其编写代码，增加功能。但它打开速度慢、升级过于频繁。

(3) Webkit（Safari）

Safari 是苹果公司开发的浏览器，所用的内核是 WebKit。采用该内核的浏览器有傲游浏览器 3、Apple Safari、Symbian 手机浏览器、Android 默认浏览器。

(4) Chromium/Blink（Chrome）

在 Chromium 项目中增加了 Blink 渲染引擎，内置于 Chrome 浏览器之中。Blink 其实是 WebKit 的分支。大部分国产浏览器的最新版都采用 Blink 内核。

项目评价 PROJECT EVALUATION

（一）任务完成度评价表

任务	要求	权重	分值
常见计算机硬件故障排除	能够甄别计算机故障类别，梳理故障检测流程，分析与排除 CPU、主板、内存、硬盘、显卡、声卡、显示器、光驱等部件的常见故障，并能建立维护档案；了解计算机故障检测和排除的基本原则，综合分析造成计算机故障的原因，总结常见硬件故障的检测与处理方法	25	
驱动程序的安装与维护	能够查看驱动程序的安装状态，并完成安装和卸载；了解硬件驱动程序的作用和获取方式，熟知硬件驱动程序的安装流程	10	
病毒与木马查杀	能够运用系统自带的工具和第三方工具检测与清除木马和病毒，通过运用防火墙实施访问控制，防止恶意攻击；了解计算机病毒的特点、分类，能够识别计算机病毒，提高计算机安全防护意识和能力	15	
注册表设置与优化	能够通过设置和优化注册表实现系统软 / 硬资源的维护与管理，满足个性化设置需求；了解注册表五大根键结构与功能，理解注册表的数据类型	15	
组策略设置与优化	能够通过设置和优化组策略更加高效地实现系统软 / 硬资源的维护与管理，满足个性化设置需求；了解组策略配置对象、类型和功能	15	
浏览器故障解决	能够综合运用各种技术和工具解决浏览器无法打开网页、网页图片不能正常显示、不能下载文件等故障；进一步了解浏览器的发展史和具体产品，理解 HTTP 的工作过程	10	
总结与汇报	呈现项目实施效果，做项目总结汇报	10	

（二）项目总结

项目学习情况：

心得与反思：

项目四

笔记本计算机使用与维护

项目概述

随着笔记本计算机的广泛普及，其在日常办公、学习、娱乐中所发挥的作用也越来越大，然而，相伴而生的是使用过程中出现的种种故障和问题。本项目以笔记本计算机为对象，围绕拆机清灰、硬件升级、屏幕故障处理这 3 项具有一定代表性和可操作性的工作任务展开介绍。

通过任务的实施和拓展，知识的梳理和提炼，读者可以初步掌握笔记本计算机日常维护与故障维修的技能，培养安全、规范意识，形成分析问题、解决问题的能力。

任务一

笔记本计算机拆机清灰

任务描述

小董是某中等职业学校信息技术类专业的一名学生。他家里的一台笔记本计算机最近的运行速度明显变慢，开机几分钟后就出现自动重启，有时会在重启过程中再次重启，如此反复，使他没法正常使用笔记本计算机进行学习。请根据所学过的知识帮小董分析问题所在，并解决该问题。

通过本任务学习，读者能明确笔记本计算机拆机与清灰的必要性，在计算机常见故障处理流程的指导下，遵循操作基本流程，合理运用工具和技巧完成拆机与清灰工作。在实践操作的基础上，进一步了解静电的产生、危害和防护方法，了解笔记本计算机螺钉的分类、规格和防松手段。

任务实施

一、故障分析与诊断

计算机常见故障处理流程包括望、闻、问、切 4 个环节，如图 4-1 所示。

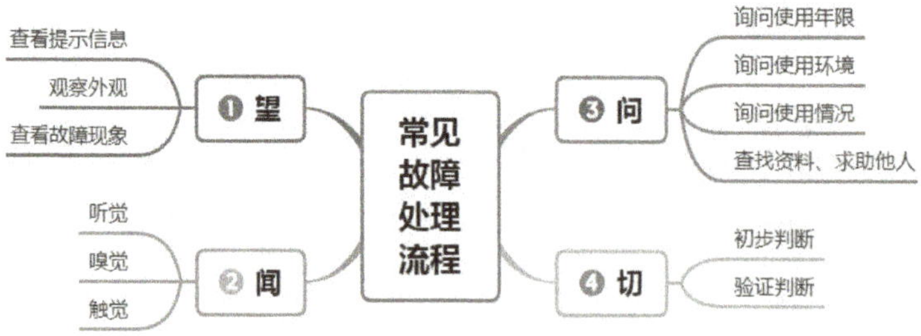

图 4-1　计算机常见故障处理流程

1. 望

认真查看笔记本计算机故障现象：是开机一小段时间后才开始重启，还是开机后马上重启；观察是否出现提示信息；计算机速度是否明显变慢了。基于观察，先考虑这些现象是否是由软件、病毒等引起的，再考虑是否是由硬件引起的，还要进一步查看笔记本计算机表面是否有大量灰尘。

2. 闻

仔细听笔记本计算机的出风口有无异常声音，用手背去感觉出风口有无明显的热风吹出。根据望和闻两个步骤，可以判断问题的大概范围，但不能轻易下诊断，还需继续分析。

3. 问

询问笔记本计算机使用的年限，年限越久越容易产生散热问题；询问笔记本计算机使用的环境，如长期在厨房、工地等会产生大量油烟和灰尘的恶劣环境中使用，容易导致笔记本计算机散热不良；询问笔记本计算机有无清灰的经历，正常情况下，笔记本计算机使用一年便要清灰，当然清灰次数多少还要视使用环境而定。可使用工具软件（如“鲁大师”硬件检测工具）进行温度压力测试，重点检测计算机各区域的温度，因为温度过高会引起类似的故障。特别是当 CPU 温度超过 80℃时，就必须要对计算机进行清理，否则极易引起 CPU 或其他硬件烧坏。

4. 切

根据望、闻、问 3 个步骤，可以初步做出诊断。

综合各种情况，判断小董的笔记本计算机是由于存积的灰尘太多，引起设备温度过高而产生的故障，要进行拆机清理灰尘。

二、拆机准备

拆机操作需要在一个干净整洁的工作台上完成，如图 4-2 所示。准备好螺钉旋具套装、撬片、导热硅脂、脱脂棉或布、酒精、软毛刷、吹气球、软布或毛巾等，如图 4-3 所示。

注意：笔记本计算机拆机前必须释放静电（关于“静电”可查阅本任务的“知识提炼”）。

图 4-2　干净的工作台

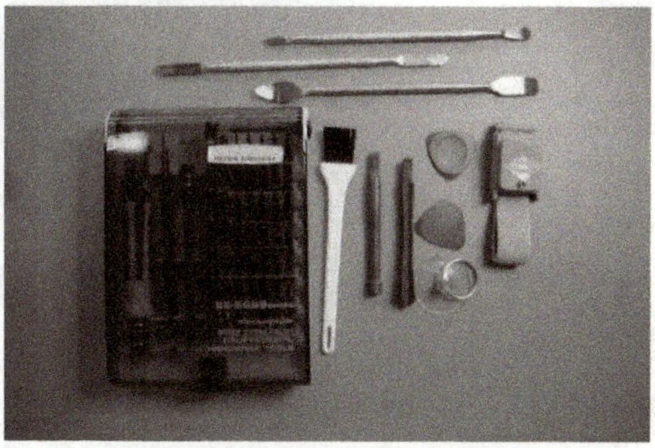

图 4-3　拆机必备工具

（一）螺钉保管

对于新手来说，在拆机和装机的过程中容易出现螺钉丢失、部分螺钉型号混淆的情况。小则，可能无法顺利完成装机；大则，可能拧错螺钉的位置而顶穿计算机主板，造成计算机的损坏。由此可见，螺钉的有效保管尤为重要。下面介绍两种简单的螺钉保管方法。

方法一：借助专用的螺钉盒子，将不同型号的螺钉做好标记，分开保存，以便装回时能明确螺钉具体位置，如图 4-4 所示。

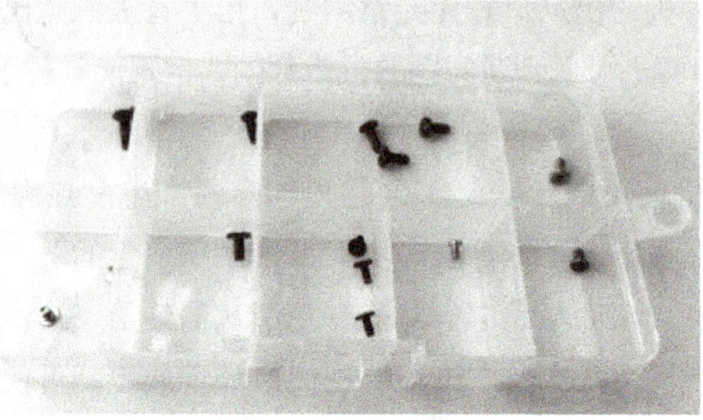

图 4-4　螺钉盒子

方法二：将螺钉按使用功能分成多个类别，即底壳面螺钉、键盘位螺钉、主板位螺钉等。再将不同类别的螺钉按笔记本计算机实际的位置排列在桌面不同的位置。如左上角的螺钉放在桌面左上角的位置，右下角的螺钉放到桌面右下角的位置，如图 4-5 所示。

图 4-5　按方位摆放螺钉

正确做好螺钉分类，有助于将所有拆下的螺钉原位装回。这里值得注意的是：笔记本计算机上有一些“死角”（隐藏的固定螺钉），如笔记本计算机底部的 4 个塑料垫脚里各有一颗固定螺钉，一些保修封条的下面和侧面也有隐藏螺钉。只有把这些隐藏的固定螺钉都一一取下，才可以正常地拆下后壳，如图 4-6 所示。

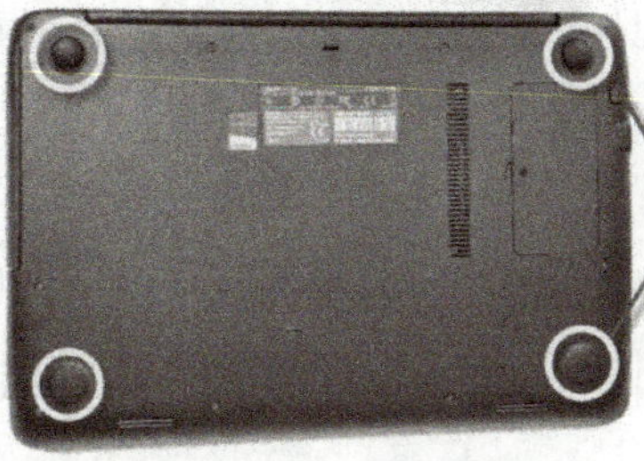

图 4-6 隐藏的螺钉

（二）撬片使用

一般笔记本计算机在取下螺钉后，由于内部还有卡榫固定（保证密封），背壳并不会直接分离。经验丰富的人往往借助指甲就可以轻松分离后盖或者键盘。但对于新手来说，可能不善用指甲，这个时候就可以借助撬片，如图 4-7 所示。

图 4-7 撬片使用

顺着缝隙较大的地方将撬片伸进去（如果用金属撬片，不可伸进去过多，以免划伤主板或其他硬件），沿着边缘慢慢地划开，一点点打开后壳。在这个过程中，加力是很有必要的，只不过一定要控制好力度。力气小打不开，力气大了卡榫就容易断。可以根据笔记本计算机底壳张开的程度判断。成功分离后的底壳如图 4-8 所示。

图 4-8 底壳分离

除了拆后壳需要用到撬片外，一些复杂笔记本计算机的键盘拆装也需要用到撬片。不建议直接使用螺钉旋具等金属工具来代替撬片，容易刮花笔记本计算机。

三、拆机清灰

笔记本计算机拆机清灰前，首先要切断电源，取出电池，切不可带电操作。拆机清灰的主要过程包括拆卸底壳、分离排线、拆卸内存与硬盘、散热器清灰、装机归位 5 个步骤。

（一）拆卸底壳

部分笔记本计算机的底壳拆卸较为简单，将计算机底壳面的螺钉一一拧开，再用撬片分离即可。但也有很多笔记本计算机的底壳与键盘底部通过螺钉固定在一起。要想拆除底壳，就必须先拧开键盘螺钉，把键盘拆除。当看到计算机底壳的面板上出现图 4-9a 所示的符号，就知道这台笔记本计算机的键盘有螺钉。有的键盘螺钉在硬盘盖板底下，需要先将硬盘盖板打开才能拆除；有的键盘螺钉在笔记本计算机的电池位附近，可根据键盘符号定位螺钉所在位置。拧下键盘螺钉后，要用撬片将 C 壳（详见本部分“知识链接”）键盘周围的暗扣推开，如图 4-9b 所示。

a)

b)

图 4-9　键盘符号与暗扣

将键盘整体从靠近屏幕位置的一端向上提起，方向反了无法取出键盘，因为很多键盘为了达到更好的固定效果，靠近用户的一端都有突出的暗扣插进 C 壳里面，如图 4-10 所示。在提起键盘的时候，动作宜轻宜缓，因为键盘底下还连接着排线，直接将整块键盘取出的粗暴行为非常容易将排线扯断，造成损坏。

图 4-10　提起键盘

根据图 4-11 所示的方法，将排线座两侧的扣推开，拔出键盘排线，顺势拔下触摸板（鼠标）排线。

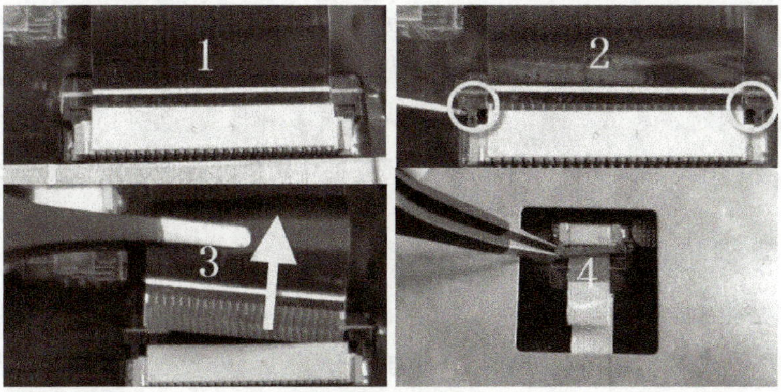

图 4-11 排线拔除

知识链接 笔记本计算机外壳的分类

笔记本计算机印有生产厂家品牌 LOGO 的一面称为 A 壳。液晶屏幕和液晶面板周围的边框称为笔记本计算机的 B 壳，它与 A 壳紧密贴合，共同保护液晶屏幕。笔记本计算机键盘及周围的面称为 C 壳，紧贴桌面的面称为 D 壳，又称底壳。部分机型还有 E 壳，在底壳的下面可再分离出一块面板。笔记本计算机外壳的分类如图 4-12 所示。

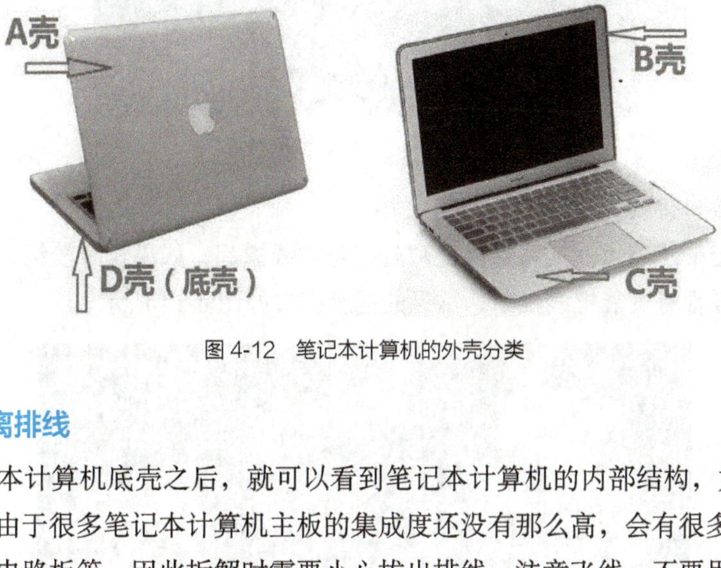

图 4-12 笔记本计算机的外壳分类

（二）分离排线

打开笔记本计算机底壳之后，就可以看到笔记本计算机的内部结构，如风扇、内存、硬盘等硬件。由于很多笔记本计算机主板的集成度还没有那么高，会有很多排线连接扬声器、风扇、子电路板等，因此拆解时需要小心拔出排线，注意飞线，不要用力猛拉，务必在接口处轻轻拔出。

一些用于打游戏或者尺寸较大的笔记本计算机，线缆过多，厂商往往会通过胶带等方式进行加固，避免线缆松动。在拆解时，读者需要先将排线按照特点小心取下，可按照胶带分类捆绑，然后清理灰尘。

知识链接　笔记本计算机排线

排线，也叫软性电路板（FPC）。它按照所属行业规范规定排线规则、线序、线色、线号等，用于活动部件及活动区域内的数据传输，如计算机内部的主板连接硬盘、光驱的数据线等。而当需要清理笔记本计算机键盘时，就需要拆开计算机，取下键盘，当然就避免不了拆排线的问题。笔记本计算机主板上一般有多种排线，它们的拆解方法都不一样。常见笔记本计算机排线有 4 种：暗扣排线、插座接口排线、锁扣排线、把手锁扣排线。

根据不同的笔记本计算机排线，拆分方法也不同。

（1）暗扣排线

用镊子将两边的锁扣朝箭头方向推，锁扣就开了，向外轻拉排线即可取出，如图 4-13 所示。

图 4-13　轻拉排线

（2）插座接口排线

将镊子插进插座与排线插头连接缝隙处，将排线撬起，如果排线较细，不要直接拽着排线拉扯，这样很有可能把线扯断，常见的插座接口如图 4-14 所示。

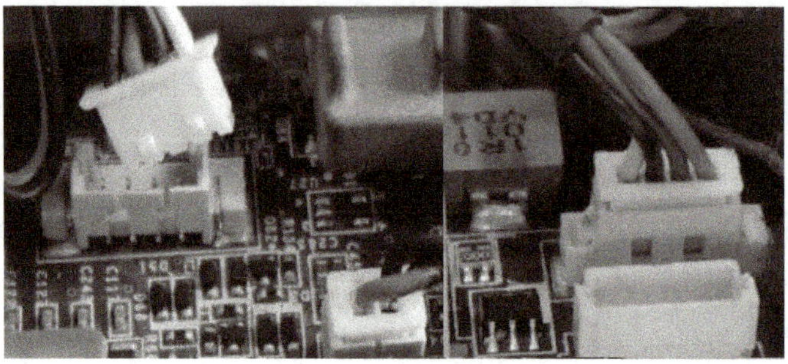

图 4-14　常见的插座接口

（3）锁扣排线

厂家为了迎合市场需求，将笔记本计算机的厚度尽可能做薄，这样就导致电子元件不会重叠，只会大致平行。拆除这类排线时，会发现有一个锁扣与周围接口的颜色差别很大，在找到这个锁扣后，用一字螺钉旋具或镊子轻轻向上撬起，即可打开这个锁扣，如图 4-15 所示。

(4) 把手锁扣排线

该接口类似于门把手，拆除时，只需捏住类似把手的装置后直接掀开即可，也可将一字螺钉旋具插入下端的接口后轻轻撬起，再分别在两头轻轻撬起，这样就能将笔记本计算机的键盘排线拆除，如图 4-16 所示。

图 4-15 锁扣排线

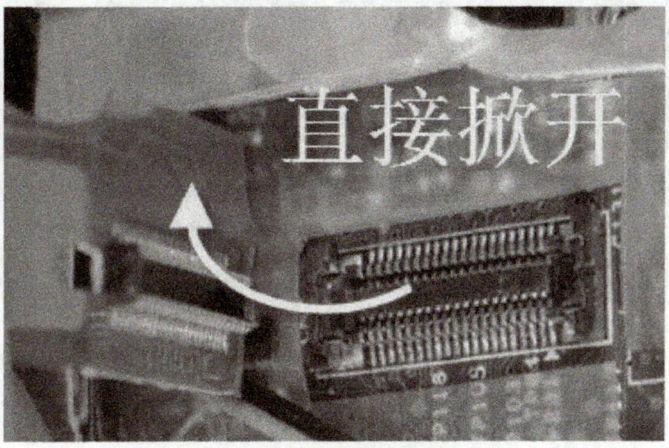

图 4-16 把手锁扣

(三) 拆卸内存与硬盘

对于大多数新手来说，拆卸笔记本计算机大多是为了清理灰尘、升级内存、换固态硬盘或者更换键盘等。其中，升级硬盘和内存较为常见，一般笔记本计算机的内存在打开两侧的固定卡后就能弹出，如图 4-17a 所示；而硬盘则由硬盘支架固定，防止使用时松动。拆除硬盘需要先将硬盘支架拆下，如图 4-17b 所示，硬盘需要轻拿轻放。

内存条

a)

硬盘支架

b)

图 4-17 内存条和硬盘支架

如果新手想要深度拆解笔记本计算机，则需要注意主板、风扇、子板的固定可能会用到若干螺钉，并且螺钉尺寸可能与外壳不同。所以最好按顺序取下螺钉，如按照从上到下或者从左至右的顺序来拆解，并将相应的螺钉保存好，确保能正常装回。在拆卸主板螺钉时不要看到螺钉就拆，要学会分辨，因为有些螺钉是不需要拆除的。当看到笔记本计算机主板上的螺钉周围有三角形的符号或是螺钉的符号时，如图 4-18 所示，基本可以确定这颗螺钉是需要拆除的，如果不拆除的话将无法把主板取出。通过以上的操作，基本上能分离出主板了，如图 4-19 所示。

图 4-18　三角形符号

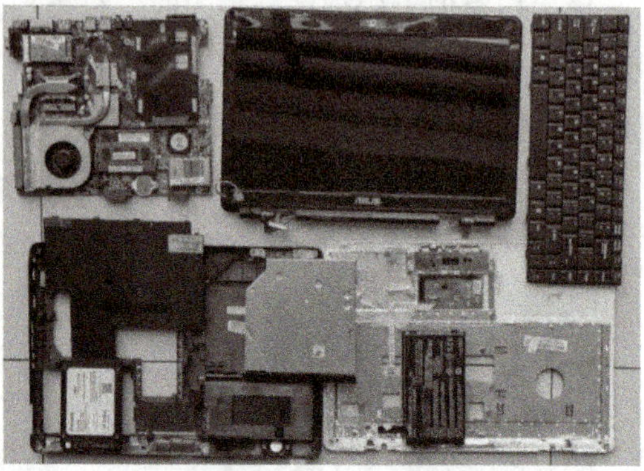
图 4-19　主板分离

（四）散热器清灰

散热器清灰是解决本故障的关键环节，包括拆卸散热器、分离散热器与风扇、散热部件清灰、CPU 导热硅脂处理 4 个步骤。

步骤一： 拆卸散热器。

将笔记本计算机主板取出，放在平整的桌面上，与风扇连接在一起的就是笔记本计算机的散热器，如图 4-20 所示。用螺钉旋具将 CPU 上的散热器螺钉按照顺序拧开。一般散热器上的螺钉都有数字编号，其中一颗螺钉上贴有一张保修易碎贴，是保修服务的凭证。如果笔记本计算机还在保修期内，可利用保修贴加热后不易碎的特性，用电吹风将保修贴加热，再用镊子慢慢撕开，以保证其完整性。

图 4-20　散热器

步骤二： 分离散热器和风扇。

取下 CPU 散热器后，还需将散热器上的风扇与散热器分离。有的风扇上有很细小的螺钉，拧开后就可分离；有的风扇是用卡扣的方式扣在散热器上，此时可用金属撬片将卡扣撬开；有的风扇没有卡扣也没有螺钉，而是用特殊的胶布直接贴在散热器上，此时只能将胶布撕开，取下风扇。

步骤三： 散热部件清灰。

如果计算机使用环境不佳，长期处于多灰尘的环境，那么散热器与风扇位置相连接的出风口将会出现大量灰尘和絮状物。这些絮状物堵住了散热器上的出风口，使得 CPU 等重要部件上的热量无法有效排出，导致计算机过热，出现各种故障。因此，出风口是散热部件清理的主要对象。用毛刷将风扇与出风口上的絮状物全部刷下，再用鼓风机将灰尘吹下，吹灰时尽量在室外或者垃圾桶旁边操作。

步骤四： CPU 导热硅脂处理。

笔记本计算机清灰，除了将散热器清理干净外，还需要清除 CPU 等重要部件上的导热硅脂。普通的导热硅脂在用过一段时间后就会慢慢地变干，失去导热的效果，所以要清除原来的导热硅脂，重新将硅脂均匀涂抹在 CPU 与显卡的表面，导热硅脂的涂抹如图 4-21 所示，不能把导热硅脂擦干净了而不涂抹，也不可涂抹太多的导热硅脂，以免引起主板短路故障。导热硅脂需要均匀地涂抹在 CPU 上。

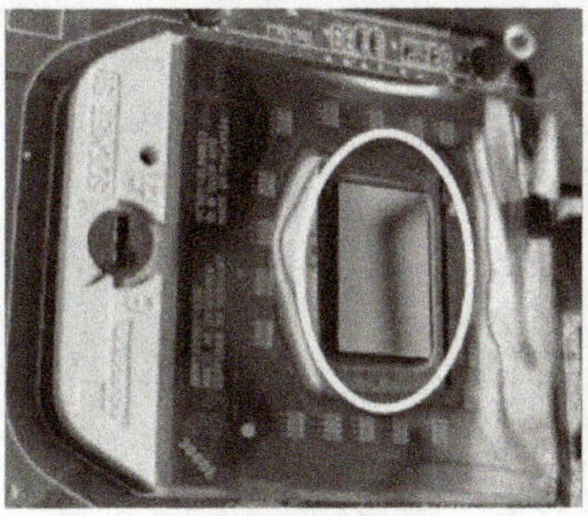
不能全部擦除导热硅脂后不涂抹

导热硅脂太多

均匀涂抹

图 4-21 导热硅脂的涂抹

（五）装机归位

拆机清灰任务完成后，被拆离的笔记本计算机各部件需重新装机归位。按照拆机的相反顺序一步步完成即可，如连接排线、拧上固定螺钉，按回暗扣等。如果对笔记本计算机的拆解不熟悉，那么建议在拆解过程中每完成一步就拍一张照片，这样在装回时就轻松许多。如果有条件，也可以让其他人员在拆的过程中录制视频，这样装回时就不会感到慌张。另外，也可以提前在网上搜索相同品牌型号的笔记本计算机拆机教程，反复观看视频，再结合实践，能够做到拆机与组装心中有数。

很多新手在完成装机步骤时会忘记插回各种排线，导致重新装机后笔记本计算机无法正常使用。建议在完成所有的部件回装后，简单地把主要的盖板盖回，而不是急于拧回所有螺钉。通电测试各项功能是否正常，如 CPU 风扇能否转动（部分计算机开机几分钟内风扇不会转动，直到温度上升到一定程度，风扇才会开始工作），声音装置、无线装置、键盘、触摸板等是否能正常工作。如果一切都正常，就可关机断电，再快速把所有螺钉拧回，完成装机。

笔记本计算机的拆解与安装其实不难，做到胆大心细即可。不过，部分轻薄笔记本计算机由于密封性做得很好，拆机难度较大，新手要更细心，以免损坏计算机。

图 4-22 所示为笔记本计算机清灰全流程思维导图，可帮助梳理拆装机流程。

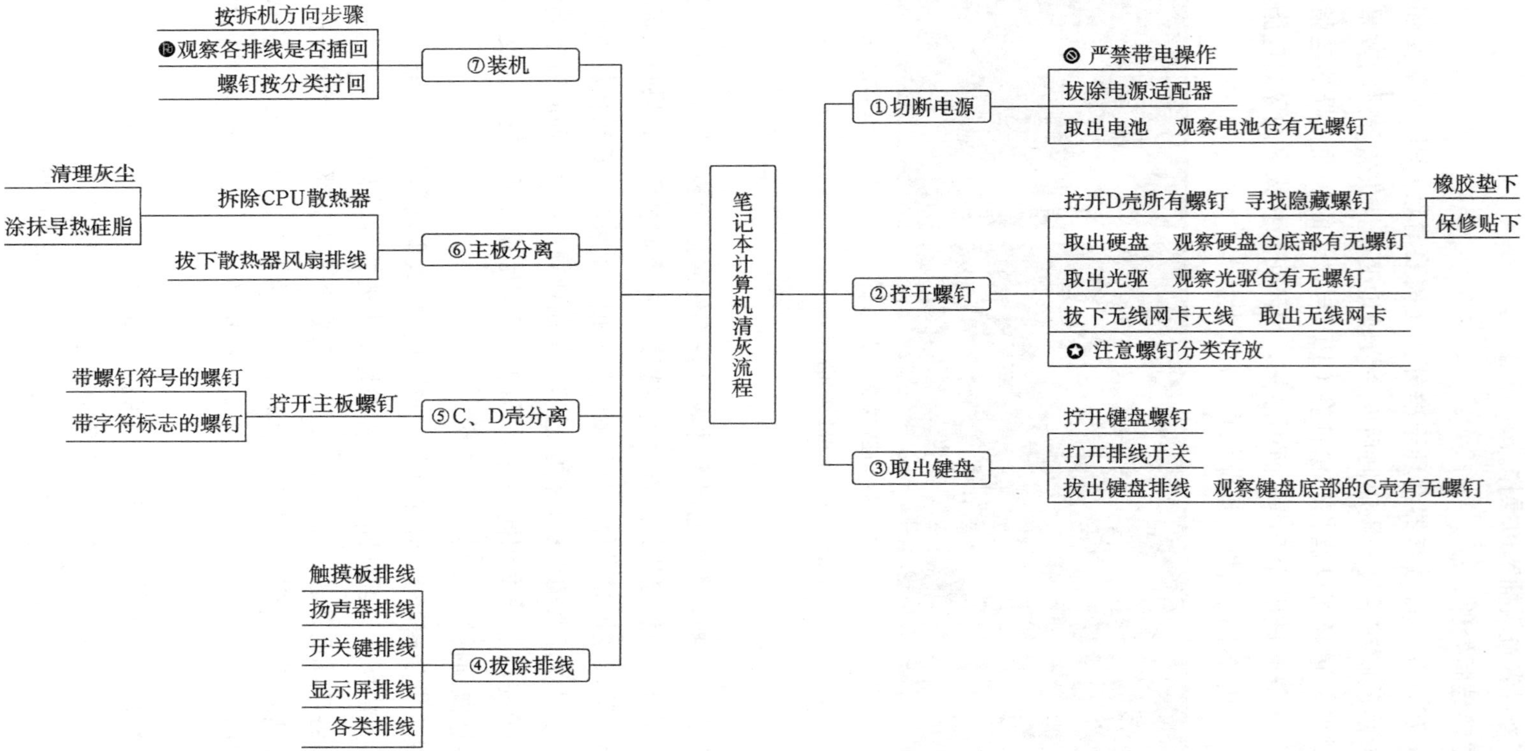

图 4-22　笔记本计算机清灰全流程思维导图

可使用移动终端扫一扫二维码来学习笔记本计算机拆机清灰操作

知识提炼

一、静电知识

（一）静电现象

静电，是一种处于静止状态的电荷。在干燥、多风的秋冬季节，人们常常会碰到这些情况：晚上脱衣服睡觉时，黑暗中会有噼啪的声响并伴有蓝光出现；见面握手时，手指刚一接触到对方，就会感到指尖针刺般疼痛，令人大惊失色；早上起来梳头时，头发会经常“飘”起来，越理越乱；拉门把手、开水龙头时都会“触电”，时常发出“啪啪”的声响……这些都是发生在人体的静电，如图 4-23 所示。

图 4-23 静电现象

（二）静电产生的原因

任何物质都是由原子组合而成，而原子的基本结构为质子、中子及电子。质子带正电，中子不带电，电子带负电。在正常状况下，一个原子的质子数与电子数相同，正负电平衡，所以对外表现出不带电的现象。当两个不同的物体相互接触并相互摩擦时，一个物体的电子会转移到另一个物体，这个物体会因缺少电子而带正电，而另一个得到一些剩余电子的物体就会带负电，电子分布不平衡，静电由此产生。

有些情况下，不摩擦也能产生静电，如感应静电起电、热电和压电起电、亥姆霍兹层、喷射起电等。实际上，任何两个不同材质的物体只要接触后分离就能产生静电。所以，在人们生活的任何时间、任何地点都有可能产生静电。要完全消除静电几乎不可能，但可以采取一些措施控制静电，使其不产生危害。

（三）静电对电子产品的危害

静电对电子产品有如下危害。

1）静电吸附灰尘，降低元器件绝缘电阻（缩短寿命）。

2）ESD（静电释放），会造成电子元件不能正常工作。大部分器件能承受的静电破坏电压范围是几百伏至几千伏。而在干燥的环境中，人活动所产生的静电高达几千伏到几万伏，对电子元件的破坏是不言而喻的。

3）静电产生电磁干扰。静电放电产生的电磁场幅度大到几百伏 / m，频谱宽至几千兆，对电子产品造成干扰甚至损坏。

这 3 种形式对电子产品元器件造成的损伤，既可能是永久性的（如功能丧失，不能恢复），也可能是暂时性的（如静电放电产生的干扰使功能暂时丧失）。

（四）如何防控静电

人们可以采取“防”和“放”两种方法。“防”，人们应该尽量选用纯棉制品作为衣物和家居饰物的面料，尽量避免使用化纤地毯和以塑料为表面材料的家具，减少摩擦起电。尽可能远离诸如电视机、电冰箱之类的电器，以防止感应起电。“放”，就是要增加湿度，使局部的静电释放。当你关上计算机，离开计算机以后，应该马上洗手洗脸，让皮肤表面的静电荷在水中释放。在冬天，要尽量选用高保湿的护肤品。常用加湿器。在室内饲养观赏鱼和水仙花也是调节室内湿度的一种好方法。

总而言之，在拆装笔记本计算机前务必要做好防静电准备，可以先洗手，让静电荷在水中释放，或者穿戴防静电防护用具，如防静电手套、防静电手环等。

二、笔记本电脑螺钉

（一）什么是螺钉

螺钉是紧固件的通用说法。螺钉为日常生活和工业必需品：如照相机、眼镜、钟表、电子等使用极小的螺钉；电视、乐器、家具等使用一般螺钉；工程、建筑、桥梁等则使用大型螺钉、螺母；交通器具、飞机、电车、汽车等则大小螺钉并用。

（二）螺钉的分类

螺钉规格复杂，种类繁多，了解螺钉的常识是非常有必要的。如果能准确知道螺钉紧固件的头型、槽型、牙型，再配合产品名，就可以准确地找到对应的产品，若再给出具体的标准号，就能更加精准、快速。图 4-24 所示的就是螺钉常见的头型、槽型、牙型，读者可配合该图了解螺钉的类别。

（三）笔记本计算机螺钉规格定义

常见笔记本计算机的螺钉有十字槽、一字槽和梅花槽等，如图 4-25 所示。通常，笔记本计算机的外壳上会标有螺钉的规格，“M”为螺纹的直径（毫米），“*”为螺纹的长度（毫米）。例如，“M4*15”就是直径为 4mm、长度为 15mm 的螺钉。但也有许多笔记本计算机的外壳上没有标螺钉的尺寸，需要自行判定。

（四）螺钉防松

螺钉防松一直以来是工业制造和工业产品特别注重的问题，若不能很好地解决，就容易发生安全事故，对人们的日常生活、工作，甚至交通运输、国防军事都会产生不可预测的危害。所以长期以来，各国工程师、科学家都在螺钉防松方面进行了深入的研究，寻求最终解决之道。

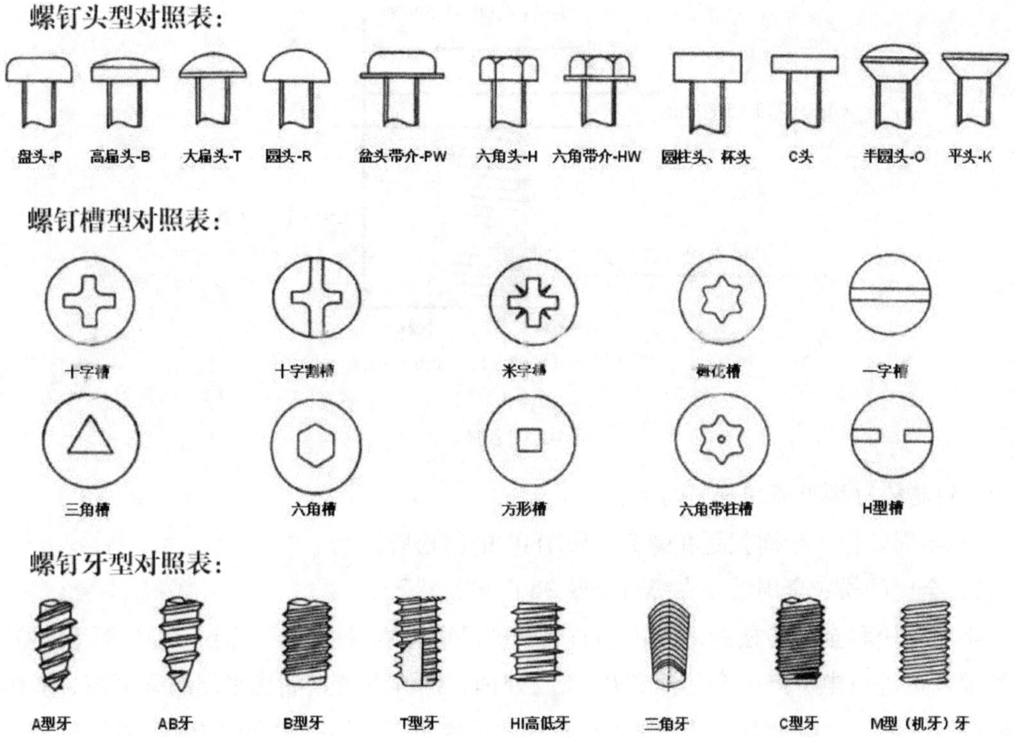

图 4-24 螺钉分类

图 4-25 笔记本计算机螺钉

防松螺钉应运而生。它是以特殊的技术将特殊的工程塑料永久地附着在螺纹上。在内外螺纹锁紧过程中，工程塑料因被挤压会产生强大的反作用力，极大地增加了内外螺纹之间的摩擦力。

部分笔记本计算机螺钉上有一些蓝色的物质，就是在螺牙上加工的特殊工程塑胶。如图 4-26 所示，这是 180° 防松蓝胶。

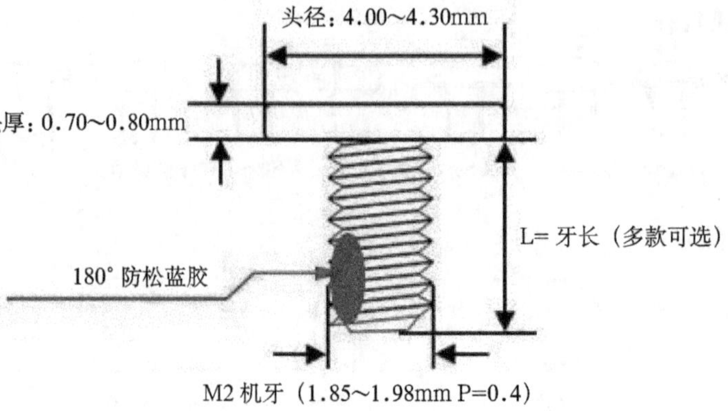

图 4-26 蓝胶防松

螺钉防松分为半周和全周两种。

1）半周防松：半周就是在螺钉上做 180° 的防松胶。

2）全周防松：全周就是在螺钉上做 360° 的防松胶。

半周防松和全周防松的区别：小的电子产品螺钉本身受力区域小，通常采用 180° 点胶处理，但进口电子产品会使用 360° 点胶处理。螺钉点胶整圈比半圈的强度高。所用的防松胶有区别，价格也不一样，呈现出来的效果也不同。螺钉做全周防松所花费的成本要比做半周防松所花费的成本高，因此，防松处理的选择要看个人和产品的需要。

任务二 笔记本计算机硬件升级

任务描述

小董为笔记本计算机清灰后，自动重启的故障消失了，但开机与程序加载都很缓慢，无法满足正常的学习与工作。针对该问题，如何能在少花钱的前提下让该笔记本计算机的加载速度变快呢？小董去询问在数码城工作的表哥小项，从小项口中得知，笔记本计算机的许多硬件都可以升级，从而解决开机时程序加载慢的问题。

通过本任务的学习，读者可在对笔记本计算机的故障现象进行诊断与分析基础上判断是否需要升级硬件；按照一定的规范要求，完成 CPU、硬盘、内存等部件的更换；能对磁盘坏道进行简单处理。在实践操作的基础上，能够掌握笔记本计算机常见硬盘接口类型及其特点。

任务实施

一、故障分析与诊断

笔记本计算机系统运行卡顿有诸多原因，可分为软件和硬件两类问题。

（一）系统软件问题

1）安装 Windows 的笔记本计算机系统，如果不关闭系统自动更新，也没有定期清理系统缓存，那么系统会越用越慢。

2）浏览网页和运行程序都会使硬盘碎片变多，如果碎片文件长期没有整理，也会引起系统运行缓慢。

处理方法：双击桌面上的“计算机”图标，打开“计算机”窗口，右击所要整理的“本地磁盘”，在所弹出的快捷菜单中单击“属性”命令，在所弹出的属性对话框中，选择“工具”选项卡，单击“立即进行碎片整理”按钮，开始碎片整理，如图 4-27 所示。

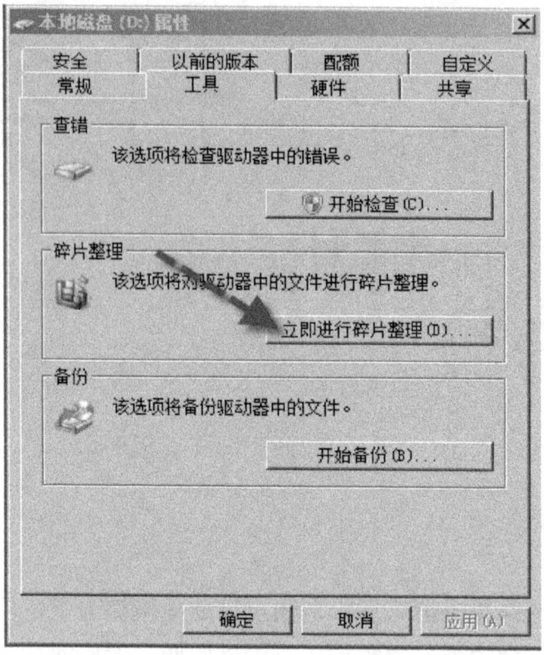

图 4-27　单击“立即进行碎片整理”按钮

3）放在桌面上的文件占用的都是系统资源，桌面文件过多也会导致系统运行缓慢，如图 4-28 所示。因此要养成保持系统桌面整洁的良好习惯，尽量将文件存放到除系统盘以外的其他磁盘，而不是直接放在桌面上。如果有必要可创建该文件的快捷方式（右击该文件，单击“发送到”→“桌面快捷方式”命令）。

图 4-28　桌面文件过多

4）开机启动项过多。如果笔记本计算机开机后有大量的软件在后台运行，将会导致计算机变得非常缓慢。可以选择使用类似于“360 安全卫士”“腾讯电脑管家”等软件进行开机启动项的优化，关闭不必要开机启动的软件。以“360 安全卫士”为例，打开软件，单击“优化加速”选项，选择“启动项”选项卡，选择所要禁用的启动项，单击“禁止启动”按钮即可，如图 4-29 所示。

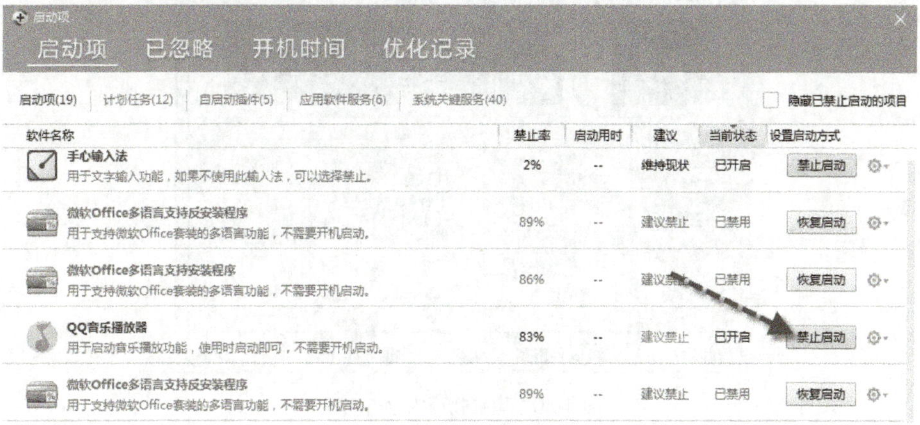

图 4-29　开机启动项优化

（二）系统硬件问题

（1）散热不良

笔记本计算机长期使用却没有清理灰尘，易造成散热不良，导致温度过高，从而出现系统运行卡顿的现象，甚至会对计算机硬件造成不可恢复的损坏。

（2）物理内存不足

可以通过任务管理器来观察物理内存占用率情况，如图 4-30 所示。如果笔记本计算机物理内存本身不足，那么即便优化系统或者是调整系统虚拟内存，也无法改善系统运行不流畅的状况，只能在预算允许的条件下升级笔记本计算机的物理内存，以提高笔记本计算机的运行速度。

（3）硬盘坏道

目前，旧式的笔记本计算机几乎使用的都是机械硬盘。当硬盘出现坏道，所要访问的数据存储在坏道或者速度缓慢的簇上时，就会严重降低硬盘读 / 写速度，计算机将处于“假死机状态”，甚至直接变成蓝屏。如果硬盘加电自检出错，硬盘就会“卡死”，并且发出很大的“咯嗒”声，计算机就死机了。硬盘发生严重故障时，计算机会没法启动，并出现英文故障提示：“reboot and select proper boot device or Insert boot media in select boot device and press a key”。硬盘故障检修流程如图 4-31 所示。

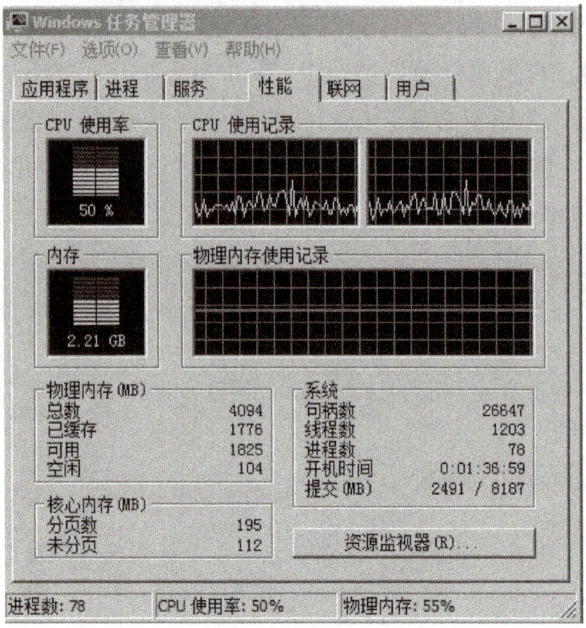

图 4-30　查看物理内存占用率

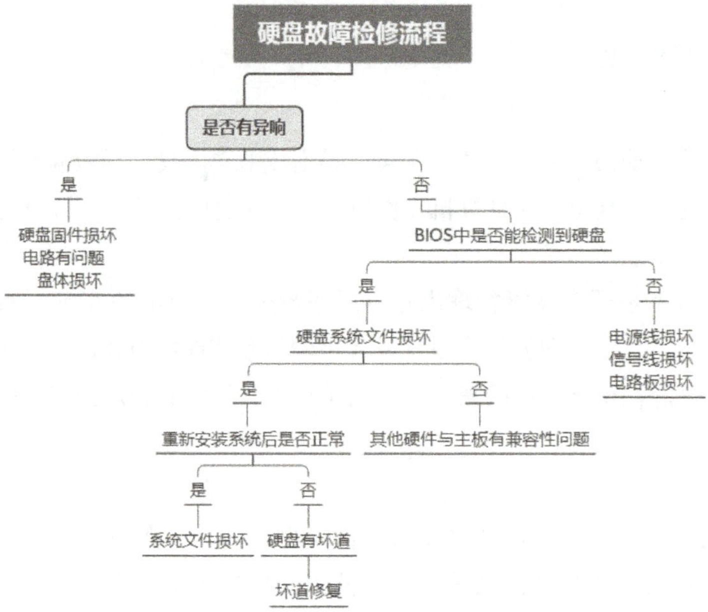

图 4-31　硬盘故障检修流程

二、硬件升级

小董在排除了软件问题后，依然不能改善开机与程序加载缓慢的问题，所以决定对笔记本计算机的硬件进行一次升级。通常情况下，笔记本计算机可以更换的硬件有内存条、硬盘与 CPU。

（一）CPU 升级更换

笔记本计算机的 CPU 封装如果采用 PGA 方式，则可升级更换；如果采用 BGA 方式（即 CPU 直接焊在主板上面），则需要专业工具才能更换。大部分超级笔记本计算机为了减小厚度和提升散热能力，都使用了 BGA 封装方式的低电压处理器，CPU 是不好更换的。由于主板上 CPU 底座的限制，可供选择的 CPU 型号较少，除非 CPU 损坏，否则很少有人会选择更新 CPU。

笔记本计算机 CPU 的更换，对操作者的动手能力要求较高。因为拆除 CPU 时，需要将笔记本计算机全部拆开，取下主板，将固定在 CPU 上的散热器螺钉按照顺序拧开，取下 CPU 散热器，再用一字螺钉旋具拧开固定 CPU 的卡扣，将旧 CPU 取出，如图 4-32 所示。换上新的 CPU 后拧回固定卡扣，涂上导热硅脂。

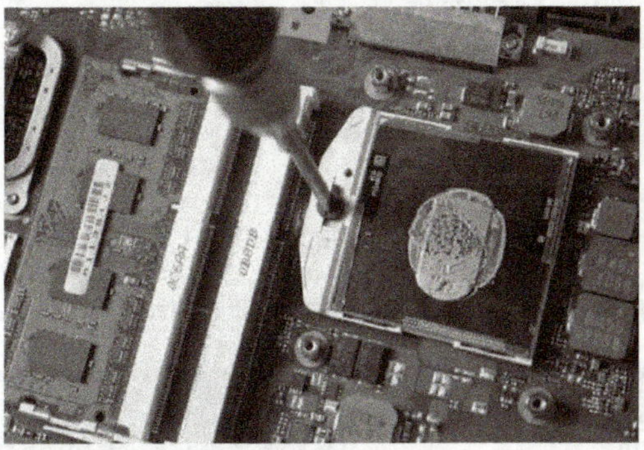

图 4-32　CPU 拆除

注意：CPU 安装时一定要对齐接口，放平固定，再拧好螺钉。如果没有对齐接口直接放置，那么容易导致 CPU 引脚损坏，如图 4-33 所示。

图 4-33　安装 CPU 时所要注意三角形

（二）硬盘升级更换

1. 查看硬盘类型

为了购买合适的硬盘，需要知道笔记本计算机硬盘的接口类型，以防购买错误，造成时间和金钱的损失。

方法一：下载第三方检测软件来查看硬盘接口类型，如“鲁大师”硬件检测工具，可使用该软件所带的硬件检测功能检测出硬盘的接口类型为“SATA III”，如图 4-34 所示。

金士顿 SA400S37240G (240 GB / 固态硬盘)

产品	金士顿 SA400S37240G (固态硬盘)
容量	240 GB
硬盘已使用	共 306 次，累计 282 小时
固件	SBFKB1D1
接口	SATA III
特征	S.M.A.R.T，48-bit LBA，NCQ

图 4-34 硬盘接口信息

方法二：直接拆开 D 壳上的硬盘盖子，查看硬盘类型，如图 4-35 所示。

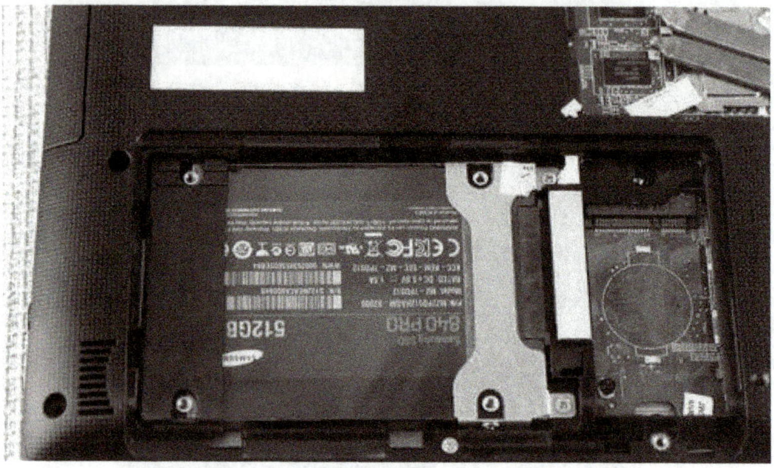

图 4-35 拆开 D 壳上的硬盘盖子来查看硬盘类型

2. 购买固态硬盘

根据自己笔记本计算机的硬盘接口类型，购买适合的硬盘。若想提速，建议购买固态硬盘。硬盘是用来存储信息的，容量的大小是衡量一块硬盘性能的第一要素。目前，主流笔记本计算机的机械硬盘的容量有 500GB、1TB、2TB 等；固态硬盘的容量有 128GB、256GB、512GB、1TB 等。当然，笔记本计算机的硬盘容量越大，价格也就越高，可根据自己的经济情况购买合适的容量。

通常，笔记本计算机的硬盘组件可以直接取下，无须拆开整机，升级比较方便。不过某些超薄笔记本计算机的硬盘拆卸工作就比较麻烦，往往需要卸掉键盘或者拆开整机后才能取下硬盘。

3. 更换硬盘

小董的笔记本计算机的硬盘容量是 500GB，其中大部分空间还是闲置的，如果直接更换大容量固态硬盘，费用会比较高。这种情况下，建议小董购买一个容量稍小的固态硬盘用于安装系统与普通软件，原机械硬盘可用于存储数据。

按如下步骤操作，完成硬盘更换。

步骤一： 断开电源，拔除笔记本计算机的电源适配器插头，做好卸除电池的准备。不同的笔记本计算机卸除电池的方法不一样。先将电源位的锁扣打开，再按照箭头方向推开开关，笔记本计算机的电池就会自行弹开，如图 4-36 所示。对于部分超薄笔记本计算机，想要取出电池，必须先拆下 D 壳。

步骤二： 观察笔记本计算机的 D 壳，找到硬盘的符号，如图 4-37 所示，拧开硬盘位螺钉。

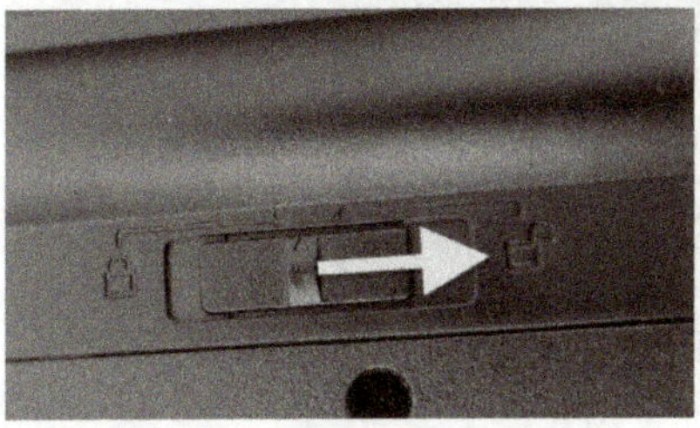

图 4-36　电源位锁扣

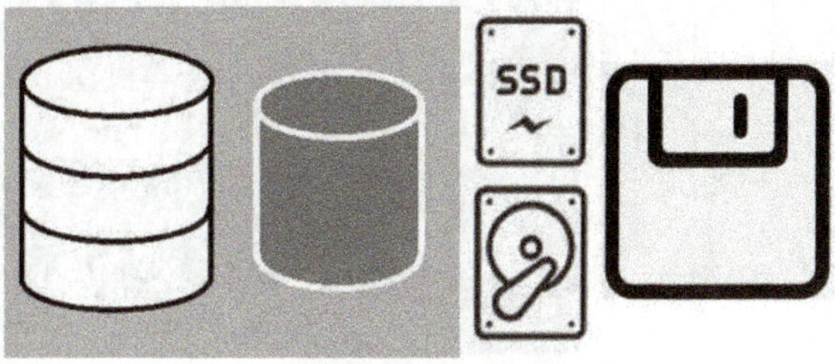

图 4-37　硬盘符号

知识链接　硬盘符号

硬盘的符号有 3 个圆柱体叠加在一起的符号，有一个圆柱体的符号，有 SSD 标志的长方形符号，有硬盘结构图的符号，也有软盘标志的符号等。因为机械硬盘内部的结构就像光盘一样，所以硬盘的符号就类似于多张光盘叠加在一起的圆柱体。

SSD 标志的符号指的是固态硬盘的符号，硬盘结构图标志的为机械硬盘。

步骤三： 拧开硬盘位螺钉后，用撬棒撬开硬盘位的盖子，会看到硬盘仓位。拧开硬盘仓位两边的两枚固定螺钉，按照箭头方向向左上方抬起，取下硬盘与金属支架，如图 4-38 所示。部分机型的硬盘可直接从笔记本计算机侧面推出来，如早期的“ThinkPad”笔记本计算机。

步骤四： 先用螺钉旋具拧开硬盘金属支架上的固定螺钉，再将支架安装到固态硬盘上，如图 4-39 所示。将装好的固态硬盘推入笔记本计算机硬盘位，然后盖上硬盘位盖子，拧回螺钉，固态硬盘安装完成。

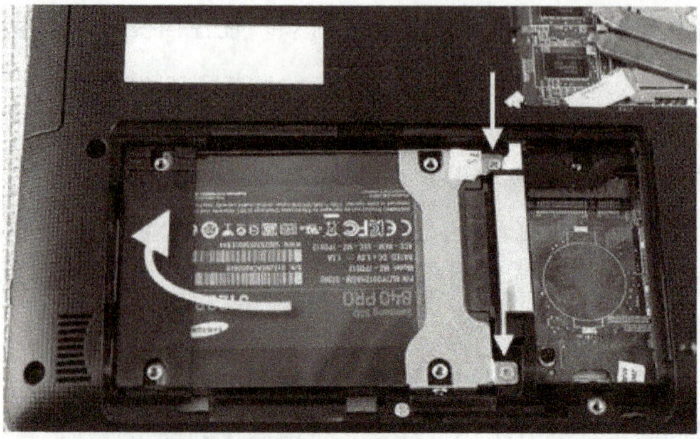

图 4-38　硬盘拆除

图 4-39　硬盘上的金属支架

4. 机械硬盘再利用

小董的机械硬盘拆下后处于闲置状态，笔记本计算机的光驱也不常使用。为了更好地利用资源，小董可购买一个光驱位硬盘托架和一个 USB 光驱盒子，如图 4-40 所示。拆除笔记本计算机的光驱，把拆下来的机械硬盘安装到光驱位硬盘托架上，再将光驱位硬盘托架直接安装在光驱的位置上。完成该操作之后，机械硬盘和固态硬盘即可同时使用，固态硬盘负责系统与应用软件的安装，机械硬盘可以用来存储数据，提高了存储效率，减少了资源浪费。

光驱位硬盘托架　　USB 光驱盒子

图 4-40　光驱位硬盘托架和 USB 光驱盒子

具体的操作步骤为：①拆卸光驱。寻找笔记本计算机光驱位标志，如图 4-41 所示。部分笔记本计算机的光驱螺钉在硬盘位盖子下面，卸下光驱螺钉后，用撬棒将光驱推出，将光驱上的金属支架拆下。②安装光驱位硬盘托架。为了美观可将原光驱上的外侧塑料板取下，一并安装在光驱位硬盘托架上。③把拆下的机械硬盘安装到光驱位硬盘托架上，再将光驱位硬盘托架安装到原光驱位，固定好各种螺钉。拆下来的光驱可安装在 USB 光驱盒子里面，这样普通笔记本计算机的光驱就变成了 USB 便携式光驱了。

图 4-41 光驱位标志

（三）内存升级更换

1. 检测内存条类型

首先要确认笔记本计算机的内存条是否可以升级。目前，为了便于笔记本计算机升级，一般都会预留内存条位置。读者可用“鲁大师”软件来检测内存条类型，或者手动拆开内存盖板，查看内存的具体产品信息。在选购内存条时，最好选购和原品牌、原型号基本一致的内存条，因为不同品牌、不同频率的内存条极有可能造成内存不兼容的情况。

有少数笔记本计算机的内存条是直接焊接到主板上的，因而无法升级。如果笔记本计算机的内存条旁没有空余的内存位，那么基本上可以确定无法增加内存条。

2. 选购内存条

在选购笔记本计算机内存的时候要注意，笔记本计算机内存条与台式机内存条有着明显的区别，虽然标注都是“DDR3”，但是台式机内存条是无法放置在笔记本计算机里使用的，所以在购买时务必要特别注意，以免买错造成损失。图 4-42 所示为笔记本计算机内存条与台式机内存条对比。

笔记本计算机内存条

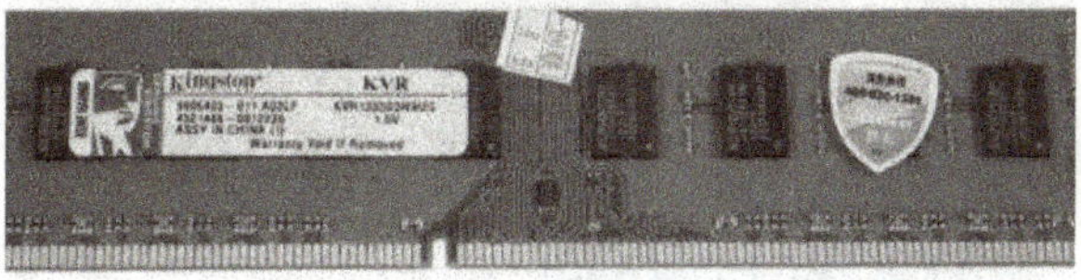

台式机内存条

图 4-42 笔记本计算机内存条与台式机内存条对比

3. 内存更换

拆开笔记本计算机 D 壳下面带有内存条符号（如图 4-43 所示）的盖板，将新的内存条按照图 4-44 所示的方向插入，再按下内存条，听到“咔”的一声，内存条就牢固地插入笔记本计算机主板上了。通电后开机，检查笔记本计算机是否能检测到新安装的内存条。开机后，右击桌面中的“计算机”图标，单击“属性”选项，所弹出的属性对话框里就有内存条的相关信息。若新内存条没有被检测到，就要取下新内存，用橡皮擦将金手指部分擦干净，再次插入笔记本计算机进行检测。

图 4-43　内存条符号

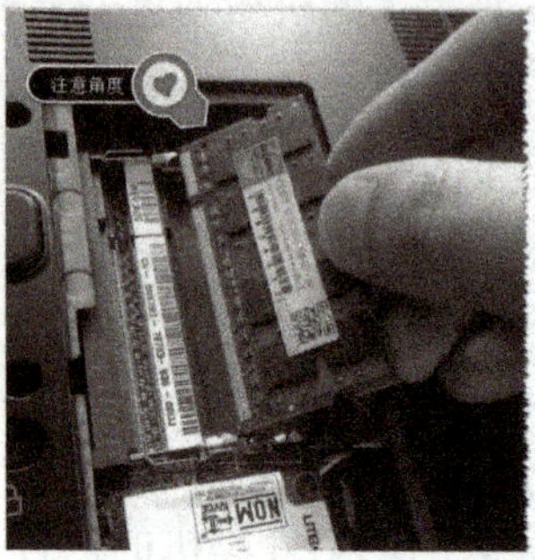

图 4-44　笔记本计算机内存条安装方法

（四）系统运行

笔记本计算机硬件安装完成后，由于新装的固态硬盘没有任何数据，所以需要安装操作系统。系统安装可参照台式机安装方法。首先将新装固态硬盘进行格式化操作，按需求合理分区。然后开机，进入 BIOS 设置，将固态硬盘设置为第一启动项。此时，系统会进入固态硬盘所承载的操作系统。旧笔记本计算机更新了固态硬盘与内存条后，性能就会明显提升。

可使用移动终端扫一扫二维码来学习笔记本计算机硬件升级操作

知识提炼

一、常见硬盘接口类型

（一）2.5in 标准 SATA 接口机械硬盘

此类型硬盘是大多数中低端笔记本计算机的标准配置，优点是价格便宜，容量大，缺点是读 / 写速度慢，性能低，SATA 接口机械硬盘如图 4-45 所示。此类硬盘使用标准 SATA 接口，SATA 接口是目前最常见的 HDD/SSD 硬盘接口，市场上的大部分笔记本计算机都能支持，被称为通用型接口。硬盘接口、SATA 数据线及主板 SATA 接口如图 4-46 所示，从左到右所呈现的分别是硬盘接口、SATA 数据线和主板 SATA 接口。

图 4-45　SATA 接口机械硬盘

图 4-46　硬盘接口、SATA 数据线和主板 SATA 接口

（二）2.5in 标准 SATA 接口固态硬盘

这种硬盘常用于中高端笔记本计算机，也可由用户自行升级，其优点是读 / 写速度快，性能高，缺点是价格相对昂贵。此类硬盘也使用标准 SATA 接口，大部分笔记本计算机都能支持，SATA 接口固态硬盘如图 4-47 所示。

图 4-47　SATA 接口固态硬盘

作为目前应用最多的硬盘接口，SATA 接口最大的优势就是成熟度高，6Gbit/s 的带宽虽然与目前新接口所支持的 10Gbit/s 甚至 32Gbit/s 带宽有一定差距，但已基本满足

500MB/s 左右的读 / 写速度。SATA 6Gbit/s 接口属于早期标准，体积相对较大，不适应 SSD 小体积的发展趋势，无法支持当前如 NVMe 等的标准。总体来说，6Gbit/s 的带宽对新一代 SSD 来说已经难以满足用户需求。

（三）微型固态硬盘

微型固态硬盘用于狭小的安装空间，不同规格的硬盘上会使用不一样的接口。根据硬盘大小的不同，硬盘接口也是多种多样的，现在能见到的有 SATA、mSATA、M.2、SATA Express、PCI–E 及 U.2 等，如图 4-48 所示。

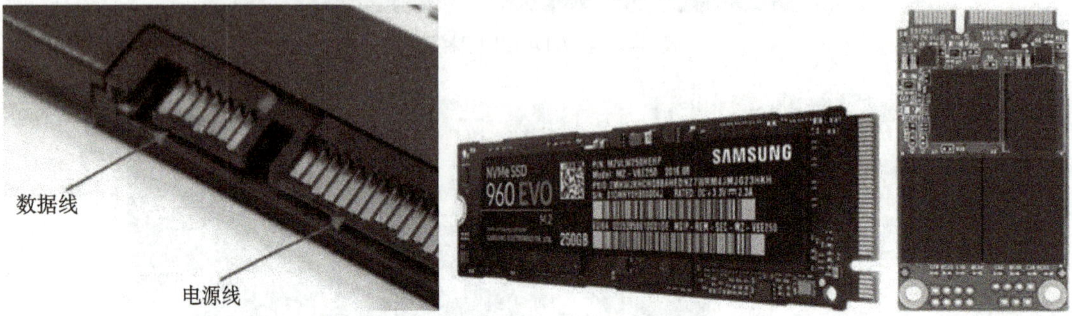

SATA 接口　　M.2 接口　　mSATA 接口

图 4-48　微型固态硬盘

二、常见硬盘接口特点

表 4-1 列举了 SATA Ⅲ、mSATA、SATA Express（以下简称为 SATA E）、M.2、U.2/SFF–8639 及 PCI–E 接口的硬盘参数。实际上，每个接口通常还会有很多子类型，例如，SATA 硬盘还有 1.8in 规格的，PCI–E 插槽除了常见的 HHHL 半高半长之外，还有全高全长、全高半长等。

表 4-1　硬盘主要接口及特点

接口类型	SATA Ⅲ	mSATA	SATA Express	M.2	U.2/SFF–8639	PCI–E
速度	6Gbit/s	6Gbit/s	10/16Gbit/s	10/32Gbit/s	32Gbit/s	20/32Gbit/s
规格 / 长度	2.5/3.5in	51mm	2.5/3.5in	30~110mm	2.5in	167mm
工作电压	5V	3.3V	5V	3.3V	3.3/12V	12V
体积特点	大	小	大	小	大	大
备注	已落伍	基本淘汰	尴尬之选	今日之星	不确定的明日之星	今日之星

1. mSATA 接口

SATA 接口不利于 SSD 小型化，所以针对便携设备开发的 mSATA（mini SATA）接口应运而生，mSATA 接口固态硬盘如图 4-49 所示。用户可以把它看作标准 SATA 接口的 mini 版，物理接口跟 mini PCI–E 接口一样，所以二者容易混淆，但 mSATA 走的是 SATA 通道，而非 PCI-E 通道，所以需要 SATA 主控。

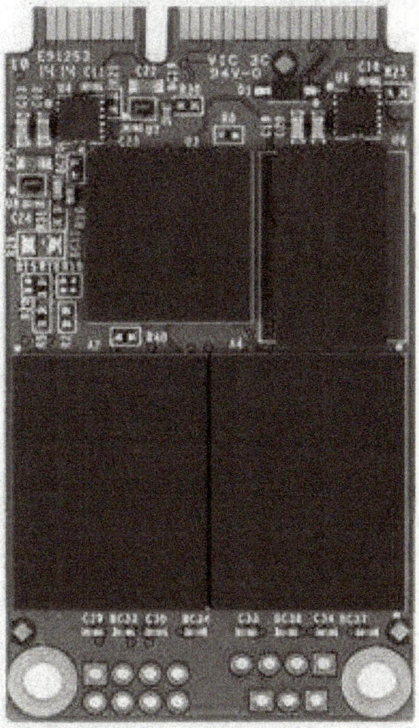

图 4-49 mSATA 接口固态硬盘

mSATA 接口是 SSD 小型化的一个重要转变，不过 mSATA 依然没有摆脱 SATA 接口的一些缺陷，例如，依然是 SATA 通道，速度还是 6Gbit/s，功能相对有限，要想进一步发展还得寻找新的手段。

2. M.2 接口

M.2 接口硬盘已经成为新一代高性能 SSD 的首选，取代了 mSATA 的接口，如图 4-50 所示。M.2 接口最初称为 NGFF，全名是 Next Generation Form Factor，M.2 接口硬盘比 mSATA 硬盘还要小巧，基本长 × 宽只有 22×42mm，单面厚度为 2.75mm，双面闪存布局厚度也只有 3.85mm，但 M.2 接口有丰富的可扩展性，最长可以做到 110mm，从而提高 SSD 容量。

图 4-50 M.2 接口硬盘

M.2 接口可以同时支持 SATA 及 PCI–E 通道，后者速度提高得更明显。早期的 M.2 接口使用的是 PCI–E 2.0 ×2 通道，理论带宽为 10Gbit/s。现在的 M.2 接口全面转向 PCI–E 3.0 ×4 通道，理论带宽达到了 32Gbit/s，远高于之前水准，大大提升了 SSD 性能。

3. PCI–E 接口

PCI–E 接口固态硬盘和 SATA 接口的固态硬盘最大的区别就是传输速度，SATA3 最大只有 6Gbit/s 的带宽，而 PCI–E 通道最大可以达到 32Gbit/s 的带宽，要快得多。两者的 AS SSD 跑分速度差距明显，无论是连续读 / 写，还是 4K 测试，PCI–E 固态硬盘都远远领先 SATA 固态硬盘，PCI–E 固态硬盘的综合得分高出 SATA 固态硬盘 3 倍有余。

4. 傲腾硬盘

Intel 的傲腾硬盘是一种可以为机械硬盘加速的特殊硬盘，如图 4-51 所示。但傲腾硬盘似乎已经不满足仅仅只为机械硬盘加速了，它还在 QLC 固态硬盘上集成了傲腾内存用来加速。Optane Memory H10 硬盘，板载 16GB/32GB 傲腾，并可以搭配 256GB、512GB 及 1TB QLC 闪存。

图 4-51 傲腾硬盘

英特尔 Optane 技术和英特尔 QLC 3D NAND 技术的结合，能够加快最常访问资料的读取速度，同时利用硬盘快闪存储器技术的优势实现大型存放区。英特尔此举在于打破瓶颈，以更好的解决方案帮助用户释放资料的价值。

任务三

笔记本计算机屏幕故障处理

任务描述

笔记本计算机在使用中也会遇到意外。小王同学在盖上笔记本计算机时忘记将放在键盘上的鼠标拿出来，只听到“咔”的一声，屏幕碎了，如图 4-52 所示。小王同学带着碎屏的笔记本计算机到了售后服务中心，被告之这属于人为损坏，不在保修范围内，维修费很高。因此，他寻求“计算机维修大师”小董帮忙。

通过本任务的学习，读者能够根据屏幕故障现象分析故障原因，找到处理方法；能按照一定的规范要求，完成笔记本计算机屏幕的拆卸和更换。在实践操作的基础上，能够掌握笔记本计算机屏幕分类和屏幕接口分类。

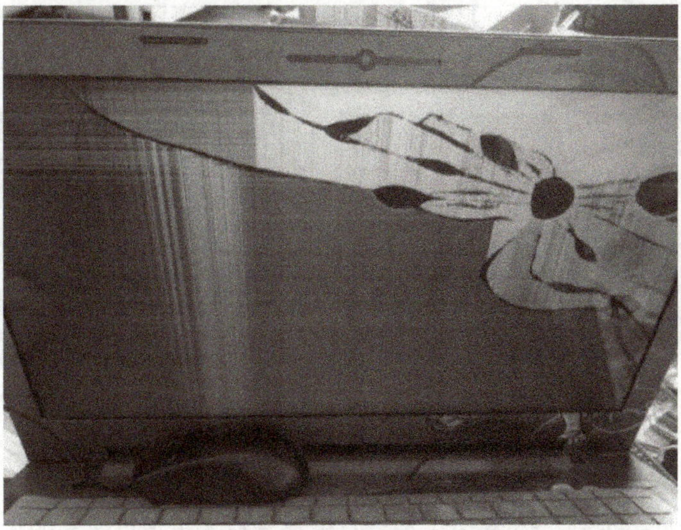

图 4-52　碎屏

任务实施

笔记本计算机出现“碎屏”是无法修复的，唯一的方法就是更换新屏幕。

一、笔记本计算机屏幕拆卸

在购买新的笔记本计算机屏幕前，需要拆下屏幕，查看具体的屏幕型号。因为相同型号的不同批次的笔记本计算机也有可能使用不同型号的屏幕。

笔记本计算机屏幕拆卸包括 B 壳分离、A 壳分离、屏线拔离、屏幕分离 4 个环节。

（一）B 壳分离

操作前，笔记本计算机先断电。然后观察 B 壳位置是否有隐藏的螺钉，如图 4-53 所示。部分型号笔记本计算机的 B 壳处无螺钉固定。

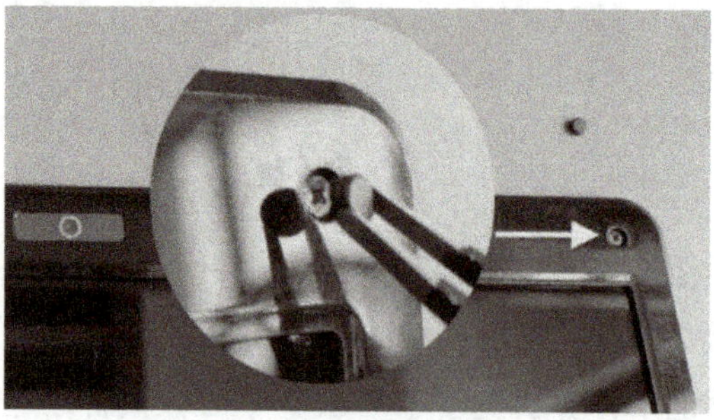

图 4-53　屏幕隐藏螺钉

用撬棒将贴在螺钉上的胶垫撕开，用合适的螺钉旋具拧开螺钉。要记住螺钉位置，保管好螺钉。取下全部螺钉后，查看 A 壳与 B 壳之间的缝隙，找到缝隙最大的位置，用撬片卡进去，如图 4-54 所示。根据内部卡扣结构，轻轻将 B 壳撬开，不可使用蛮力。不同机型都有不同的分离技巧，直到所有位置都成功分离后，取下笔记本计算机 B 壳，如图 4-55 所示。

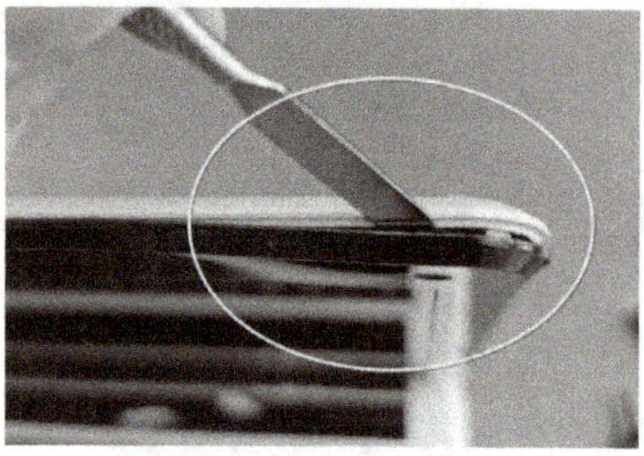

图 4-54　撬片卡入

图 4-55　B 壳分离

（二）A 壳分离

要想查看屏幕型号，还需要将 A 壳与屏幕分离。拔下摄像头的排线，拧开屏幕与 A 壳上的螺钉，轻轻将屏幕与 A 壳分离，如图 4-56 所示。

图 4-56　A 壳分离

（三）屏线拔离

如图 4-57 所示，方框处为笔记本计算机的屏线，它是主板连接到屏幕上的信号线。屏线操作时要先观察屏线的类型，在拔除屏线的过程中要特别小心，如果其中有一根导线接触不良，就有可能为新换屏幕的正常使用埋下隐患。

图 4-57　屏线位置

不同屏线的拔离方法不同，如果还有其他排线连接，需要将排线拔出。在操作的时候慎用蛮力，因为屏幕位置的排线都很脆弱。

（四）屏幕分离

液晶屏幕左右各用 3 颗螺钉将屏幕固定在屏幕支架上，屏幕支架的底端连接着笔记本计算机的屏轴。要拆下屏幕，需要拧开这几颗螺钉。屏幕成功分离后，观察笔记本计算机屏幕的型号，如图 4-58 所示，“M140NWR2”为该屏幕的型号，“IVO”为屏幕的品牌。

图 4-58　屏幕标签

笔记本计算机屏幕的常见品牌有LG、三星、奇美、友达、京东方等。在购买屏幕的时候，型号和屏线品牌可以不同，但接口类型要一致。购买屏幕前要先了解屏幕接口类型，以免买到的屏幕和屏线无法正常连接。常见的笔记本计算机屏幕接口有EDP 30引脚和LVDS 40引脚两种，如图4-59所示。

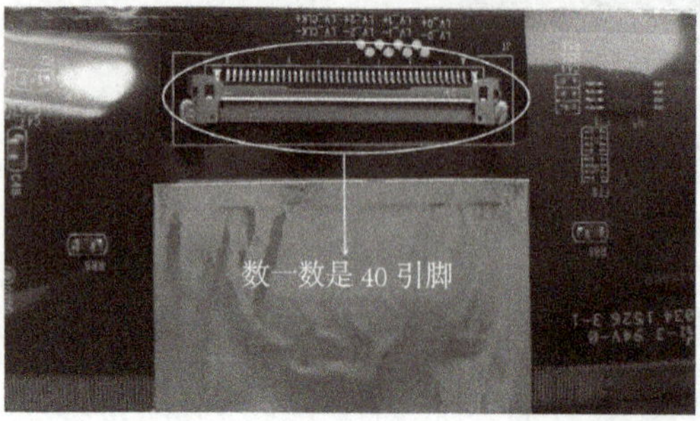

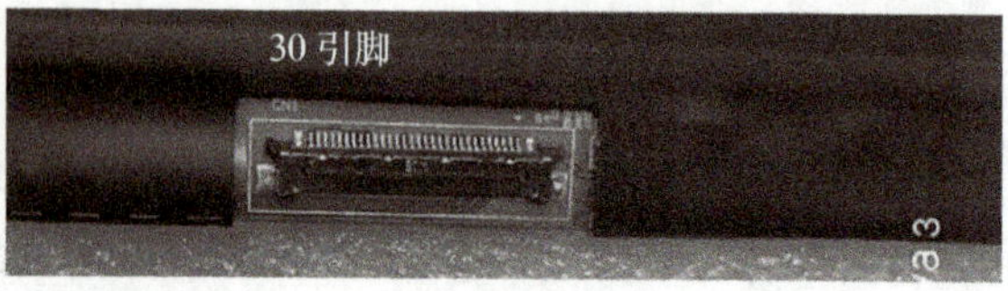

图4-59 屏幕排线插口

知识链接 液晶屏幕质量分级标准

液晶面板制造行业内部对液晶屏幕有4个质量分级标准，即A+屏、A屏、B屏和C屏。等级越低的面板，产品生产成本相对越低，质量上的缺陷也会越发突出。A+屏，俗称完美屏，没有坏点和亮点；A屏在出厂时是无掉点的，也就是亮点或者暗点控制在3个以内；亮点或者暗点3个以上就是B屏，10个以上就是C屏。辨别亮点与暗点数量的一般方法是将背景调成全白或者单色屏，用肉眼仔细观察。

在A屏中，绝大多数没有亮暗点，若出现极个别的亮暗点，那么绝不会出现在显示屏中央，B屏、C屏则没有这样的标准，在购买时就看消费者的运气了。另外，"水波纹现象"，即液晶屏的亮度存在不平衡的现象，也是影响液晶显示器质量的"硬伤"，长期使用会对人的视力造成较大损害。"坏点""水波纹现象"等液晶显示屏的质量问题不仅不能修复，而且会随着时间的推移越来越严重，使得液晶屏的寿命缩短。

二、笔记本计算机屏幕更换

笔记本计算机屏幕更换包括屏体安装、屏线连接、屏幕测试、A壳安装、B壳安装5个环节。

（一）屏体安装

先将新屏幕固定在屏轴支架上，如同拆屏时一样，用一只手先扶住屏幕，然后在屏幕支架对角处将两颗螺钉固定好，如图4-60所示。这样屏幕就不需要继续扶着，再拧上剩余的螺钉即可。

（二）屏线连接

将屏线插入新屏幕的屏线接口，屏线金手指部位不可裸露在外，否则有可能导致屏线接触不良。将屏线上的胶重新贴到新屏幕上，防止屏线脱落，如图 4-61 所示。

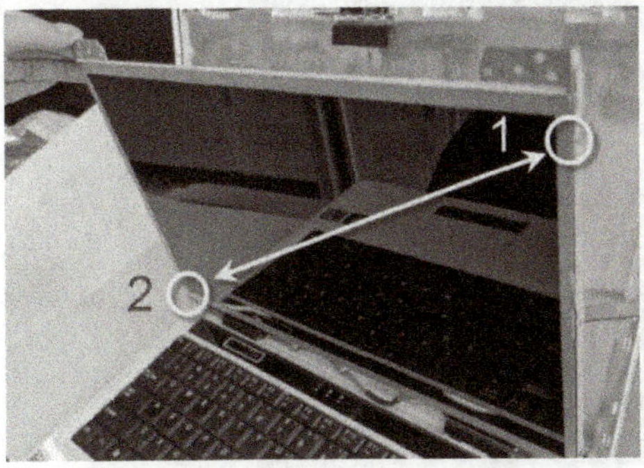

图 4-60 对角螺钉

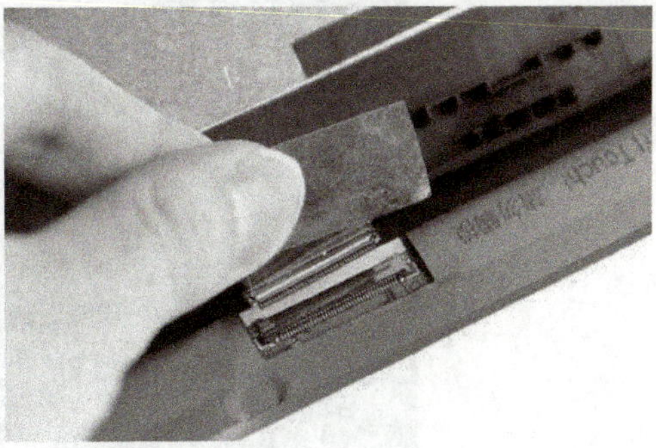

图 4-61 插上屏线

（三）屏幕测试

通电开机测试，观察屏幕是否正常。可打开屏幕测试软件，检测新屏幕是否有亮点或者坏点，调整计算机屏幕分辨率，查看是否支持相应的分辨率。

（四）A 壳安装

确认新换屏幕可正常使用后，将屏幕上的保护膜撕下，将屏线压入槽中，再将屏幕背面的各排线贴回原位，包括扁平电缆、WLAN 与 WWAN 天线、摄像头与麦克风排线等，将屏幕与笔记本计算机 A 壳固定在一起，注意区分螺钉位置，插回摄像头排线，否则 B 壳与 A 壳不容易贴合。

（五）B 壳安装

安装笔记本计算机 B 壳，只要屏幕和各种排线都贴回原位，多数笔记本计算机 B 壳都能直接按回去，完美地与 A 壳贴合，拧上 B 壳上的隐藏螺钉，贴回螺钉胶垫，屏幕更换完成。

知识链接 笔记本计算机换屏注意事项

笔记本计算机更换屏幕难度不大，但换屏操作过程要细心、规范，需注意如下要点。

1）电池与电源一定要断开，绝对不可带电插拔屏线，以免损坏屏幕或显卡电路。

2）撬边框的时候可以用小号平口螺钉旋具，有条件的用专用撬棒，也可以用硬卡片。操作过程不可使用蛮力，以免对外壳造成不可逆的损伤。

3）拔除屏线的时候，首先要将屏线上的透明胶或黑胶撕开，部分机型需要推开固定扣子。屏线可能比较紧，拔的时候用力方向应与面板水平方向一致，如图 4-62 所示，看清楚方向后再拔。

4）拆卸屏幕时，螺钉拧到一定数量后，由于屏幕本身的重量会导致屏幕不稳，需要用手轻轻扶住屏幕再进行拆卸，拧开剩余的螺钉。

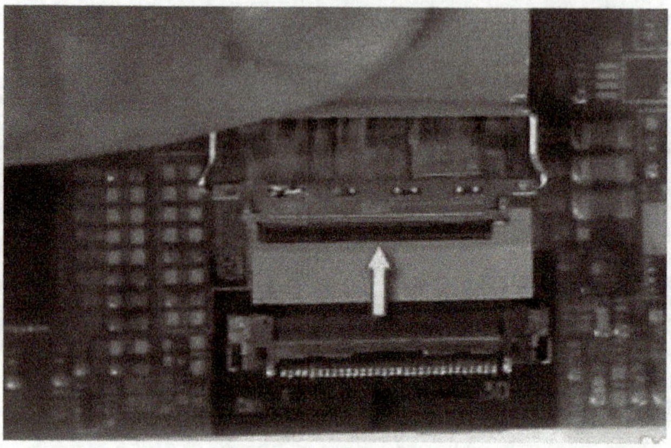

图 4-62　拔除屏线

可使用移动终端扫一扫二维码播放视频来学习笔记本计算机屏幕更换操作	

知识提炼

一、笔记本计算机屏幕分类

笔记本计算机屏幕可按屏幕表面、是否支持触控功能、屏幕背光、屏幕硬度来分类。

(1) 按屏幕表面分类

高亮屏：显示颜色更加艳丽，亮度更高，效果更好。

防眩光屏（雾面屏、磨砂屏）：有效防止光在屏幕上的反射及折射，对视力保护更好。

(2) 按是否支持触控功能分类

普通屏：只提供基本的显示功能。

触摸屏：支持手在屏幕上触控，有单点触控和多点触控的区别。

(3) 按屏幕背光分类

LED 背光：每一个像素都是一个单独的灯管，所以如果灯管坏了一个，那么对屏幕的整体显示影响不大。

CCFL 背光：冷阴极背光灯管，屏幕上一般有两个单独的背光灯管，如果灯管坏掉了，那么笔记本计算机屏幕显示受影响比较大，这项技术目前基本上被淘汰了。

(4) 按屏幕硬度分类

软屏：用手轻轻划会出现“水纹”，如 TN 普通屏、VA 广视角屏。

硬屏：表面较坚硬，用手碰一下基本上没有“水纹”。

二、屏幕接口分类

常见屏幕接口类型有 TTL 接口、LVDS 接口和 EDP 接口。

(1) TTL 接口

TTL 接口属于并行方式传输数据的接口，如图 4-63 所示。采用这种接口时，不必在液晶显示器的驱动板端和液晶面板端使用专用的接口电路，而是由驱动板主控芯片输出的 TTL 数据信号经电缆线直接传送到液晶面板的输入接口。

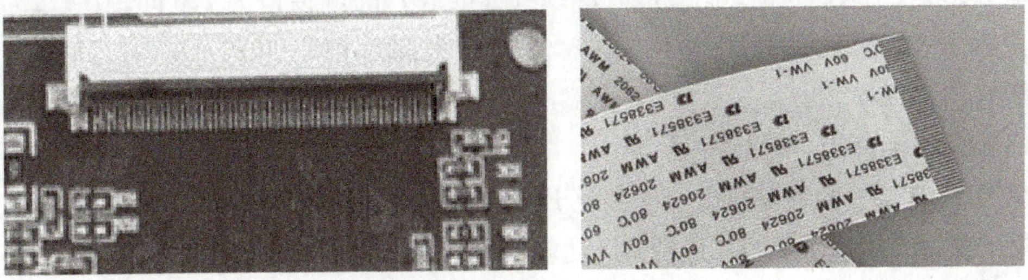

图 4-63　TTL 接口

TTL 输出接口可分为以下几类：①单路（或单通道）6bit TTL 输出接口；②双路 6bit TTL 输出接口；③单路 8bit TTL 输出接口；④双路 8bit TTL 输出接口。

(2) LVDS 接口

LVDS 接口又称 RS-664 总线接口，是 20 世纪 90 年代才提出的一种数据传输和接口技术。LVDS 接口屏线如图 4-64 所示。LVDS 接口是美国国家半导体公司为克服以 TTL 方式传输宽带高码率数据时功耗大、电磁干扰大等缺点而研制的一种数字视频信号传输方式。由于其采用低电压和低电流驱动方式，因此实现了低噪声和低功耗。LVDS 技术具有低功耗、低误码率、低串扰和低辐射等特点，其传输介质可以是铜质的 PCB 连线，也可以是平衡电缆。LVDS 在对信号完整性、低抖动及共模特性要求较高的系统中得到了越来越广泛的应用，常见于液晶电视中。

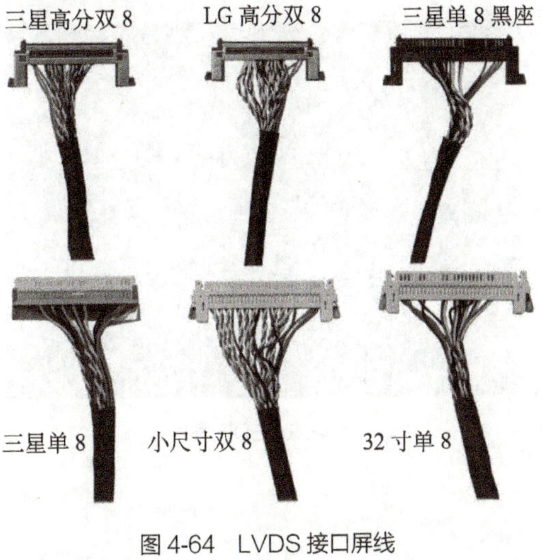

图 4-64　LVDS 接口屏线

与 TTL 接口相同，LVDS 接口电路也分为单路传输 RGB 数据和双路传输 RGB 数据两种方式（也称单端口 LVDS、双端口 LVDS，1 像素 LVDS 和 2 像素 LVDS)。如果考虑到输出位数（6bit、8bit、10bit)，那么 LVDS 接口电路可分为以下几种：①单路 6 位 LVDS 接口；②双路 6 位 LVDS 接口；③单路 8 位 LVDS 接口；④双路 8 位 LVDS 接口；⑤单路 10 位 LVDS 接口；⑥双路 10 位 LVDS 接口。

LVDS 屏线分为标清线与高清线两种。LVDS 屏线（高清线）的屏接口为 0.5 间距双排，即 JAE FIRE51P 高清线。LVDS 屏线（标准线）的屏接口为 1.0 间距、1.25 间距，端子为铆压式。常见有单 8 线、双 8 线。单 8 线大都为 FIX−30P、DF141.25-30P，双 8 线大都为 FIX−30Pin。

(3) EDP 接口

采用 EDP 接口的计算机分辨率会比 LVDS 接口的显示分辨率高，一般高清屏都采用这种通信接口来实现所谓的“宽视角”功能，如图 4-65 所示。

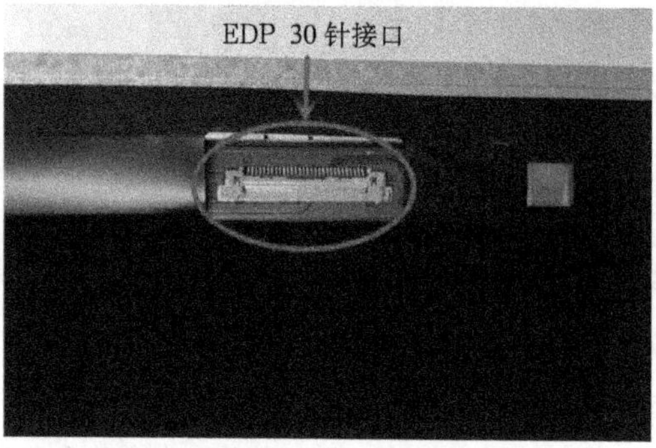

图 4-65　EDP 接口

EDP 屏线是指屏接口为 0.3～0.5 小间距的焊接式扁平线，分为单通道与双通道。EDP 屏线一般为 2 组绞线、3 组绞线、5 组绞线、8 组绞线。常见的 EDP 屏线为 2 组绞线、3 组绞线，如图 4-66 所示。

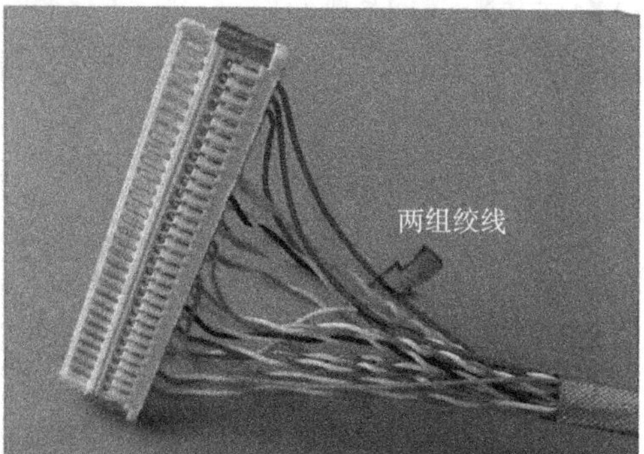

图 4-66　EDP 屏线

项目评价 PROJECT EVALUATION

（一）任务完成度评价表

任务	要求	权重	分值
笔记本计算机拆机清灰	能够根据计算机常见故障处理流程，判断笔记本计算机拆机与清灰的必要性；能够运用工具和技巧，按照一定的流程完成拆机与清灰工作；能了解静电的产生、危害和防护方法，了解螺钉的分类、规格和防松方法	30	
笔记本计算机硬件升级	能够在对笔记本计算机的故障现象进行分析与诊断的基础上判断是否需要硬件升级；能规范地完成 CPU、硬盘、内存等部件的更换；能够掌握笔记本计算机常见硬盘接口类型及其特点	30	
笔记本计算机屏幕故障处理	能规范完成笔记本计算机屏幕的拆卸和更换；根据屏幕故障现象能够分析故障原因，并找到处理的方法；能够掌握笔记本计算机屏幕分类和屏幕接口分类	30	
总结与汇报	呈现项目实施效果，做项目总结汇报	10	

（二）项目总结

项目学习情况：

心得与反思：

项目五

智能手机使用与维护

项目概述

互联网时代，每一部智能手机都可以联网，手机具有的便捷性、可移动性等特点促使其不断普及，并在一定程度上取代了台式计算机的部分作用，成为人们生活、工作中非常重要的信息终端。因此，手机的使用与维护也逐步成为计算机维护人员的一项工作和职责。本项目围绕智能手机拆装、电池更换、屏幕更换、系统安装4个任务展开介绍。

通过任务的实施和拓展，知识的梳理和提炼，读者能初步掌握智能手机的安装与维护技能，培养规范、安全意识，通过理论与实践相结合的方式，读者能形成分析问题和解决问题的能力。

任务一

智能手机拆装

任务描述

小董同学已经了解了台式计算机与笔记本计算机的基本信息，也有动手拆装笔记本计算机的经历。当他看着形影不离的手机时，心中疑惑手机和笔记本计算机的原理是否一样，手机的内部结构是否和笔记本计算机接近。带着疑问，他准备将自己使用的，由学校统一定制的智能手机拆开来进行研究。

通过本任务的学习，读者能够正确使用工具，能够按照规范的步骤拆卸手机，能够观察和识别手机内部结构和各功能部件。在实践操作的基础上，进一步了解智能手机的发展历程，理解智能手机的主板结构与特性，认知智能手机的低功耗内存、手机存储、Wi–Fi6 等关键技术。

任务实施

现以 OPPO A5 手机为例实施手机拆装，并研究手机内部结构。

一、拆机准备

1. 观察手机外观

智能手机的外部结构如图 5-1 所示。

2. 工具准备

拆机前先准备好拆装机工具，如酒精、螺钉旋具、撬棒、镊子、无尘布等，有条件的可以搭配电动螺钉旋具，如图 5-2 所示。

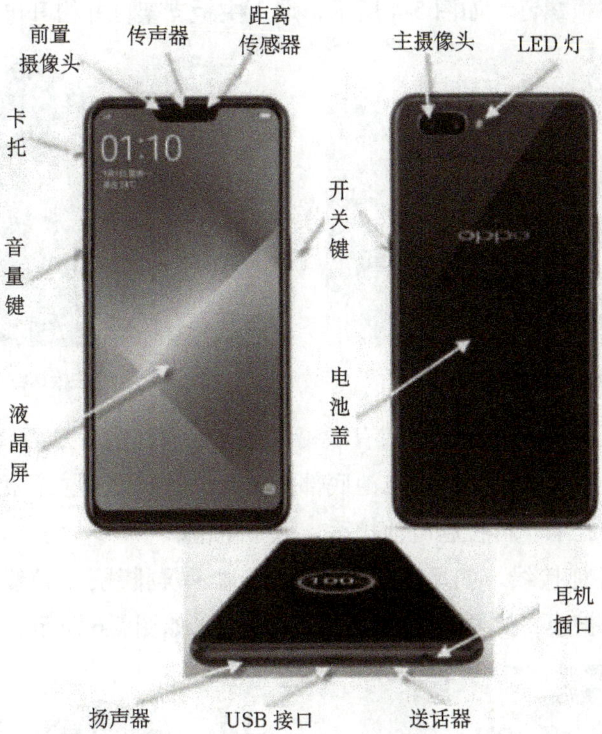

图 5-1 智能手机外部结构

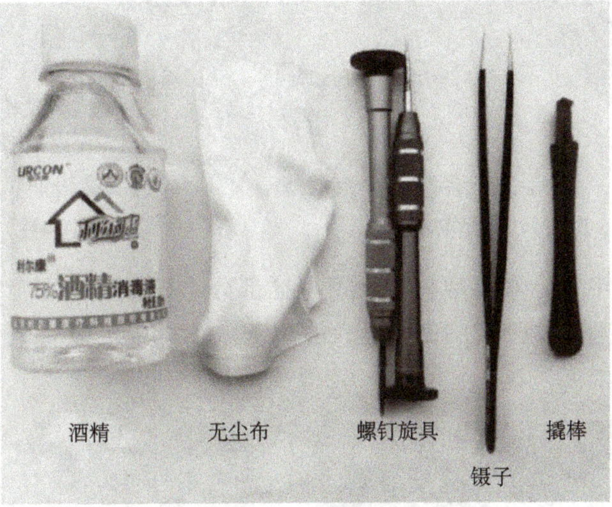

图 5-2 拆装机工具

二、手机拆卸

拆机前关闭手机电源，取出卡托，并按如下步骤完成手机拆卸。

步骤一：用无尘布包住撬棒，沿着手机的缝隙轻轻划开电池盖，如图 5-3 所示。使用无尘布包裹着撬棒是为了防止划伤手机。

步骤二：拆下主板螺钉，如图 5-4 所示，取下主板支架，并松开电池排线连接器。

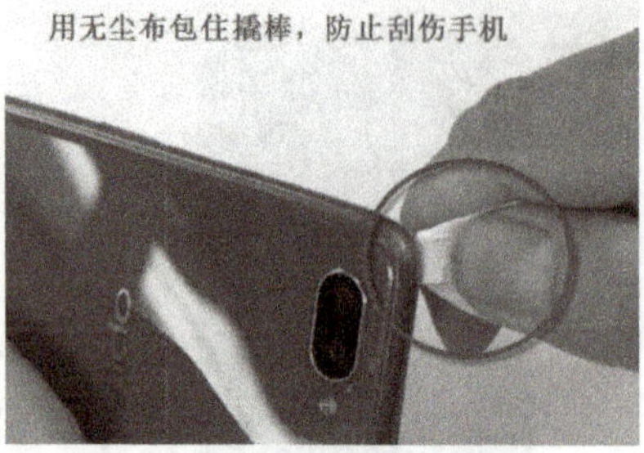

图 5-3 撬开电池盖

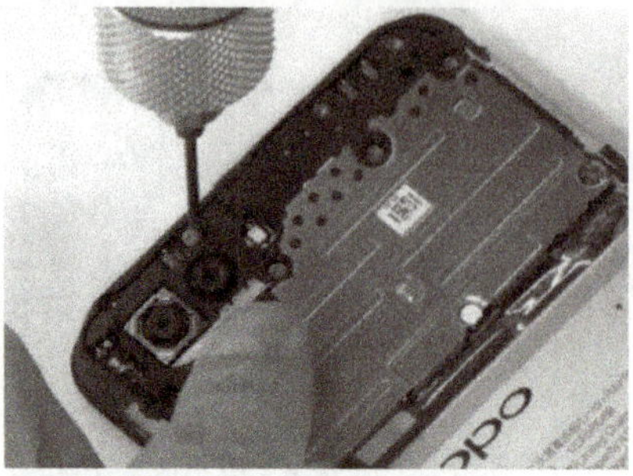

图 5-4 拆下主板螺钉

步骤三：松开电池易撕贴纸，用装有酒精的塑料针筒注入少量酒精，注意不能注入太多，如图 5-5 所示。酒精的作用是将电池底部的胶化开。可以侧立手机 5～10s，让酒精能够渗透到电池下方的胶上，再拉起电池拉手，取下电池。

步骤四：松开各连接线，如尾插 USB 排线、显示屏排线、RF 线，取出前置摄像头与后置摄像头，用保护膜将摄像头包好，并取下主板，如图 5-6 所示。

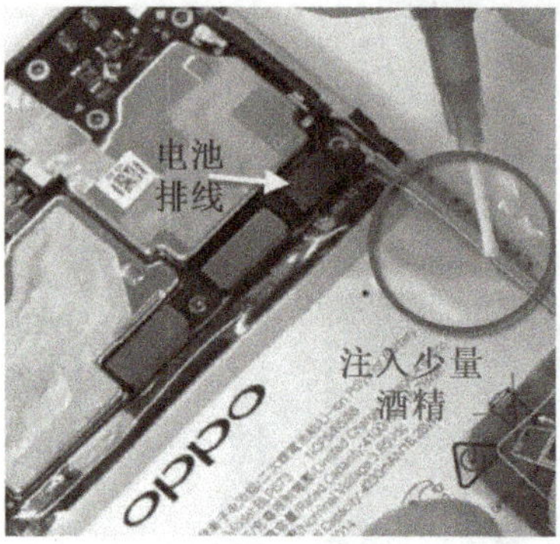

图 5-5 注入少量酒精

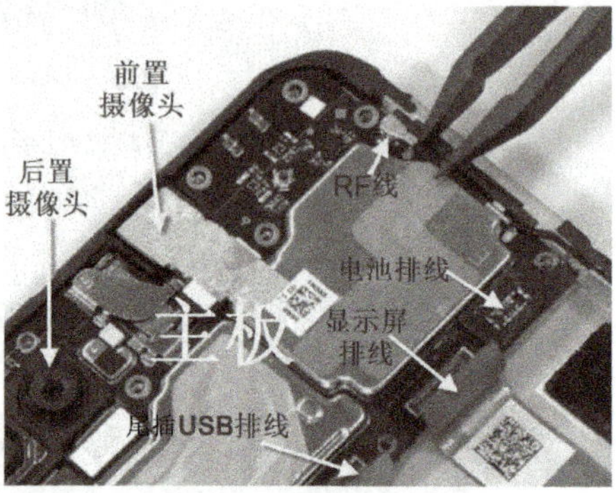

图 5-6 松开各连接线

步骤五：撕下电池仓底部泡棉，拆下尾插部分小板螺钉，取下扬声器。松开尾插小板上的天线连接器，取下 USB 排线，并将 RF 线拆下，取出尾插小板，并取下振动电动机，如图 5-7 所示。

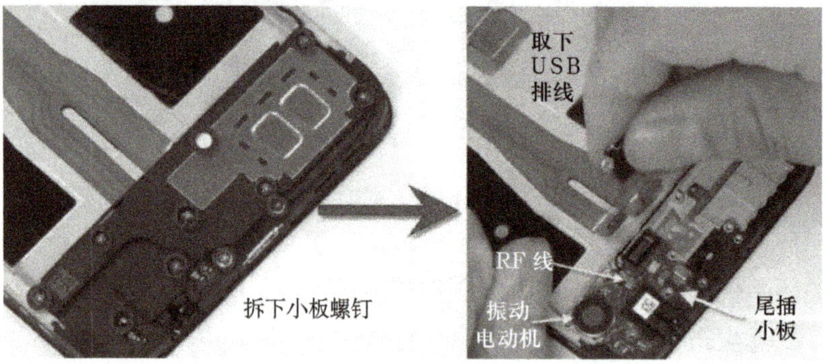

图 5-7 拆下小板

三、观察手机内部结构

打开手机的后盖（电池盖），拆下主板等元件，可以清楚地看到智能手机的内部结构，如图 5-8 所示。

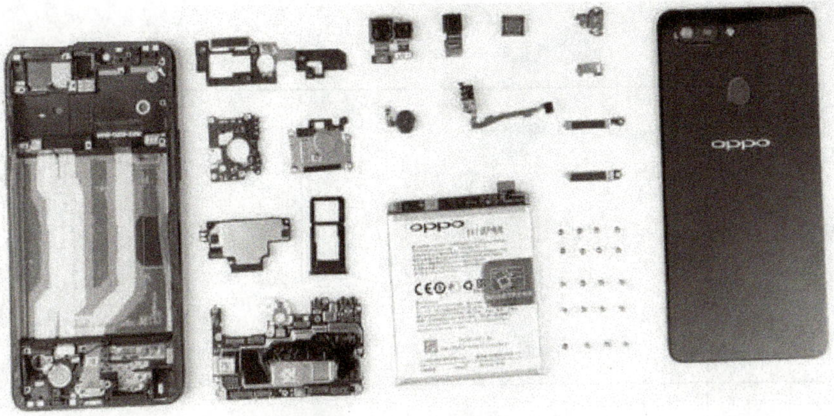

图 5-8 智能手机内部结构

由图 5-8 可见，手机内部结构包括液晶屏总成、主板、电池、摄像头、传声器、受话器、振动电动机、指纹模块、NFC 模块、尾插小板、尾插排线、卡托、RF 线、音量按钮、开关按钮、各类螺钉、散热石墨纸及后盖等。请查阅相关资料，将部分智能手机部件的功能填入表 5-1 中。

表 5-1 部分智能手机部件功能

名称	图片	功能描述
传声器或传话器		
受话器		
摄像头		
振动电动机		

（续）

名称	图片	功能描述
开机键排线	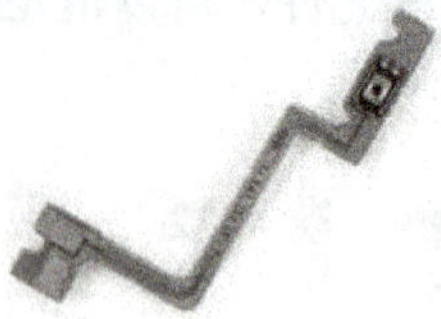	
音量键排线	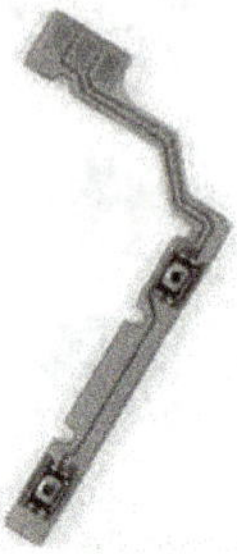	
尾插排线		
卡托		
尾插小板		

知识链接　智能手机的结构功能

智能手机可以被看作袖珍的计算机。它由处理器、存储器、输入/输出设备（触摸屏、USB接口、耳机接口、摄像头等）及I/O通道组成。手机通过各种通信协议和基站进行通信，如GSM、GPRS、TD-SCDMA、3G、4G、5G等，既可以传输语音，也可以传输文字、图片等。

研究好手机的基本结构后，按照拆机的相反步骤，将所有配件按照原来拆下来的位置安装回去，开机测试各项功能，等测试一切正常后再将电池盖安装回去，完成装机步骤。

可使用移动终端扫一扫二维码播放视频来学习智能手机拆装操作

知识提炼

一、智能手机的发展历程

随着通信产业的不断发展，移动终端已经由原来单一的通话功能向语音、数据、图像、音乐和多媒体方向综合演变。而移动终端基本上可以分成两种：一种是传统手机；另一种是智能手机。智能手机在具备传统手机的基本功能之上，还具有以下特点：开放的操作系统、硬件和软件可扩充性以及支持第三方的二次开发。

1. 无线电话（手机）的发明

1860 年，贝尔发明了电话，并且迅速地风靡全球。1900 年，我国的第一部市内电话也在南京问世。1973 年，摩托罗拉公司技术员马丁·库帕发明了无线电话，简称为手机，在我国被俗称为“大哥大”。它是一种重量级的移动电话，厚实笨重，状如黑色砖头，重量都在 0.5kg 以上，如图 5-9 所示。它除了可以打电话没别的功能，电池充满电后，只能维持 30min 通话，但设备价格却高达数万元。“大哥大”的出现，标志着我国步入了移动通信时代。

图 5-9 大哥大

2. 传呼机问世

1983 年，上海开通我国第一家寻呼台，寻呼机进入国内。寻呼机也称为 BP 机、传呼机、BB 机，简称呼机，如图 5-10 所示。寻呼机是无线寻呼系统中的用户接收机，通常由超外差接收机、解码器、控制部分和显示部分组成。寻呼机收到信号后发出音响或产生振动，并显示有关信息，类似于现在的短信。由于“大哥大”无法收发信息，所以当时很多人为了保障个人无线通信流畅，不遗漏信息，会配合寻呼机一起使用的。

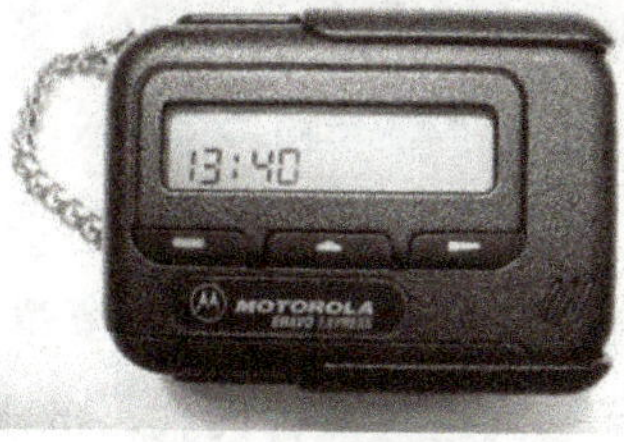

图 5-10 寻呼机

3. 功能手机诞生

20 世纪 90 年代，以诺基亚为首的各大手机品牌都开发了功能手机，诺基亚手机如图 5-11 所示。虽然只是 2G 时代，但手机终于走进平民百姓家，并且除了可以打电话之外，还具备发短信的功能。它所内置的俄罗斯方块、贪吃蛇等小游戏也是那个时代美好的记忆。

4. 塞班系统发布

随着网络技术的发展，诺基亚也意识到了智能手机这个概念，于是发布了塞班系统。这款手机可以播放 MP3、MP4 等音视频文件，进行网上冲浪等。在功能机时代，并没有 APP 的概念，手机上的软件基本都是固定的，没有下载、卸载一说。在后期，塞班系统也进行了一些调整，但与真正的智能手机还是存在很大的差距。

5. 智能手机出现

2008 年 9 月，谷歌正式对外发布第一款 Android 手机——HTC G1，标志着安卓时代的来临。安卓手机的诞生加快了智能手机发展的速度。简单易懂的系统和便于开发者操作的开放源代码迅速让安卓系统占据了手机市场。图 5-12 所示为搭载安卓系统的摩托罗拉经典智能手机——ME600。

图 5-11　诺基亚手机

图 5-12　摩托罗拉经典手机——ME600

6. 智能手机早期发展

苹果凭借着单一的 iPhone 手机引爆全球的智能手机发展，尤其是推出苹果第四代手机 iPhone 4 和 iPhone 4S 的时候，iPhone 手机更是风靡全球。在苹果智能手机的推动下，全球各地的智能手机厂商也都开始纷纷效仿。在国内市场，国产手机行业纷纷崛起，并形成了四强格局，即中兴、华为、酷派、联想，史称“中华酷联”。

7. 智能手机中期

以小米为代表的低价手机迅速崛起，凭借着低价和饥饿营销方式成功地获得了大量用户的支持，手机销量不断攀升，甚至一度获得了国内智能手机市场销量排行榜的冠军。国产手机进入低价时代，涌现出了大量诸如 OPPO、vivo、一加、华为荣耀等品牌的低价手机。

智能手机发展至今天，已经渗透到人们“衣食住行”各个方面，而且在不断拓展，以至于当代人在生活中几乎离不开它。

二、手机主板结构与特性

智能手机主板又称主电路板，是手机中最重要的部件，它位于智能手机的内部，与各部件之间通过数据排线、软线或触点相连接。手机主板由基带部分、射频部分和其他部分组成，见表 5-2。

表 5-2 手机主板组成

部分类型	包含	功能
基带部分	包括基带芯片和电源管理芯片	负责手机信号部分
射频部分	包括射频处理器和射频功放	负责实现信号的收发功能
其他部分	包括 CPU、内存、各种控制器（包括触屏、蓝牙、Wi-Fi、传感器等）	各司其职

智能手机的主板上安装的都是贴片元器件，排列十分紧密，并且主板上的主要芯片都采用 BGA 形式焊接在上面，通常会有屏蔽罩保护着，打开屏蔽罩后就能看到主板的主要芯片，如图 5-13 所示。

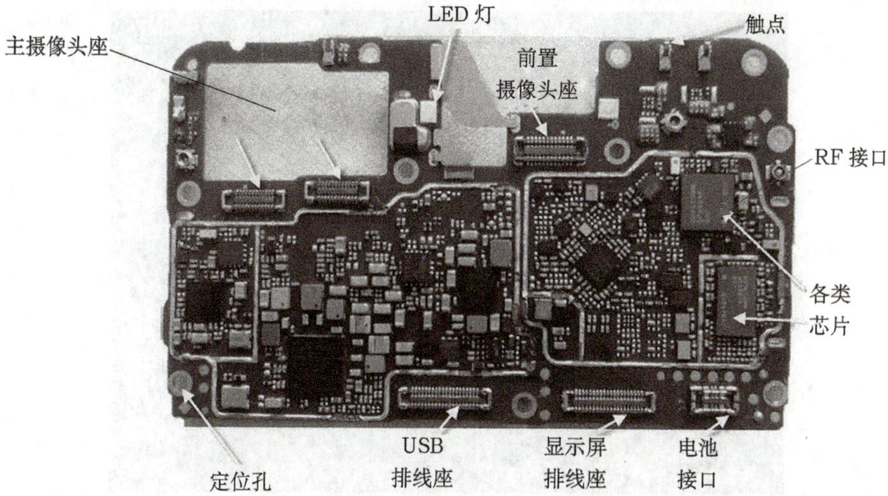

图 5-13 手机主板

不同品牌的智能手机，主板的设计也会有所不同，有的智能手机只有一块主板，有的智能手机除了有主板外，还有其他电路板，如尾插小板、传话器和耳机孔小板等。当前，部分高端机型都采用了多层板的设计，维修时经常需要对主板进行分层操作。

知识链接 BGA

BGA 的全称是 Ball Grid Array（球栅阵列结构的 PCB），它是一种采用有机载板的集成电路封装法。它的特点是：封装面积小；功能增强，引脚数目增多；PCB 熔焊时能自我居中，易上锡；可靠性高；电性能好，整体成本低等。采用 BGA 技术封装的内存，可以使内存在体积不变的情况下，将容量提高 2~3 倍，BGA 封装芯片如图 5-14 所示。

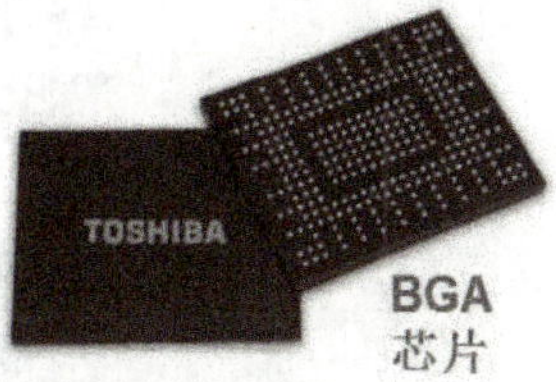

图 5-14 BGA 封装芯片

（1）电路组成

智能手机的电路是智能手机的核心，负责手机的供电、控制以及各种功能的实现。智能手机的电路主要包括射频电路、语音电路、处理器及存储器电路、电源及充电电路、接口电路、触摸屏及显示电路以及其他功能电路，如蓝牙、天线、传感器、振动器、摄像头等电路。

（2）智能手机芯片

手机芯片通常是指具有手机通信功能的芯片，包括处理器、协处理器、RF、触摸屏控制器芯片、无线 IC 和电源管理 IC 等。

（3）手机处理器

手机的处理器是含有 CPU、GPU、DSP、基带、ISP 等的集合体。与计算机不同，手机处理器最重要的是 CPU、GPU 和基带。CPU 负责运算，GPU 负责视频游戏处理，基带负责通信。图 5-15 所示为骁龙处理器芯片。常见手机处理器品牌见表 5-3。

图 5-15　骁龙处理器芯片

表 5-3　手机处理器品牌

品牌名称	品牌 LOGO	优点	缺点
德州仪器	TEXAS INSTRUMENTS	低频高能且耗电量较少，高端智能机必备 CPU	价格不菲，对应的手机价格也很高
高通骁龙	骁龙 snapdragon by Qualcomm	主频高，性能表现出色，功能定位明确	对功能的切换处理能力一般
苹果		性能强大	没有集成通信基带，只用于苹果产品

（续）

品牌名称	品牌 LOGO	优点	缺点
华为麒麟	Kirin	基带是其核心优势，单核心的 AI 芯片在摄影、摄像上性能突出	CPU 性能不突出，处于中等水平
联发科技	MEDIATEK 聯發科技	便宜，国内千元机的最佳选择	在 GPU 方面，采用比较落后的核心

（4）射频（RF）芯片

在手机终端中，射频芯片负责射频收发、频率合成、功率放大；而基带芯片负责信号处理和协议处理。简单地说，射频芯片起到一个发射机和接收机的作用。射频芯片还为处理器芯片提供 26MHz 的系统时钟信号。

（5）射频功率放大器芯片

智能手机中的射频功率放大器芯片的作用主要是对射频信号进行放大，使得有足够的功率发射给基站。射频功率放大器是智能手机中耗电量较大的元件之一，内部主要集成了滤波器、匹配电路、功率检测电路、偏压控制电路等。

（6）电源管理芯片

如图 5-16 所示，电源管理芯片是在智能手机系统中承担着对电能的变换、分配、检测及其他电能管理职责的芯片。同时，还可以对电池充电进行管理和控制。

（7）内存芯片

图 5-17 所示是手机的内存芯片，“运行内存”RAM 相当于计算机的内存；而手机的“非运行内存”，即手机的 ROM，是机身内部存储器（简称机身内存），相当于计算机的硬盘。手机“运行内存”越大，运行多个程序就越流畅；手机“非运行内存”越大，就像计算机的硬盘越大，就能存放更多的数据。手机 ROM 主要用来存储手机的主程序、字库、用户程序、用户数据等。手机内存具体信息见表 5-4。

图 5-16　电源管理芯片

图 5-17　内存芯片

表 5-4 手机内存具体信息

存储器名称	作用	特征
RAM（运行内存）	作为操作系统或其他正在运行程序的临时存储介质	内存容量越大，手机就有更多的内存空间来存储同时运行的任务，这样系统响应的速度也就越快
ROM（非运行内存）	机身存储空间，主要包含自身系统占据的空间和用户可用的空间两部分	ROM 相当于 PC 上的硬盘，用来存储和保存数据；即使是断电，ROM 也能够保留数据；手机中的系统文件、资料通常存储在这里

三、手机关键技术

1. 低功耗内存

近年来，智能手机 RAM（运行内存）容量都在 4GB 以上，高端机型则达到了 8~12GB。除了 RAM 容量在增大外，RAM 也经历了从 LPDDR 到 LPDDR5 的升级换代。LPDDR（低功耗内存）是 DDR SDRAM 的一种类型，又称为 mDDR，是美国 JEDEC 固态技术协会面向低功耗内存而制定的通信标准，以低功耗和小体积著称，专门用于移动式电子产品。LPDDR2~LPDDR5 内存有着不同的标准，见表 5-5。

表 5-5 LPDDR2~LPDDR5 内存标准说明

内存标准	发布时间	工作电压	参数 / 特点
LPDDR2	2010 年 12 月	1.2V	加大节能技术的支持；非易失性内存（闪存）和易失性内存可共用接口；扩大了支持的内存容量和特性范围；工作频率为 100~533MHz，数据位宽为 ×8、×16 和 ×32
LPDDR3	2012 年 5 月	1.2V	单通道速率为 3200MB/s；带宽为 12.8GB/s，可让内存控制器补偿信号偏差，确保内存运行于业内最快输入总线速度的同时，满足数据输入设定、指令与地址输入时序需求
LPDDR4	2014 年 8 月	1.1V	传输速率最高可达 3200MB/s，带宽为 25.6GB/s，支持 16bit 双通道（总位宽为 32bit）；核心功耗减少，每个核心的带宽为 17GB/s；节能，改进了低频节能模式，能耗比 LPDDR3 功耗降低 37%
LPDDR4X	2018 年 7 月	0.6V（Vddq） 1.1V（Vdd2）	最高频率支持可达到 4266MHz；增加了新的 MCP、PoP 及 IoT 封装；支持单通道设计，64bit；位宽下带宽高达 34.1GB/s，速度更快，更节能，能耗比 LPDDR4 降低了 17%
LPDDR5	2019 年 2 月	1.1V	传输速率可达 6400MB/s；如果匹配高端智能机常见的 64bit 总线，那么每秒可以传送 51.2GB 数据；闲置状态下，电流将降低 40%

2. 手机存储

近年来，由于闪存技术的应用和发展，无论是计算机中的硬盘，还是手机中的存储设备，都变得越来越快。计算机方面，从 HDD 到 SSD，从 SATA SSD 到 PCIe SSD，硬盘运行速度越来越快；手机方面，从 SD 卡到 eMMC 卡，再到 UFS 卡，存储卡的速度也越来越快。现在，一般手机配的是 eMMC，旗舰高端手机配的是 UFS，UFS 将是未来一段时间内手机存储的主流。

UFS 是指通用闪存存储，它有两个意思：一是指手机存储接口协议，类似于 SATA、PCIe；二是指使用该协议的存储设备。UFS 存储介绍见表 5-6。

表 5-6 UFS 存储介绍

UFS 版本	2.0/2.1	3.0
单通道最大带宽（Gbit/s）	5.8	11.6
最大通道数	2	2
最大有效带宽（Gbit/s）	11.6	23.2

UFS 3.0 于 2018 年 1 月发布，它的最大带宽可以达到 23.2Gbit/s，超过 PCIe 3.0X2 的速度。2020 年 3 月发布的小米 10 手机已经搭载了 UFS 3.0 进行存储。目前市面上大部分 UFS 产品还是 UFS 2.0/2.1，其最大带宽为 11.6Gbit/s，但也远远快于 SSD 的速度。

查阅相关资料，寻找各类手机存储类型，将数据填写到表 5-7 中。

表 5-7 手机存储类型

存储类型	发布时间	读取速度	写入速度
eMMC 4.5			
eMMC 5.0			
eMMC 5.1			
UFS 2.0			
UFS 2.1			
UFS 3.0			

3.Wi-Fi6

Wi-Fi6（原名为 802.11.ax），是 Wi-Fi 标准的名称。2019 年 9 月 16 日，Wi-Fi 联盟宣布启动 Wi-Fi6 认证计划，该计划旨在使采用下一代 802.11ax Wi-Fi 无线通信技术的设备达到既定标准。Wi-Fi6 主要使用了 OFDMA、MU-MIMO 等技术，MU-MIMO（多用户多入多出）技术允许路由器同时与多个设备通信，而不是依次进行通信。MU-MIMO 允许路由器一次与 4 个设备通信，Wi-Fi6 将允许与多达 8 个设备通信，最高速率可达 9.6Gbit/s。Wi-Fi6 还利用其他技术，如 OFDMA（正交频分多址）和发射波束成形，两者的作用分别是提高效率和网络容量。

Wi-Fi6 中的一项新技术允许设备与路由器的通信，减少了保持天线通电用于传输和搜索信号所需的时间，这就意味着减少电池消耗并改善电池续航表现。Wi-Fi6 标准的启用，也将给 Wi-Fi 技术带来一次“技术延寿”和竞争力的大幅提升，将开启一个新的“Wi-Fi 时代”。

任务二

智能手机电池更换

任务描述

小林发现自己的手机近段时间一天要多次充电，一次充电仅仅使用几个小时就会提示电量低，充电不到一个小时，就显示电量已充满，这给他造成了极大的不便。小林应该如何分析原因并解决该问题呢？

通过本任务的学习，读者能够梳理手机电池（用电）故障处理流程，规范地使用工具实施手机的拆卸、电池更换和复原。在实践操作的基础上，进一步理解有关手机充电技术的知识。

任务实施

一、手机电池（用电）故障处理流程

当手机出现故障时，需要有清晰的故障处理思路，通过原因分析，找到故障所在，这样才能事半功倍。对于手机用电故障处理流程，原则上采用先软件后硬件的方法，具体如图 5-18 所示。

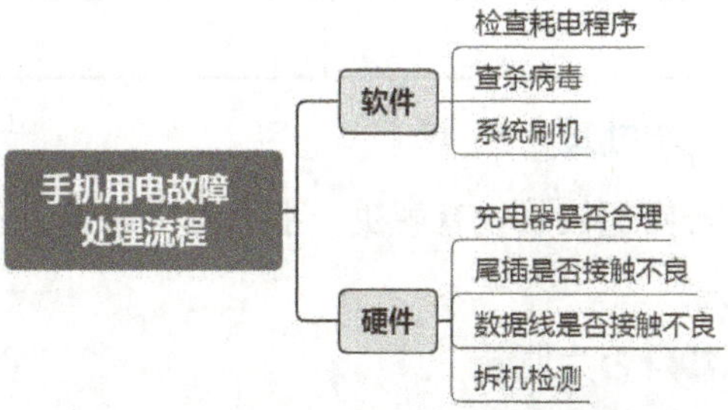

图 5-18　手机用电故障处理流程

（一）软件故障分析与处理

软件方面，主要检查手机是否运行了耗电量大的程序，现以 MIUI 11.20 版本的系统为例。打开手机中的“设置”，找到“电池与性能”→“耗电统计”选项，选择“耗电排行”就可以看到所用的软件有没有存在耗电过多的情况，如图 5-19 所示。如果有，就结束该软件的后台运行，或者卸载该软件；如果没有软件存在耗电异常的情况，就使用手机杀毒软件扫描手机，检测和处理病毒；如果依然没有找出问题，可以考虑给手机系统刷机或恢复出厂设置，在操作之前务必做好数据的备份，避免因为数据丢失而引起不必要的损失。

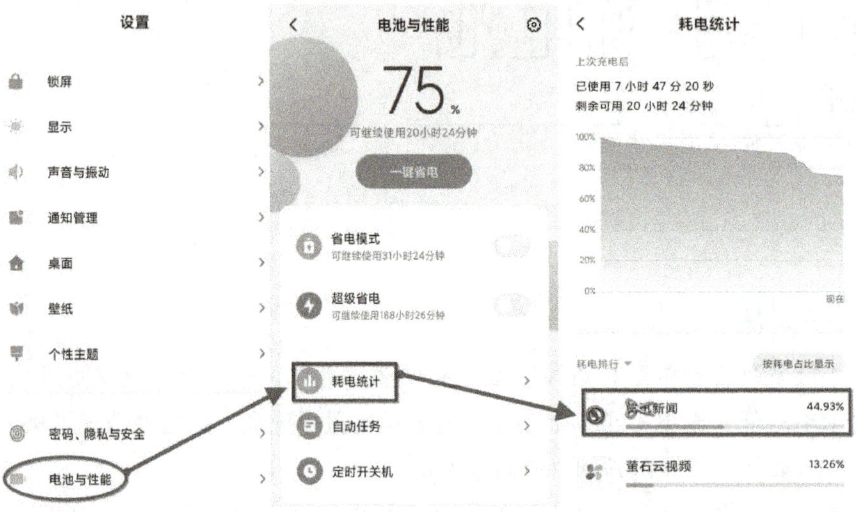

图 5-19　耗电排行

请在不同型号的手机中查看是否存在耗电异常情况，思考采用什么方法进行处理，并将情况填写到表 5-8 中。

表 5-8　耗电情况表

手机型号	系统版本	是否存在耗电异常	处理结果

（二）硬件故障分析与处理

排除软件故障后，若问题依然没有解决，那么可考虑进一步排查硬件。

排查的内容如下。

（1）检查手机充电器是否为原装

许多非原装充电器的充电电流跟手机出厂设计的标准不同。手机使用非原装的充电器时，要事先查看充电器的输出电流是否符合手机出厂建议的电流范围，若在不符合要求的情况下使用，则会加速手机电池老化，甚至可能造成手机在充电过程中发生爆炸等恶劣后果。

（2）检查手机尾插是否接触不良

在手机充电过程中轻轻触碰充电器和手机尾插部位，观察手机充电标志是否会因为触碰而暂时性断开，从而排除手机是否因尾插的接触不良而导致充电不畅的问题。

（3）检查数据线是否存在接触不良

部分手机数据线在使用一段时间后会出现接触不良的情况。

（4）了解手机的使用情况

了解手机使用时间和使用者的使用习惯。手机的锂电池使用寿命有限，若用户经常非正常地使用手机，则会加速电池的损耗，直至衰亡。如果使用超过两年，且使用者的使用频率高，基本可以判断手机电池储电能力下降，可考虑更换电池。

二、拆机准备

拆机操作以小米 MCE16 手机为例。

首先，在拆卸手机前要了解手机的基本情况，通过互联网或者手机配件市场购买相应型号的手机电池，如图 5-20 所示，并下载对应型号手机的拆机视频教程进行学习。

图 5-20 购买匹配的锂电池

其次，准备好干净的工作台（如图 5-21 所示）和专业的拆机设备。根据网上搜索的拆机视频可知需要对后盖进行加热才能拆开，因此需要准备一台液晶屏分离机进行拆除，如图 5-22 所示。若没有专业设备，也可以用带热风的吹风机代替。

图 5-21 工作台

图 5-22 液晶屏分离机

最后准备一套拆机工具，包括不同规格的金属撬棒、塑料撬片、手机专用螺钉旋具、防静电手环、镊子、胶水、取卡针、吸盘等。

三、手机拆卸

手机拆卸包括关机取卡、手机加热、后盖分离、主板护板拆卸 4 个步骤。

步骤一： 关机取卡。

操作者戴上防静电手环，将手机关机，用取卡针插入手机卡托边上的小孔，取出卡托，如图 5-23 所示。

步骤二： 手机加热。

打开液晶屏分离机电源，将温度调节到 70℃左右，达到设定温度后将手机背面朝下放置在液晶屏分离机中间，加热 2～3min（具体视分离情况而定），如图 5-24 所示。如果没有液晶屏分离机，也可使用吹风机的热风档进行加热。在用吹风机加热的时候要注意，不可长时间对着某一个点进行加热，容易损坏内部硬件，需要不断地来回变换位置，使其受热均匀。

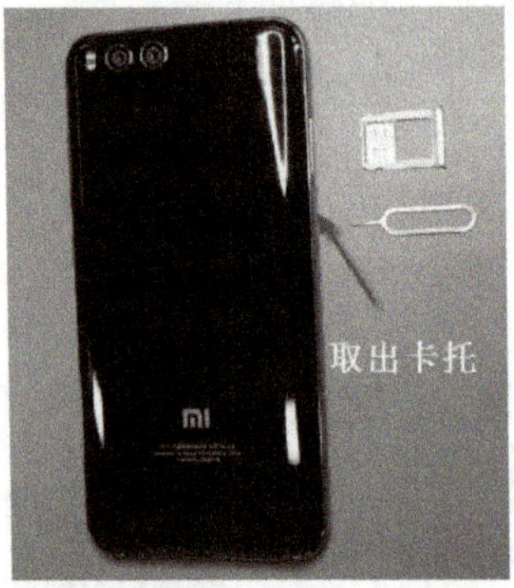

图 5-23　关机并取出卡托

图 5-24　加热手机

步骤三： 后盖分离。

加热完毕后用吸盘吸住手机后盖（如图 5-25 所示），轻轻往外拉，试着寻找后盖与手机间的缝隙，找到缝隙后用撬片插入，轻轻划开后盖与手机直接粘连的胶。如果不容易划开，就需要继续重复加热后盖这一步骤。使用金属撬棍的时候需要注意，不可将撬棍插入过深，以免划伤主板，造成短路。

后盖成功分离后要留意后盖与主板间有无排线连接，不可暴力取下后盖，否则会引起排线损坏，如图 5-26 所示。部分手机后盖位置有排线和主板连接，如指纹排线、NFC 排线等。

图 5-25　吸盘吸住后盖

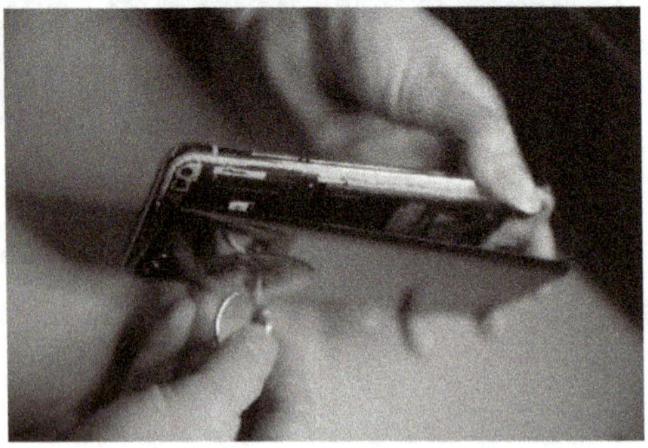

图 5-26　后盖分离

步骤四： 主板护板拆卸。

由于该型号手机电池排线位置被一块主板护板和NFC模块电路挡住，因此要想分离排线，就必须拆开这个挡板。拧开护板的螺钉时，为防止在装机时将螺钉装错，可将拧下的螺钉按图5-27所示的方式排列摆放。

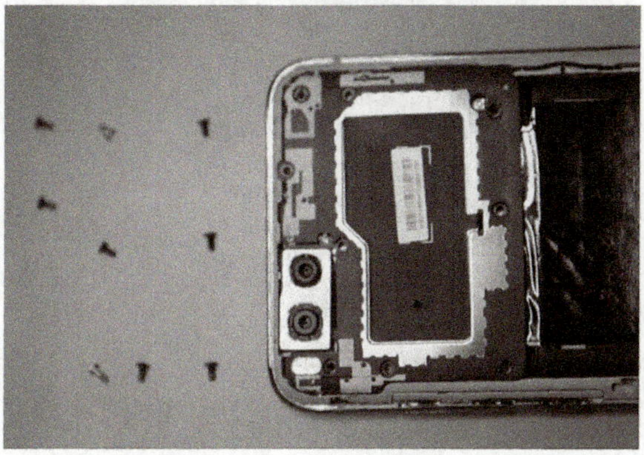

图5-27　有序摆放螺钉

用塑料撬片将挡板边缘撬起，拔出NFC排线，轻轻取下主板保护挡板，如图5-28所示。取下NFC模块后发现主板与电池间贴有一张黑色的纸，这是石墨散热层，缺少它会影响手机的散热功能。试着用塑料撬棒撕开石墨纸，如果无法撕下，则可用热风筒或者吹风机热风加热后撕开，如图5-29所示。

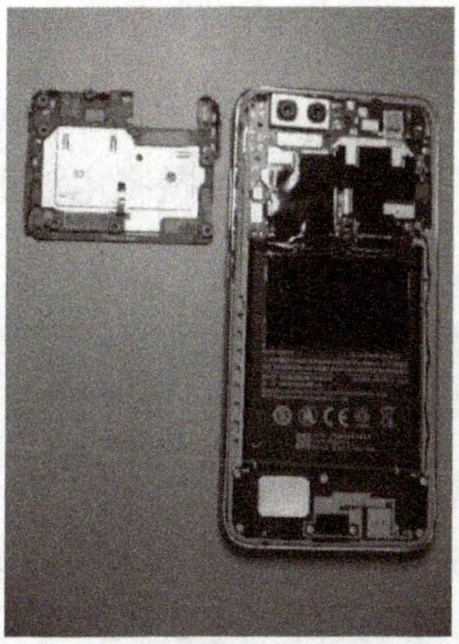

图5-28　NFC模块分离

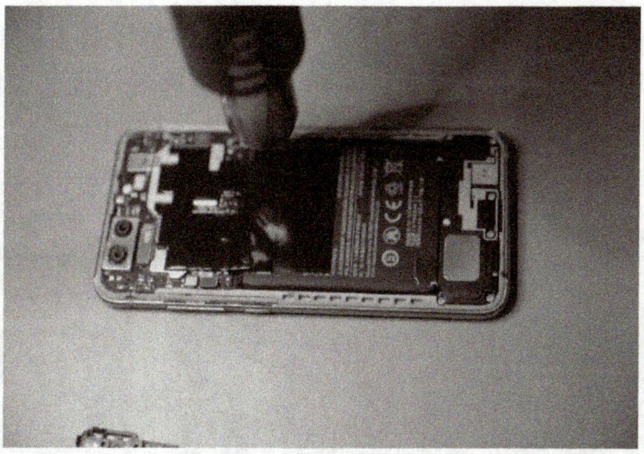

图5-29　加热石墨纸

小技巧：

拆除易碎保修贴处理方法

部分螺钉位置处贴有厂家专用的易碎保修贴，如果在拧螺钉时损坏了此贴，后续的保修服务就会失去保障。此时，可用特殊的方法将易碎保修贴取下而不遭到破坏。如图5-30所示，用热风筒或吹风机热风加热保修标志，易碎贴加热后易碎性能被破坏，用镊子轻轻将保修标志撕下，装机的时候再次贴回即可。

图 5-30　取下易碎贴技巧

四、电池更换

手机电池更换包括取出电池、测试新电池、安装新电池 3 个步骤。

步骤一：取出电池。

将锂电池与主板的接口分离，使主板断电，带电操作容易损坏手机。现在多数手机为防止在使用过程中锂电池松动而导致电池接触不良，都将锂电池用专用电池胶带固定在电池仓里面，使电池不受振动影响，从而更加稳定。

在电池底部下方有两张黑色的贴纸，如图 5-31 所示，可以用镊子慢慢揭开，揭开后再慢慢往外拉，直到看见电池底部白色的胶后停止撕扯，改用小螺钉旋具卷起白色的胶慢慢往外拉，拉一点卷一点，最终将全部胶完全卷出。

如果不小心将电池胶拉断了，可用撬棒轻轻撬起电池，如图 5-32 所示，在缝隙里滴入一些酒精，过一会儿就能将电池撬开。为确保安全，在拆除电池前尽量将电池用到没电，在撬开电池的时候不可让电池严重变形，以免发生爆炸。

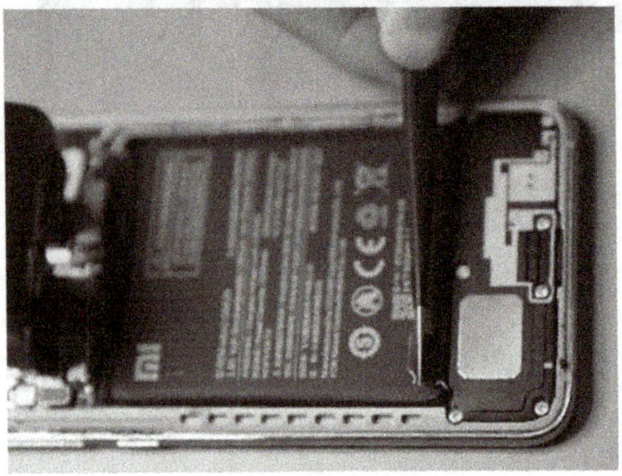

图 5-31　抽出电池胶

图 5-32　撬起电池

步骤二：测试新电池。

卸下旧电池后，不要急着将新电池用胶固定在电池仓中，而是将新电池的排线与主板连接，开机检测新电池是否可以正常使用。凡是电子产品，都存在一定概率的异常情况，如果固定在电池仓中的电池异常，重新拆下会在一定程度上损坏其外观，影响退换。

步骤三： 安装新电池。

开机测试正常后，再次关闭手机，取下电池排线，在新电池底部贴上专用的胶，如图 5-33 所示。将新电池用胶固定在电池仓里，再次连接电池排线，并将主板保护挡板安装到主板上，如图 5-34 所示。

图 5-33　粘贴专用电池胶

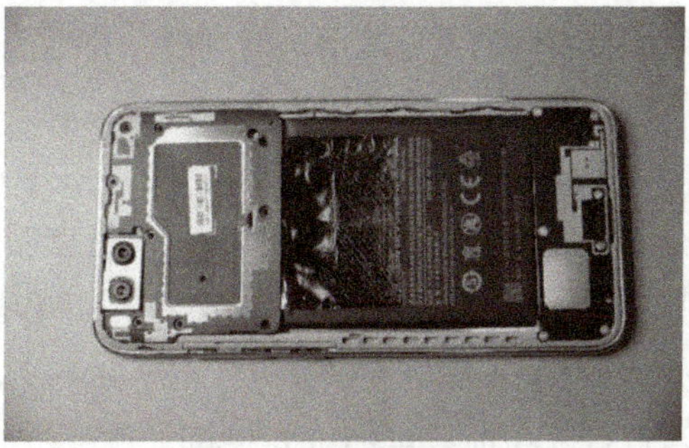

图 5-34　固定电池

五、手机复原

更换手机电池之后，按顺序复原手机。

步骤一： 贴上石墨散热纸，安装 NFC 模块，将螺钉重新拧回到指定位置。

步骤二： 清理手机边缘残留的黑胶，如果没有清理干净边缘的黑胶，则容易造成手机缝隙过大，这样此时外部灰尘容易进入手机，并降低了防水功能，最终影响手机使用寿命。

步骤三： 用专用胶涂抹手机后盖边缘后盖上后盖，如图 5-35 所示。为了使后盖能很好地与手机贴合，可用胶带将后盖与手机牢牢捆住，等胶完全干了以后撕去胶带，手机复原完毕。

图 5-35　后盖上胶

可使用移动终端扫一扫二维码播放视频来学习智能手机电池更换操作	

知识提炼

随着智能手机的不断发展，人们在生活、工作、学习等方面对手机的依赖越来越大。智能手机相比于传统手机，最明显的缺陷就是耗电量大，续航能力差。传统的手机通常能够持续使用超过48h，而待机时长甚至会超过一周。智能手机的正常使用时间一般为24h左右，待机时间也很少会超过3天。

电池技术制约了智能手机的发展。在电池容量和手机重量很难取得平衡的情况下，技术人员转变了思想，在充电技术方面做文章。

1. 电池充电原理和基本条件

充电器电压要比电池电压高，才能克服电池的电压，使它产生充电电流，完成电荷转移过程。目前手机的电池大多数都由单锂或者多锂组成，手机电池工作电压大概在3.3~4.2V之间，随着手机放电，电压会下降，所以平均电压在3.7~3.8V。

当进行充电时，电能进入手机，被手机内的降压电路处理后输出3.3~4.5V的电压给电池充电。而这个电压转换过程，就是由手机内的充电管理IC模块负责的。它能将电源输出的电流转换成直通电池的电流。在这个过程中会产生一定的损耗，转换为热量传递出去。

2. 超级快充

快充，顾名思义就是快速充电。它是指通过技术手段调整手机的电压与电流的输入值，进而缩短手机的充电时间。目前市面上主流的快充模式有高电压恒定电流、低电压高电流、高电压高电流3种模式。如图5-36所示，一个容量为4000mAh的电池搭配上40W的超级快充，1h便会充满电。

一句“充电五分钟，通话两小时”的广告语使得OPPO火遍了大江南北，这完全得益于OPPO的VOOC闪充技术，如图5-37所示。VOOC闪充技术是OPPO独立自主研发的快速充电技术，它的充电效率相比于传统充电方式提升了4倍，充电的安全性也得到了大幅度的提高。OPPO Find X2系列采用了高达65W的SUPER VOOC 2.0超级闪充技术。根据OPPO的官方数据，室温25℃环境下，30min就能充满等效4000mAh电池容量。

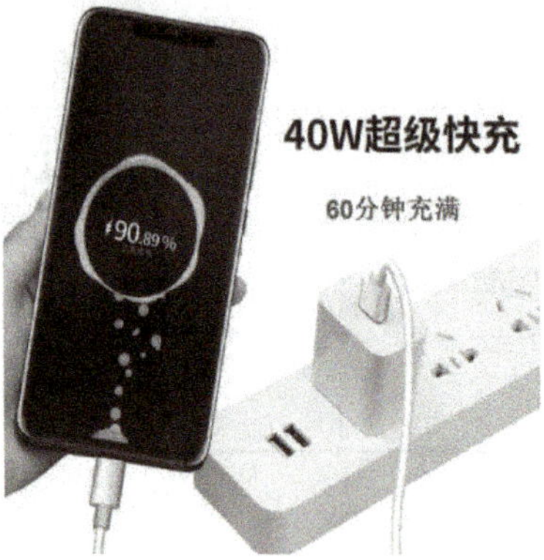

图5-36　超级快充

图5-37　SUPER VOOC超级闪充

3. Type-C 数据线

Type-C 数据线的面世解决了手机快充 micro USB 接口的问题，如图 5-38 所示，Type-C 接口凭借设计的优越性，支持兼容正反插拔和 USB 3.1 标准，支持高达 10Gbit/s 的传输速率，支持 USB Power Delivery 充电协议，最大可支持 5A 的电流，最高可以提供 100W 的电力。所以 Type-C 接口与生俱来就对大电流有着极大的支撑。

4. 无线充电

无线充电技术源于无线电能传输技术，可分为小功率无线充电和大功率无线充电两种方式。由于充电器与用电装置之间以磁场传送能量，两者之间不用电线连接，因此充电器及用电的装置都可以做到无导电接点外露，如图 5-39 所示。

图 5-38　Type-C 数据线

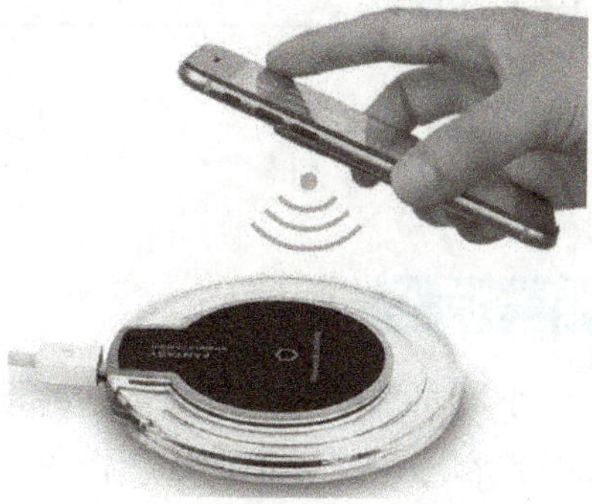

图 5-39　无线充电

手机无线充电采用的是电磁感应的方式。其工作原理是：在充电板和手机上面分别有两个线圈，充电板的线圈接通电源后，给线圈加上交流电就会产生一个不断变化的磁场，手机放在充电板上时，手机背盖上的线圈感应到磁场的变化会出现感应电流，再把电流转换成直流电，这样就可以给手机电池进行充电了。

5. 反向充电

反向充电技术最先在华为手机上使用。它是基于无线充电技术而实现的，简单来说就是如果两部手机都具备无线充电功能，就可以用一部手机给另外一部手机充电。所以，如果一个人的手机支持无线充电，那么当另一个人的手机没有电的时候，拥有反向充电的手机就瞬间可以化作一个无线充电宝。

任务三

智能手机屏幕更换

任务描述

小周同学在校园里跑步的时候，手机不小心掉到了地上，屏幕出现了裂痕。他向手机客服电话咨询得知，由于手机属于人为损坏，不在保修范围内。此刻他求助于具有手机维修经验的林老师，并一起动手完成了手机屏幕的更换。

通过本任务的学习，读者能够分析手机屏幕故障产生的原因，在检测验证的基础上按照操作规范完成屏幕的更换。在实践操作的基础上，进一步了解手机屏幕的材质、颜色、尺寸等参数。

任务实施

一、原因分析

林老师观察和检测发现：手机表面没有明显的裂痕，但是有三分之一的屏幕已经处于黑屏状态，中间部分出现花屏，触摸屏的触摸功能不再灵敏。根据小周的描述和检查情况，林老师做出两种判断，见表 5-9。

表 5-9　故障判断

判断	故障原因	解决方法
判断一	手机内部排线脱落或者接触不良	拆机重插排线
判断二	液晶屏受到撞击导致屏幕内部线路损坏	更换屏幕

二、故障检测

为了验证故障判断是否准确，需拆机检查排线是否接触不良。

拆开手机后盖，将电池压板取下，如图 5-40 所示。用螺钉旋具拧开电池压板上的螺钉，按住电池压板，向右侧推动，取下压板。用拆机撬棒将电池排线从主板电池接口处挑开，给主板断电。

在电池排线的右边，就是液晶屏幕的排线，如图 5-41 所示，用拆机撬棒将屏幕排线挑开，然后重新调整好位置将排线按回，并将电池排线按回到主板上，开机测试屏幕是否恢复正常。

图 5-40　取下电池压板

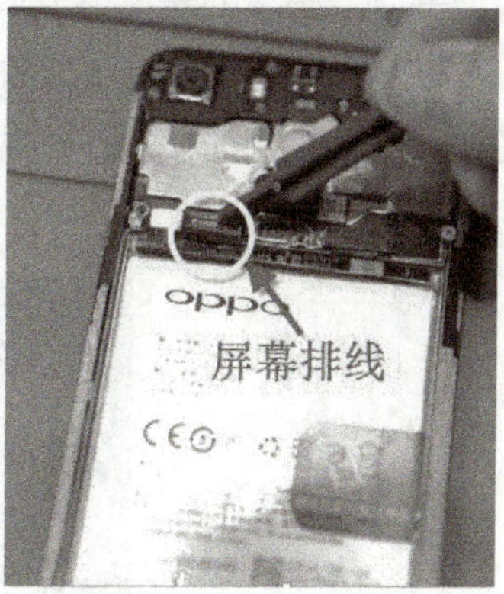

图 5-41　重新插拔屏幕排线

如果重新插拔屏幕排线后故障依旧存在，那么用排除法可以确定手机屏幕损坏了，需要更换屏幕总成。

知识链接　手机屏幕

简单来说，手机外屏就是日常接触到的那层透明的玻璃，也称手机触摸屏、触控面板，俗称外屏，是可接收触头等输入信号的感应式液晶显示装置。当触碰了屏幕上的图形按钮时，屏幕上的触觉反馈系统可根据预先编程的程式驱动各种连接装置，并借由液晶显示画面制造出生动的影音效果。手机触摸屏分为电阻屏和电容屏。电阻触屏俗称“软屏”，多用于老款手机；电容触屏俗称“硬屏”。目前市面上的多数手机都采用电容屏。

手机内屏也称液晶幕或显示屏，用于显示图像及色彩。显示屏显示模组主要分为 LCD 与 OLED 两类。其中，LCD 显示模组由偏光片、彩色滤光片、液晶、TFT（玻璃）、背光板等构成，是当前智能手机应用非常广泛的显示屏幕。OLED 显示模组主要由偏光片、Encap（玻璃）、有机自发光层、TFT（玻璃）等构成，具有自发光、制造工艺简单、能耗低、超轻薄以及可弯曲等特点，是当前新兴的主流显示技术之一。

手机屏幕总成就是触摸屏与显示屏贴在一起的叫法。目前高端手机的触摸屏和显示屏是全贴合在一起的，如果要单独换触摸屏或者是显示屏，需要把它们分离，相对比较麻烦，所以较多的人会选择直接更换屏幕总成。

这款手机的内外屏无缝隙贴合在一起，如果只是损坏外屏，则可以运用手机压屏技术，仅更换外屏即可。如果内屏已经损坏，那么购买内屏加外屏的费用和直接购买屏幕总成的费用差不了太多，而且操作起来会比较麻烦，所以建议直接购买相应型号的屏幕总成。屏幕总成可分为带框的和不带框的，有的屏幕总成还可以附带各类配件，如听筒、HOME 键等，用户可以根据自己的需要和能接受的价位进行选购。

三、屏幕更换

步骤一： 拆卸电池。

更换屏幕时，必须要先把电池取下，挑开电池与主板接口的排线后，将电池边缘的贴纸撕开，拉起电池，撕开电池底部的贴纸，将电池取出，如图 5-42 所示。此时可以看到电池仓底部有一张黑色的贴纸，将贴纸撕开就可以看到一个方孔，屏幕的排线是从这个位置穿过的。

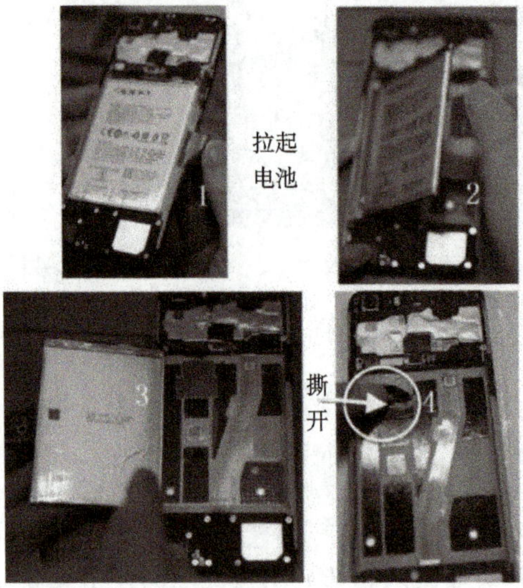

图 5-42　拆卸电池

步骤二： 加热旧屏。

启动液晶屏分离机，将手机屏幕部分朝下放到液晶屏分离机上进行加热，如图 5-43 所示。加热时间视脱胶程度而定。如果是原装屏幕，没有拆除过，需要的加热时间就会久一点。如果是已经拆除过屏幕的手机，那么加热时间不用太久。如果没有液晶屏分离机，也可以用吹风机的热风档进行均匀加热。

图 5-43　加热屏幕

步骤三： 旧屏拆除。

旧屏加热完成后，可用吸盘和刀片进行旧屏

拆除。用吸盘将屏幕吸起一条缝隙（强制性拉起有可能会碎屏），用刀片卡入缝隙，一点点将屏幕上的胶切开，如图 5-44 所示。操作的时候注意安全，防止刀片割手。在切割到听筒位置的时候要注意，不可将听筒部分的排线割断了。旧屏拆开后，可以看到一张黑色的石墨散热纸，用镊子取下贴到新屏幕上，如图 5-45 所示。

图 5-44 拆除旧屏

图 5-45 取下石墨散热纸

步骤四：清理残胶。

取下屏幕后，用镊子或刀片清理屏幕边框残留的胶，如图 5-46 所示。如果没有做好这一步，新屏幕安装上去后有可能出现较大的缝隙。

图 5-46 清理残胶

步骤五：检测新屏幕。

将新屏幕的排线从电池仓的方孔穿过，连接到手机主板上后，在开机确认各项功能是否可正常使用之前先不要急于固定屏幕。需要确认显示部分是否正常，是否出现漏光现象，是否存在有亮点、暗点或坏点，同时还要检查触摸屏功能是否正常。可用手指选中一个桌面图标在整个屏幕上拖动，如果出现断点就需要更换屏幕，如图 5-47 所示。

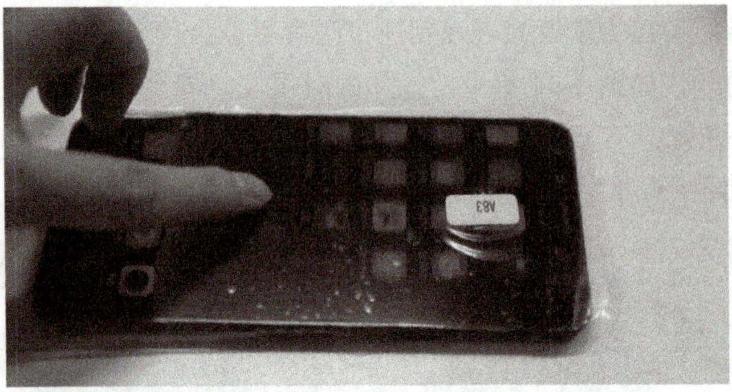

图 5-47　检测触摸屏

步骤六： 安装新屏幕。

检测新屏幕的显示部分与触摸部分，如果没有发现问题就可以给屏幕上胶。可使用专用的屏幕胶水均匀地将胶涂抹到屏幕边框部分，再将新屏幕贴上，安装手机。由于胶水需要一定的时间才能固化，因此可将手机放进塑料袋，再用胶带将手机牢牢包裹，如图 5-48 所示，等屏幕贴牢后再撕开胶带，手机屏幕更换完成。

图 5-48　固定屏幕

可使用移动终端扫一扫二维码播放视频来学习智能手机屏幕更换操作	

知识提炼

手机屏幕参数主要包括屏幕材质、屏幕颜色、屏幕尺寸。

1. 屏幕材质

屏幕材质包括 STN、UFB、TFD、TFT、OLED 等，各种材质的屏幕特点见表 5-10。

表 5-10 手机屏幕材质的特点

屏幕材质	优点	缺点
STN	被动矩阵式 LCD 器件，功耗小，省电，价格也比较便宜	亮度、色彩数、对比度较差，在强光下可能会看不清屏幕，反应速度慢，播放动态影像容易造成拖影
UFB	超薄、高亮度，可减小像素间距，以获得更佳的图像质量；对比度是 STN 液晶显示屏的两倍，耗电量比 TFT 显示屏少	使用面不是很广
TFD	具有高画质、超低功耗、小型化、动态影像的显示能力和快速的反应时间	相对 TFT 在色彩显示上还是有所不及
TFT	反应时间比较快；液晶的排列方式具有记忆性；有出色的色彩饱和度、还原能力和更高的对比度	耗电，而且成本高昂
OLED	厚度小，重量更轻，抗震性能更好，没有可视角度的问题；制造工艺简单，成本更低，发光效率更高，能够显著节省电能	使用寿命要低于 LCD，不能实现大尺寸屏幕版的量产，目前只适用于便携类的数码类产品；存在色彩纯度不够的问题，不容易显示出鲜艳、浓郁的色彩

2. 屏幕颜色

屏幕颜色指的是屏幕的色阶。色阶是表示手机液晶显示屏亮度强弱的指数标准，也就是通常所说的色彩指数。在同样尺寸和分辨率的屏幕下，发色率越高，说明屏幕能显示的色彩数量就越多，色彩的过渡就越自然。

3. 屏幕尺寸

手机屏幕尺寸规格主要在 3.7~7in 不等。4.2in 及更小的手机尺寸大多为 2014 年之前手机的尺寸，目前主流的手机屏幕尺寸为 5~6in，而 6.4in、6.5in 大小的手机也越来越常见。目前大部分手机都采用全面屏设计，在追求更大的屏幕尺寸的同时，通过提高屏占比以缩小手机机身整体尺寸。

任务四

智能手机系统安装

任务描述

小林的手机设置了自动更新的功能。在一次手机自动更新中，他误以为手机故障，强制重启手机，结果导致手机无法正常进入系统，不能正常使用。得知同学小董不仅懂计算机，还懂手机，小林赶忙拿着手机向小董求助，请小董帮忙“解救”自己的手机。

通过本任务的学习，读者能够通过分析手机系统故障原因，下载刷机工具与系统包，采用卡刷、线刷、强刷等方式进行系统刷机。在实践操作的基础上，进一步了解智能手机备份知识，了解刷机失败的原因，解读 Recovery 模式菜单，理解 DFU 模式。

任务实施

一、分析原因

小林的手机机型是小米 6，当手机开机后，长时间停留在小米开机画面，如图 5-49 所示。通过询问有经验人士得知，这是因为手机在自动更新时被强制性重启了，再次开机时就会一直卡在该开机画面。

图 5-49　小米开机画面

由于手机设置了自动更新的功能，当检测到手机厂商发布的新系统后，系统下载完数据并进入更新界面。一般手机更新时要重启一次或者几次，在这过程中不要碰触按键，需静静地等待完成。如果在自动更新的界面被强制性关机或重启，那么很有可能会造成手机系统更新失败而导致系统崩溃，一旦出现这种情况就要通过刷机才能解决问题。

二、下载刷机工具与系统包

如图 5-50 所示，登录小米官网，在首页左上角单击“MIUI”选项，在“小米社区”里找到“MIUI 下载”选项，选择要操作手机的型号，进入系统下载的界面，选择自己需要的手机系统，分为开发版和稳定版，可根据需求单击“下载安装包”按钮。

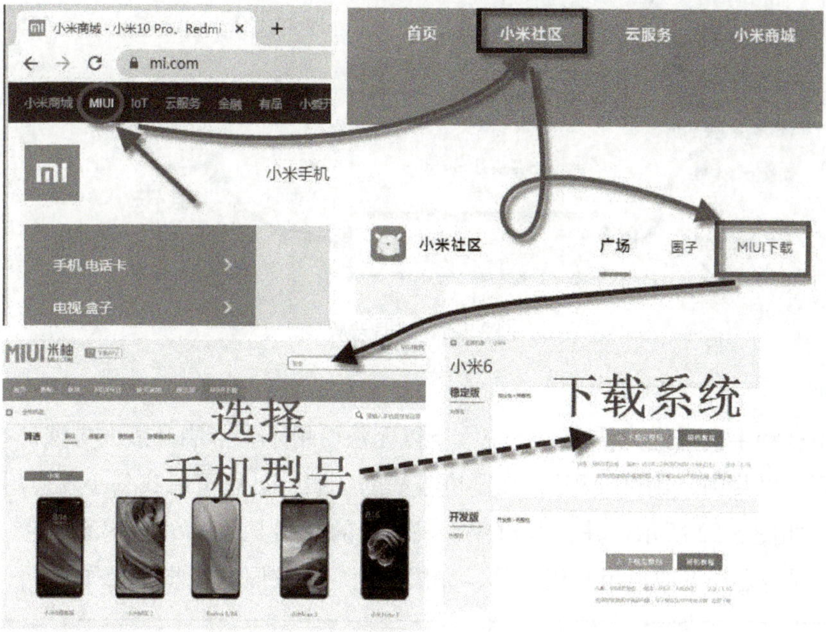

图 5-50 系统下载

三、刷机

小米手机刷机可选择线刷升级和系统内卡刷升级两种方法，在两种方法都失效的情况下可以尝试强刷机。

1. 卡刷

下载 MIUI 系统安装包后，将手机连接计算机，将 zip 包复制到内置存储 /downloaded_rom 文件夹中，或仅包含英文或数字路径的文件夹中；单击“设置”→“我的设备”选项，单击右上角的“...”图标，单击“手动选择安装包”选项 ，选择内部存储设备上的“downloaded_rom”文件夹，选择下载好的 zip 包，单击“确定”按钮就可以开始卡刷系统。具体操作如图 5-51 所示。

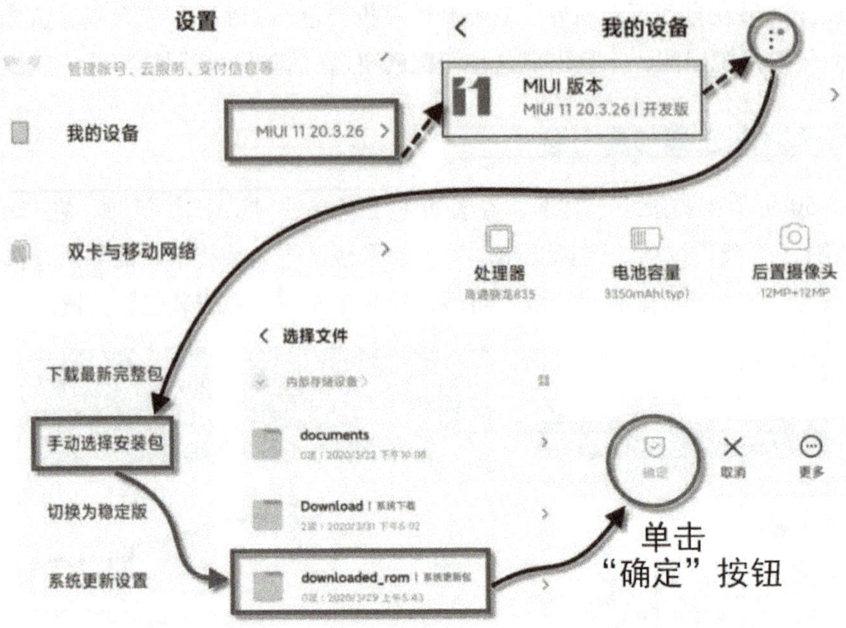

图 5-51　卡刷步骤

2. 线刷

由于小林的手机已经无法进入系统，所以无法使用小米卡刷升级的方法。在小米系统下载的界面可以找到“刷机教程”，在刷机教程的线刷栏目里可以找到小米通用刷机工具，进行下载，如图 5-52 所示，并下载对应手机型号的线刷 Fastboot 完整系统包。如果手机有 BL 锁，则需要先下载通用解锁工具，完成解锁后再按照刷机步骤操作。

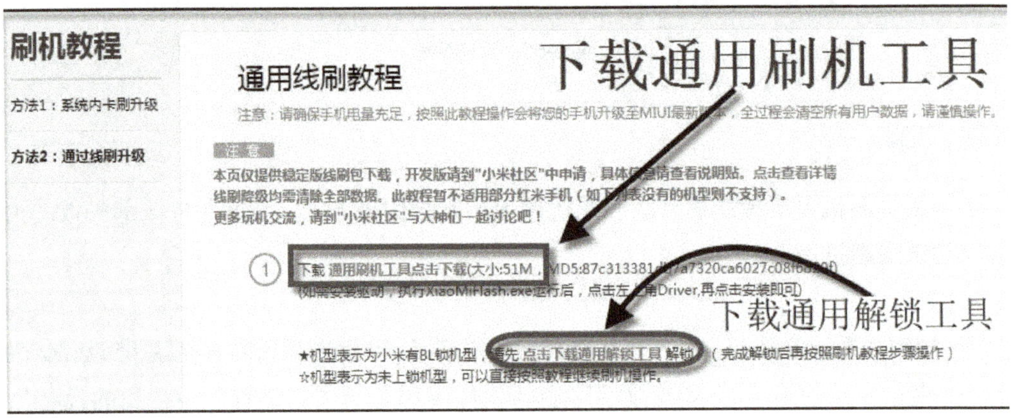

图 5-52　下载通用刷机工具

（1）解除 BL 锁

1）官方解锁。

锁定设备可以保证手机安全，避免系统被篡改或个人数据泄露。如果需要 Fastboot 刷机，那么需要先解锁。注意：设备解锁后，“查找手机”功能将无法使用。

需要解锁时，首先要确定手机中已经插入 SIM 卡，关闭手机 Wi-Fi 并打开手机数据连接，确保手机可以使用数据联网。

下载通用解锁工具后，在手机中单击“设置”→“我的设备”→“全部参数”选项，连续单击 MIUI 版本号 7 次，直到手机屏幕提示“您现在处于开发者模式”即可停止单击。再次单击“设置”→“更多设置”选项，此时可以看到开发者选项，单击“开发者选项”→“设备解锁状态”，单击“绑定账号和设备”按钮，如图 5-53 所示，将小米账号和当前设备绑定。

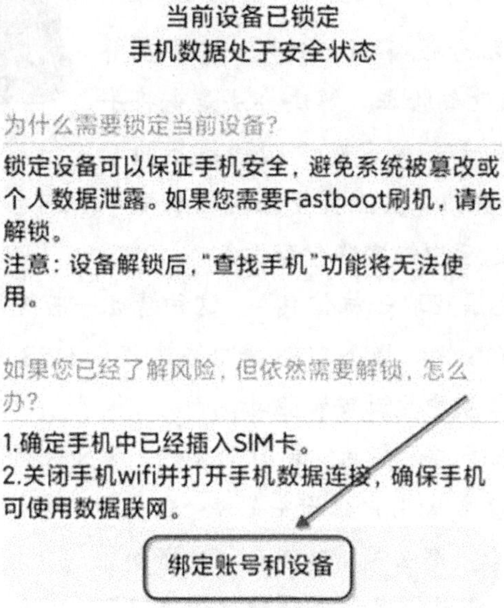

图 5-53　单击“绑定账号和设备”按钮

绑定成功后，打开下载的解锁工具进行解锁，双击“miflash_unlock.exe”，运行解锁工具，如图 5-54 所示。阅读免责声明，选择“同意”选项，然后登录小米账号，准备解锁手机。

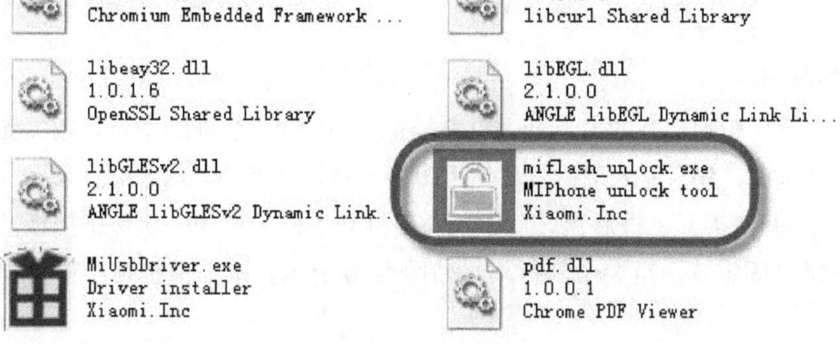

图 5-54　运行解锁工具

将手机关机，同时按住电源键和“音量 –”键不要松开，当屏幕显示“FASTBOOT”后松开按键，如图 5-55 所示，进入 Fastboot 模式。将手机数据线与计算机连接，此时计算机会提醒“发现新设备”，按照提示安装手机驱动程序。驱动安装完成后，用计算机解锁工具单击“解锁”按钮即可进行解锁操作。解锁设备会清除用户数据，注意提前备份。

图 5-55　进入 Fastboot 模式

知识链接　解锁 Bootloader 过程中的常见问题

1）解锁工具提示“账号设备不一致”：这是在解锁过程中没有通过账号与设备验证。解决办法是先将手机升级到最新的稳定版或者从稳定版卡刷到最新的开发版，在待解锁的设备和解锁工具上要登录同一个账号，并进入“设置”→“开发者选项”→“设备解锁状态”选项中绑定账号和设备。

2）解锁工具提示“无法获取手机信息”：这种情况一般是计算机上的设备驱动没有安装好，可以尝试重插 USB 线、换个 USB 接口或者换根 USB 线来等待计算机慢慢安装驱动，也可以在驱动安装模块中主动安装驱动。

3）解锁失败显示“账号与设备的绑定时间太短，××× 个小时后再解锁”：这种情况一般出现在在售的新机型或者用户账号安全评分较低时，等待时间目前是 7 天起。如果本年度解锁手机数超过两台，那么等待时间会相应增加。

4）解锁失败显示“此账号本月解锁次数达到上限”：一个小米账号每月限制解锁一台设备。

5）解锁失败显示“此账号本年累计解锁次数已达上限”：一个小米账号每年限制解锁 4 台不同设备。

6）解锁失败显示“账号权限不足或者账号受限”：账号存在安全风险，无法处理解锁操作，建议更换账号。

7）解锁失败显示“未知错误 –1”：网络异常，可更换时间段或更换网络进行解锁。

2）强制解锁。

由于小米 6 手机和现在的大部分手机一样都有 BL 锁，小林的手机目前又无法进入系统，因此想要刷机，就只能采取拆机后使用短接电路板触点的方法强制性解锁（不同机型的解锁方法不同）。拆开手机后盖之后，还需要拆开手机顶部的一块保护挡板。这块保护挡板由 9 颗螺钉固定着，需要全部拆下，如图 5-56 所示。取下保护挡板前，需要先拔出 NFC 排线。

取下保护挡板后就可以找到下面的两个短接触点，如图 5-57 所示。将手机通过数据线连接到计算机上，装好小米手机的驱动，使用镊子或回形针将这两个点连接，然后计算机上的设备管理器中就会出现 9008 的端口。出现 9008 的端口之后，就可以连接刷机工具进行刷机。

图 5-56 拆下螺钉

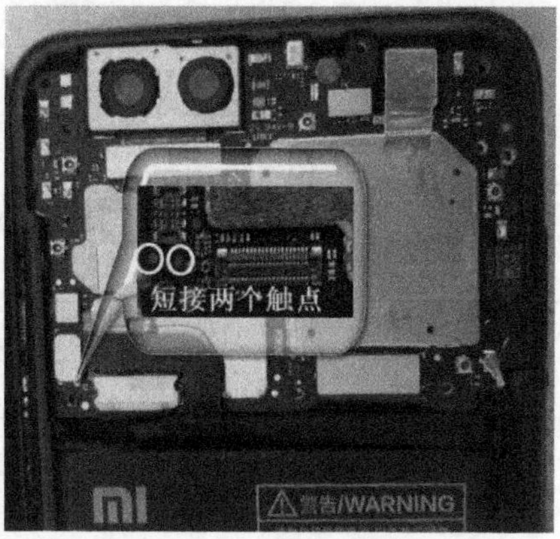

图 5-57 短接触点

（2）刷机模式

通常，线刷有两种刷机模式可供选择。Recovery 刷机模式设备无须解锁，刷机过程中可以保留数据，前提是还能进入该模式。而 Fastboot 刷机模式下需要将手机解锁，并且会清除数据。

1）Recovery 模式刷机。

在计算机端下载好“小米助手”并运行，手机通过数据线连接计算机，关机状态下同时按住“音量 +”键和电源键，等屏幕出现图 5-58 所示的内容时松开按键，表示已经进入 Recovery 模式。用音量键进行上下选择，电源键为进入按钮，单击“连接小米助手”选项，此时计算机会提示发现新硬件，根据提示安装好手机的驱动程序。

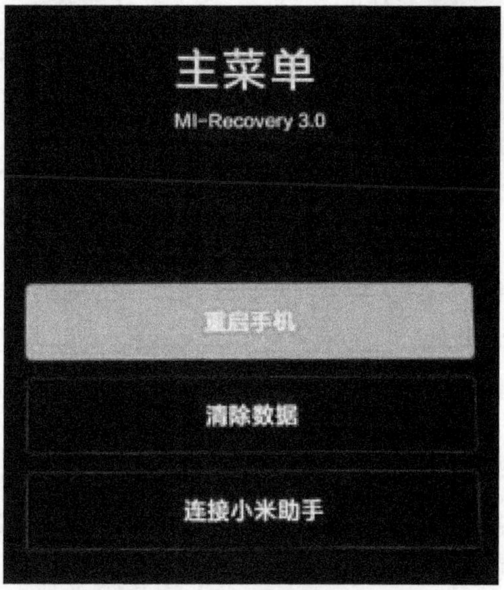

图 5-58 小米 Recovery 模式

常见的 Recovery 模式进入方法见表 5-11。

表 5-11　常见的 Recovery 模式进入方法

方法	具体操作
方法一	同时按住“音量 +”键和电源键，按住 3s
方法二	同时按住“音量 −”键和电源键，按住 3s
方法三	同时按住“音量 +”键、HOME 键和电源键，待手机振动后松开电源键（音量 +、HOME 键继续保持按住）才能进入
方法四	在手机开机振动后，连续按电源键 5 次，直到出现开机画面时放开，手机即可进入 Recovery 菜单界面

手机驱动安装完成会弹出图 5-59 所示的界面，选择已经下载好的手机系统刷机包进行验证，当验证通过后就可以单击“立即更新”选项，此时 Recovery 刷机模式下的刷机就开始了。

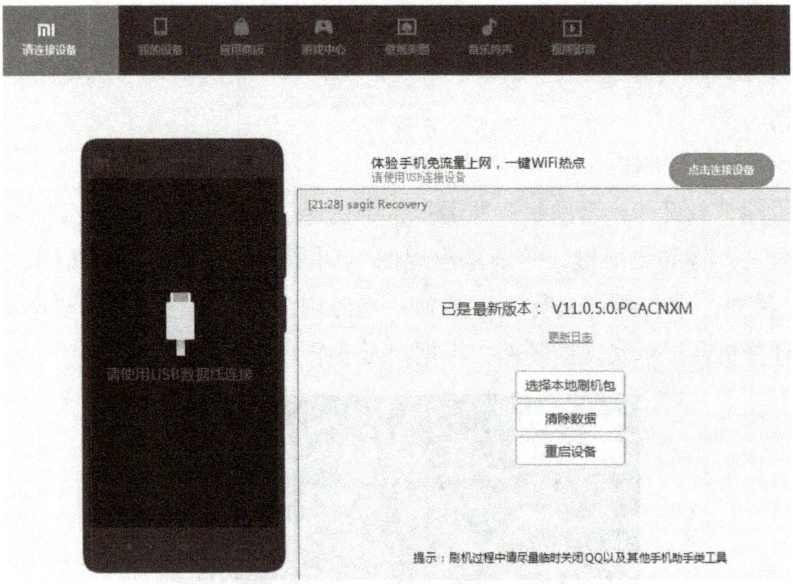

图 5-59　小米助手刷机

线刷一般是手机厂商、售后以及个人用户采用较多的刷机方式，在手机黑屏、死机、无法开机等情况下，无须 root，无须替换官方 Recovery，即可通过直接刷机来修复系统或软件故障。

知识链接　Recovery 模式

Recovery 模式简称 RE 模式，是用户在刷机的过程中经常会遇到的一个词。Recovery 的字面意思是恢复、复原。对于手机来说，Recovery 就是安卓手机提供的一种可以对手机内部的数据或系统进行修改的模式，也称工程模式，有点像 Windows 操作系统下的 DOS。

在手机进入 Recovery 模式后，可以将手机恢复到出厂设置、升级手机的系统、对手机进行刷机等操作。不同的安卓手机进入 Recovery 模式的情况略有不同，可上网搜索手机的具体机型，查找相应的方法。

2）Fastboot 模式刷机。

线刷包下载并解压后，在刷机工具文件夹中找到“XiaoMiFlash.exe”图标，运行小米刷机工具；单击左上角的“Driver”菜单，安装驱动程序，如图 5-60 所示。在安装驱动程序的过程中，如果弹出安全提示，可选择“始终安装此驱动程序软件”。

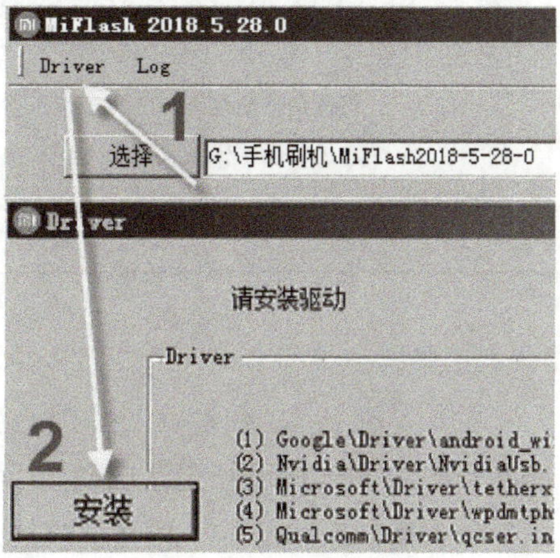

图 5-60 安装驱动程序

驱动程序安装完成后，单击“选择”按钮，选择系统包下载的目录，让手机进入 Fastboot 模式；使用数据线连接计算机，单击“加载设备”按钮，刷机程序会识别到手机，有 BL 锁的机型默认会选择“全部删除并 lock”单选按钮，没有 BL 锁的机型需要手动选择“全部删除”单选按钮；单击“刷机”按钮开始刷机，具体操作如图 5-61 所示。在刷机过程中严禁出现手机强制关机、拔除数据线或者计算机断电等情况，最好能够使用带有后备电源的计算机进行刷机操作，刷机时手机电量至少要超过 50%，以免刷机过程中出现意外而让手机系统崩溃。

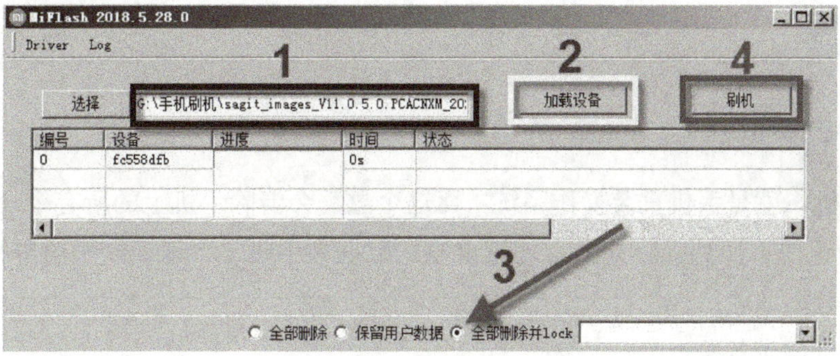

图 5-61 线刷方法

刷机过程中可查看刷机工具上的进度条，完成后手机自动重启进入系统。由于设备处于锁定状态，需要输入绑定的小米账号和密码进行验证，并选择“激活设备”操作，按提示要求完成手机激活。

知识链接 Fastboot 模式

Fastboot，英文直接翻译的意思是快速启动。在安卓手机中，Fastboot 模式是一种比

Recovery 模式更底层的刷机模式，就是使用 USB 数据线连接手机的一种刷机模式。相对于一些系统卡刷来说，线刷更可靠、安全。Fastboot 比 Recovery 更为重要，当手机不能进入 Recovery 模式的时候，还可以进入 Fastboot 模式进行挽救，如果连 Fastboot 模式都无法进入了，那么手机就可能成为“砖机”了。主流安卓手机进入 Fastboot 模式的方法是同时按“音量 –”键和电源键。

可使用移动终端扫一扫二维码播放视频来学习
智能手机系统安装（安卓手机）操作

3. 强刷

手机“变砖”，意思就是手机无法正常启动了，变得像一块砖头一样。与之对应的，是使用各种方式让已经无法启动的手机重新恢复使用的过程，称为“救砖”。使用强刷法时，针对用户手机品牌下载强刷软件，然后下载对应用户手机型号的强刷文件包，运行软件，找到刷机包，连接手机就可以刷机了。不同型号的手机，强刷和线刷的方法及工具是不一样的，用户可到网上查找对应手机型号的强刷教程。

由于刷机存在风险，如自行刷机后可能导致产生手机问题，还有可能影响保修，因此刷机前务必要谨慎考虑。

知识提炼

一、手机备份

所谓刷机，就是手机重装操作系统，而这个过程会清除手机上的所有个人数据，如各类 APP、通讯录、照片等。如果有比较重要的数据在手机上，建议刷机前进行数据备份，刷机后恢复数据即可。

（1）手机自带备份

现在的很多手机都有自带备份功能，当误删了照片或者文件时可以第一时间直接恢复，操作简单、方便。

（2）手机云服务

手机云服务是比较实用的功能，而且很多手机厂商也在自己的手机里提供了云服务备份功能，如小米、华为、苹果等。要让手机数据存储在云端，只要使用云账号登录就可以看到备份的数据，不过云服务容量有限，扩容需要支付相应费用。

(3) 计算机备份

有些群体可能不太适应使用云服务功能，那么可以把手机的数据备份在计算机里，这样相对安全，也具有私密性。计算机备份时只需要用数据线连接计算机，把重要的文件、照片、视频等复制一份到自己的计算机即可。

(4) OTG U 盘

如果想把手机的数据复制到移动硬盘或者 U 盘，可以使用 OTG U 盘。这是一种可以直接连接手机的 U 盘，直接把手机的数据复制到 U 盘里。

注意：想要备份手机数据，前提是手机能开机，否则无法备份数据。

二、刷机失败的原因

虽然刷机都有详细的教程，但是刷机失败的可能性还是比较高的。导致刷机失败的原因有下列几点。

(1) USB 数据线和 USB 接口不稳定

数据线过长，可造成信号衰减、传输不稳定；数据线、USB 接口的质量不佳，也会造成文件传输失败。刷机时尽量选用原装数据线，并将数据线插至主机后面板 USB 接口，这样能提高刷机成功率。

(2) 刷机包不正确

刷机就是给手机重装系统，如果在刷机之前没有找到与手机机型对应的刷机包（品牌、机型、版本均需要对应）就开始刷机，又或者本身的刷机包有问题，则极容易导致刷机失败。

(3) 手机驱动安装不正确

手机驱动问题是导致刷机失败的又一重大原因。有时候表面上驱动已经安装成功了，但是实际刷机的时候设备管理器并没有识别到或者识别不正确，这样也会导致刷机失败。

(4) 进入刷机模式的操作不正确

手机进入刷机模式之后才能开始刷机。如果没有正确地进入刷机模式，那么刷机也会失败。另外，不同的手机进入刷机模式的操作不同，很容易操作错误。

(5) 刷机前未正常解锁、未退出账号或未关闭查找手机

如华为、小米、三星手机，在 Fastboot 刷机模式下未解 BL 锁、未退出账号、未关闭查找手机，都会导致刷机失败。

(6) 刷机过程中突然断电

刷机所用的计算机尽量使用带有后备电源的笔记本计算机，以免由于突然断电导致刷机失败。

刷机失败一般都会让手机无法启动（也就是“变砖”），不过只要硬件没有损坏，也不用太担心，可以按照上面介绍的解决办法进行排查，然后重新刷一遍，基本都是可以重新刷机成功的。

除了各手机厂家有各自的刷机工具外，常见的第三方刷机工具有线刷宝（收费）、刷机大师、奇兔刷机、甜辣椒刷机助手、卓大师刷机专家和苹果手机的爱思助手等。

三、Recovery 模式菜单解读

在手机进入 Recovery 模式后，使用“音量 +”“音量 –”键可以移动光标，按电源键表示确认。目前部分手机的 Recovery 模式已经是中文，但大部分手机的 Recovery 模式仍是英文的，具体见表 5-12。

表 5-12　Recovery 模式中英文对照表

英文	中文含义	说明
Reboot System Now	重启手机	刷机完毕选择此项就能重新启动系统
Apply SDcard：update.zip	安装手机内存卡中的 update.zip 升级包	一般卡刷包的名字就是这个，选择这项实际上就是卡刷升级
Wipe Data/Factory Reset	清除用户数据并恢复出厂设置	刷机前必须执行的选项
Wipe Cache Partition	清除系统缓存	刷机前需要执行这个，系统出问题也可尝试此选项，一般能够解决
Install Zip from SDcard	安装手机 SD 卡上的升级包	可以执行任意名称的 zip 升级包，不限制升级包名称
Backup and Restore	备份和还原系统	原理如同计算机上的 Ghost，一键备份和还原
Advanced Restore	高级还原选项	用户可以选择之前备份的系统，然后进行恢复和存储选项
Format SDcard	格式化手机 SD 卡	会清除手机 SD 上的所有数据，应用该选项应非常小心
Reboot Recovery	重启 Recovery	重启手机并再次进入 Recovery

知识链接　什么是双清

在刷机之前经常会说到“双清”，实际上就是执行上面所说的 Wipe Data/Factory Reset 和 Wipe Cache Partition 这两项。如果忘记了手机的锁屏密码，如图形锁，就可以进入 Recovery 模式执行双清的操作。

执行双清操作之后，手机密码就没有了，但是手机上的所有个人数据（如通信录、下载的 APP、照片、视频等）也都会被删除，所以需要谨慎操作。

目前多数机型手机的安全性能比较高，在执行双清操作后还需要输入手机账号锁密码，而不是锁屏密码，因为手机关联了手机品牌的服务器，并开启了查找手机的功能，因此需要寻求品牌服务商售后解决。如果开启了账号密保设置，那么可以根据密保手机或邮箱找回密码。

四、DFU 模式

DFU 模式，是 Development Firmware Upgrade 模式的简称，中文含义为“开发固件升级”。它是 iPhone 或 iPad 固件的一种强制升降级模式。DFU 模式类似于 Android 的“强刷”，它不需进入 iOS 系统，可以从底层重刷 iOS 系统，主要用来解决 iPhone“白苹果”故障、黑屏、越狱失败、OTA 升级失败等故障。

苹果手机进入 DFU 模式的方法见表 5-13。

表 5-13　苹果手机进入 DFU 模式的方法

手机状态	步骤
开机状态下	1）用 USB 线将设备连接计算机，将会听见计算机已连接成功的提示声音
	2）将设备关机，会听见计算机未连接成功的提示声音
	3）按住开机键出现 Apple Logo，同时按住开关机键和 HOME 键，持续一段时间直至 Logo 消失，继续按住 4~5s，放开开关键，继续保持按住 HOME 键，直至 iTunes 检测到一台处于恢复模式的 iPhone 设备（成功的话，iPhone 应该处于黑屏状态）
任意状态下（“白苹果”故障或无限重启情况）	1）连接设备至计算机
	2）直接按住开关机键和 HOME 键，持续一段时间直至 Logo 消失
不按键进入 DFU（按键损坏的设备使用）	1）下载最新系统版本对应设备的固件（不能用 Apple 已经关闭验证的固件）
	2）下载 Redsnow（红雪越狱工具），单击“Extra”→“Even More”→“DFU IPSW”选项
	3）Redsnow 会提示这是制作 DFU 固件的操作，不是正常恢复系统的操作，选择“是”
	4）选择官方最新固件后，Redsnow 会开始制作 DFU 固件，等待完成
	5）打开 iTunes，关闭 Redsnow，按 Shift 并单击“恢复”按钮选择刚制作完成的 DFU 固件（前缀有 ENTER_DFU 字样）

DFU 模式与恢复模式的区别：处于恢复模式的 iOS 设备的屏幕会显示 iTunes+USB 画面，如图 5-62 所示；而 DFU 模式只能连接计算机，用软件来检测，通常处于黑屏状态。

图 5-62　苹果手机恢复模式

试一试：

iPhone XR 进入 DFU 模式刷机

准备工作：计算机一台（Windows/Mac），安装好了苹果最新版的 iTunes 工具；iPhone XR 原装数据线一条，将手机与计算机通过数据线连接。

操作步骤：

步骤一：将 iPhone XR 手机关机。

步骤二：打开计算机上已经安装好的最新版 iTunes 工具。

步骤三：iPhone XR 进入 DFU 模式。

1）同时按住 iPhone XR 电源键和“音量 -”键不放，大约 10s。

2）松开电源键，继续按住“音量 -”键，屏幕就会变黑，成功进入 DFU 模式后松开按键。iTunes 工具会提示警告“已经检测到你的 iPhone XR”，这时就可以进行刷机恢复了。

步骤四：按住计算机键盘上的 <Shift> 键（Windows）或 <CMD> 键（Mac）不放。

步骤五：单击 iTunes 工具中的“恢复”选项，选择下载好的 iOS 固件，进行重新刷机。

能力拓展

可使用移动终端扫一扫二维码播放视频来学习智能手机系统安装（苹果手机）	

项目评价 PROJECT EVALUATION

（一）任务完成度评价表

任务	要求	权重	分值
智能手机拆装	能够正确使用工具，按照规范的步骤拆卸手机，观察和识别手机内部结构及各功能部件；了解智能手机的发展历程，理解智能手机的主板结构与特性，认知智能手机低功耗内存、手机存储、Wi–Fi6 等关键技术	23	

（续）

任务	要求	权重	分值
智能手机电池更换	能够梳理手机电池（用电）故障处理流程，规范使用工具实施手机的拆卸、电池更换和复原；理解有关手机充电技术的知识	22	
智能手机屏幕更换	能够分析手机屏幕故障产生的原因，在检测及验证的基础上按照操作规范完成屏幕的更换；进一步了解手机屏幕的材质、颜色、尺寸等参数	22	
智能手机系统安装	能够通过分析手机系统故障原因来下载刷机工具与系统包，采用卡刷、线刷、强刷等方式进行系统刷机；了解智能手机备份知识，了解刷机失败的原因，解读 Recovery 模式菜单，理解 DFU 模式	23	
总结与汇报	呈现项目实施效果，做项目总结汇报	10	

（二）项目总结

项目学习情况：

心得与反思：

参考文献

[1] 贺鹏．智能手机故障检测与维护实践技巧全图解 [M]．北京：中国铁道出版社，2018．

[2] 张军．主板维修从入门到精通 [M]．北京：科学出版社，2017．

[3] 张军．笔记本电脑芯片级维修从入门到精通 [M]．北京：中国铁道出版社，2017．

[4] 龙马工作室．电脑组装与维护实战从入门到精通 [M]．北京：人民邮电出版社，2016．